普通高等教育一流本科专业建设成果教材

普通高等教育“十三五”规划教材

食品工厂设计

赵志峰　叶 阳　主编

·北京·

内容简介

“民以食为天，食以安为先。”食品工厂设计是关乎食品工业发展的重要环节，是食品生产安全、干净卫生的重要保障。本书的目的是以食品相关专业人才培养为出发点，使学生充分了解食品工厂设计的全貌，并通过精酿啤酒、中央厨房、火锅底料等工厂设计案例加强学生的实际操作能力。本书紧密结合食品工厂建设实际内容，以食品工艺设计为中心，具体内容包括：食品工厂基本建设与设计，食品工厂选址，食品工厂总平面设计，食品工艺设计，辅助部门设计，公用工程，安全生产与环境保护，基本建设概算与技术经济分析，食品工厂设计案例。

本书可作为高等学校食品相关专业的教材，也可供食品企业及相关企业的管理及技术人员与其他想要了解食品工厂设计知识的读者参考阅读。

图书在版编目（CIP）数据

食品工厂设计/赵志峰，叶阳主编．—北京：化学工业出版社，2022.9（2025.2重印）
普通高等教育“十三五”规划教材
ISBN 978-7-122-41478-6

Ⅰ.①食…　Ⅱ.①赵…②叶…　Ⅲ.①食品厂-设计-高等学校-教材　Ⅳ.①TS208

中国版本图书馆CIP数据核字（2022）第085862号

责任编辑：李建丽　赵玉清　　文字编辑：朱雪蕊
责任校对：张茜越　　装帧设计：关　飞

出版发行：化学工业出版社（北京市东城区青年湖南街13号　邮政编码100011）
印　　装：北京天宇星印刷厂
787mm×1092mm　1/16　印张12½　字数308千字　2025年2月北京第1版第2次印刷

购书咨询：010-64518888　　售后服务：010-64518899
网　　址：http://www.cip.com.cn
凡购买本书，如有缺损质量问题，本社销售中心负责调换。

定　　价：45.00元

《食品工厂设计》编者名单

主　　编：赵志峰　四川轻化工大学
叶　阳　四川轻化工大学

副 主 编：邢亚阁　西华大学
冯治平　四川轻化工大学
冯　丽　四川省华盛兴邦工程设计有限公司
白　玲　四川轻化工大学

参编人员：（按姓氏笔画排序）
毛　祥　四川轻化工大学
冉　旭　四川大学
刘世欣　四川轻化工大学
李　丽　四川轻化工大学
李再新　四川轻化工大学
吴　彤　四川大学
何义国　四川轻化工大学
张佳敏　成都大学
陈　舟　四川省华盛兴邦工程设计有限公司
徐开容　四川省华盛兴邦工程设计有限公司
谢王俊　四川省华盛兴邦工程设计有限公司

前 言

食品工业在我国国民经济中具有重要地位，食品工业的高质量发展对于宏观政策、产业结构和企业经营等方面均具有重要的影响。而食品工厂设计作为食品加工产业链的基础环节之一，对于推动食品工业的技术升级、结构调整与平台化建设，实现食品产业发展中的创新、协调、绿色、开放与共享具有重要作用。

编者在从事食品专业教学并深入工厂考察调研的过程中发现，近5～10年多数食品企业在厂房建设、工艺设计、安全生产与环境保护等方面的意识已有较大提高。但一些企业仍存在只注重产能与效益、忽视区域划分、给排水系统不合理、空间卫生洁净度低下等问题，容易造成交叉污染，影响生产加工与质量管理体系的正常运行，甚至出现食品安全问题。为此，我们组织了具有丰富教学经验与工厂实际建设经验的教授、博士和企业中青年骨干参与本书的编写，结合近年来新兴的标准化中央厨房等设计中可能出现的问题与实例，参考了大量的文献编撰成本书。

四川轻化工大学食品科学与工程专业为四川省特色专业、四川省一流专业、四川省卓越工程师计划试点专业，本教材为前期专业建设成果之一。本书由四川轻化工大学赵志峰、叶阳教授主编。全书由绪论和9章内容组成，绪论由四川轻化工大学赵志峰、四川大学吴彤编写；第1章食品工厂基本建设与设计，由成都大学张佳敏编写；第2章食品工厂选址，由四川轻化工大学叶阳编写；第3章食品工厂总平面设计，由四川轻化工大学李再新编写；第4章食品工艺设计，由西华大学邢亚阁、四川轻化工大学刘世欣编写；第5章辅助部门设计和第7章安全生产与环境保护，由四川轻化工大学毛祥、冯治平编写；第6章公用工程，由四川轻化工大学李丽编写；第8章基本建设概算与技术经济分析，由四川轻化工大学白玲编写；第9章食品工厂设计案例，由四川大学冉旭、四川轻化工大学何义国和白玲共同编写。书中所用案例示意图以及相关图片资料由四川省华盛兴邦工程设计有限公司冯丽、陈舟、徐开容、谢王俊绘制并提供。全书由赵志峰、叶阳统稿并审核。

《食品工厂设计》能够最终成书，得益于各位参编老师的辛勤付出和各单位的大力支持。在此，要着重感谢四川省华盛兴邦工程设计有限公司提供的真实案例与相关资料，感谢化学工业出版社及许多同仁的通力合作和支持。食品工厂设计中生产工艺流程复杂，系统设计重点多、细节多，本书难免有疏漏不妥之处，诚恳欢迎各位读者批评指正。

编者

2022 年 10 月

目 录

第7章　安全生产与环境保护　/ 148

第8章　基本建设概算与技术经济分析　/ 161

第9章　食品工厂设计案例　/ 169

绪 论

0.1 食品工业的发展现状

2021 年第七次全国人口普查结果显示，我国人口共计 141178 万人。作为人口大国，食品工业一直是关乎我国国计民生的支柱型产业，承担着满足国民需求、关注百姓健康、稳定社会就业和全面服务“三农”的重要任务，与我国的经济发展和人民生活息息相关。

虽然我国的食品工业起步较晚，但自改革开放以来我国食品产业一直保持中高速增长，产业规模不断扩大，工艺技术水平逐年提高，生产效益和市场丰富度也逐渐改善。2019 年全国规模以上食品企业工业增加值保持稳定增长，其中农副食品加工业累计同比增长 1.9%，食品制造业累计同比增长 5.3%，酒、饮料和精制茶制造业累计同比增长 6.2%。全国线上单位商品零售类值中，粮油、食品、饮料、烟酒类商品零售类值累计达到 20537.5 亿元，同比增长 9.7%。规模以上食品工业企业营业收入 81186.8 亿元，同比增长 4.2%；利润总额 5774.6 亿元，同比增长 7.8%。

虽然国内各产业受到了疫情影响，但我国食品工业在 2020 年的整体表现也依然亮眼。据工信部统计，2020 年 1～12 月，食品工业企业营业收入同比实现 1.15%的增长。全国食品工业规模以上企业实现利润总额 6206.6 亿元，同比增长 7.2%，高出全部工业 3.1 个百分点。其中，农副食品加工业实现利润总额 2001.2 亿元，同比增长 5.9%；食品制造业实现利润总额 1791.4 亿元，同比增长 6.4%；酒、饮料和精制茶制造业实现利润总额 2414.0 亿元，同比增长 8.9%。

但是，国内食品工业整体发展水平较发达国家仍有较大差距，农副产品与食品加工业占农业总产值比例仍然偏低，食品研发经费投入不足，国产食品加工设备自动化、智能化改造水平不高。未来，我国将着力推动食品行业高质量发展，包括调整产品结构，增强产业韧性，寻找发展新空间，促进产品、产能、装备、技术、标准的优化与建设，加强关键共性技术协同攻关，推动关键配料、特殊膳食、新食品资源的产业化进程，把满足消费者需求作为目标，发展个性化、差异化和精细化的食品制造业。同时充分发挥行业龙头企业的优势资源潜力，与国际先进对标，鼓励高端制造，提升营养水平，提高科技含量。

0.2 现代食品工厂设计的特点及原则

经过几十年的发展，我国食品制造场景已经从传统家庭式作坊逐渐发展成为现代化、科学化的涉及不同学科的复杂生产操作体系。因此，现代食品工厂的设计需要建立在自然科学、生物科学、工程学科、相关立法、运营管理和经济评估知识的整体方法之上。

食品工厂设计的特点包括：

① 内容多、涉及面广。a. 原料主要特点：种类、品种多，具有复杂性，具有季节性。b. 加工主要特点：产品种类复杂，生产季节性强，卫生要求高。c. 涉及政治、经济、工程、技术等诸多学科，包含基础知识与专业知识的综合运用。

② 叙述性内容较多，实践性强：设计原则、要求的体现。

工厂设计阶段的特点包括：

① 工厂设计阶段是确定工程价值的主要阶段，通过设计使项目的规模、标准、功能、结构、组成构造等各方面都确定下来，确定了工程的“功能价值”。

② 工厂设计阶段是影响投资的关键阶段，现代工程规模大、投资大、风险大，迫使人们在设计阶段实施投资控制，工程尽量控制在预算的投资范围内。

③ 设计质量对项目总体质量具有决定性影响，为好的经济效益提供了前提条件，如果设计质量不好，施工再好，都不会产生好的经济效益。设计质量主要是满足投资方对工程项目的功能和使用要求。

工程项目建设，不同于科学研究项目。工厂建成后，必须达到或超过设计指标，满足企业生产及社会需要，带来经济和社会效益。因此工厂设计应遵循以下原则：

① 技术先进与经济合理相结合原则；

② 充分利用当地资源和技术条件原则；

③ 注重长远发展，留有余地的原则；

④ 总体设计要体现安全、卫生、健康的原则；

⑤ 坚持保护环境、美化环境原则。

0.3 食品工厂设计的意义和作用

工厂设计在工程项目建设的整个过程中，是一个极其重要的环节，可以说在建设项目立项以后，设计前期工作和设计工作就成为建设中的关键。优秀的食品工厂设计需要有先进的技术水平、合理的经济分析和可落地实施的整体项目规划，试生产后所生产的产品在产量、质量上都达到规定的标准，各种技术指标、经济指标达到同类食品工厂企业的先进指标或国内、国际先进水平，在“三废”治理和环境保护方面符合国家环保有关规范。

要新建、改建、扩建食品工厂，就需要对生产过程中所需要的设备进行生产能力的计算，对所完成的技术经济指标进行评价，并发现生产薄弱环节，挖掘生产潜力。在小试、中试以及工业化生产的各个阶段都需要与设计紧密结合。在基本建设施工前，首先要有高质量、高水平、高效益的设计方案，并经过反复论证后确定，以保证项目的顺利实施和完成后产生良好的经济效益与社会效益。

0.4 食品工厂设计的任务和内容

工厂设计就是运用先进的生产技术，通过工艺主导专业与工程地质勘察和工程测量、土木建筑、供电、给排水、供热、采暖通风、自控仪表、“三废”处理、工程概算以及技术经济等配套专业的协作配合，用图样并辅以文字作出一个完整的工厂建设蓝图，按照国家规定的基本建设程序，有计划按步骤地进行工业建设，把科学技术转化为生产力的一门综合性学科。

食品工厂设计的内容一般包括：基本建设和工厂设计的组成，厂址选择和总平面图设计，食品工厂工艺设计，辅助车间和装备的设计，工厂卫生及安全、生活设施的设计，气力输送，公用系统的设计，环境保护措施，基本建设概算，技术经济分析等内容。每一个部分必须环环相扣，有序进行，整体协调统一，才能在建成后达到理想的目标。

第1章 食品工厂基本建设与设计

1.1 基本建设程序

1.1.1 基本建设概述

基本建设就是以资金、材料、设备为条件，通过勘察、设计、建筑、安装等一系列脑力和体力劳动，建设各种工厂、矿山、医院、学校、商店、住宅、市政工程、水利设施等，形成扩大再生产的能力或新增工程效益。基本建设程序是指基本建设项目从设想、选择、评估、决策、设计、施工到竣工验收、投入使用整个建设过程中各项工作必须遵守的先后次序的法则，反映了建设工作所固有的客观自然规律和经济规律，是保证工程质量和投资效益的一项根本原则。我国基本建设程序一般包括计划决策、勘察设计、组织施工、验收投产等阶段，每个阶段又包含着许多环节，各项目必须按照科学的逻辑顺序和时间序列先规划研究，后设计施工，不得违反，不得简化，只有这样才能又快又好又省地完成建设任务。基本建设涉及面广，制约因素多，因此需要各专业之间良好的协作配合才能达到预期的效果，而建设项目的完成和组织实施，又必须以设计文件为依据，因此，从事工厂设计工作，必须首先了解工厂基本建设的程序、工厂设计的组成及相关设计文件编制的规则。工厂建设基本程序如图1-1所示，主要包含了项目建议书、可行性研究、项目评估、项目设计、施工、安装、试产、验收及交付等环节。

1.1.2 项目建议书

项目建议书是项目筹建单位根据市场经济的具体情况及长远规划和布局的要求，在进行初步调查研究后，针对拟建项目的必要性、重要性、建设条件及拟建规模等提出的建议文件，是对拟建项目的框架性设想，也是为进一步研究论证工作提供依据。企业投资建设应向投资主管部门提交项目申请报告，经有关项目核准机关批准后，即可开展可行性研究。项目建议书的主要内容有以下几个方面：

① 建设项目提出的必要性和依据。

② 拟建规模、建设方案。

③ 建设的主要内容。

④ 建设地点的初步设想情况、资源情况、建设条件、协作关系等的初步分析。

⑤ 投资估算和资金筹措及还贷方案。

⑥ 项目进度安排。

⑦ 经济效益和社会效益的初步估算。

⑧ 环境影响的初步评价。

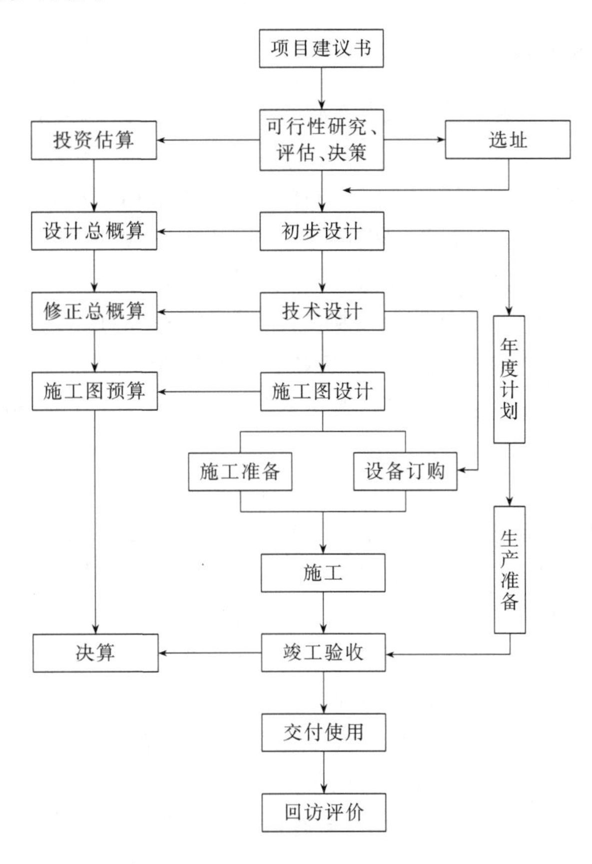

图 1-1 工厂建设基本程序

1.1.3 项目的可行性研究

可行性研究（feasibility study）是在项目建议书被批准后，对拟建项目在工程技术、经济和社会上是否可行所进行的科学分析和论证，是在调查的基础上，通过对项目市场、技术、财务和技术经济进行全面分析和综合评价后，推荐最佳方案，形成可行性研究报告，并对可行性研究报告进行论证评估。可行性研究是项目前期工作中最重要的内容，其结论为投资者的最终决策提供直接的依据。

可行性研究的基本任务，是在充分调研，搜集各种资料、数据的前提条件下，对拟建项目的主要问题，从工程建设和生产经营等角度进行全面的分析研究，并对其投产后的经济效益进行预测，充分考察分析项目可行性，以确定项目是否立项建设及如何建设。因此，可行性研究具有“先行性、不定性、科学性、法定性”的特点。先行性是指在项目决策之前进行研究，是项目建设前期的工作重点，只有在可行性研究报告被审批后，正式投资才能开始；不定性是指研究结果有可行与不可行两种可能，可行的方案通过研究可为拟建项目的实施提供充分的科学依据，不可行的方案通过研究可制止不合理项目的继续，避免更大的浪费；科学性是指可行性研究对拟建项目进行的技术经济论证，已形成了一套系统的理论、科学的方法和完整的指标体系；法定性是指对投资项目进行可行性研究，是技术前期的必要程序，所有建设项目必须严格按照基本程序办事，负责可行性研究的单位，要经过资格审查，要对工作成果的可靠性承担责任，包括法律责任。

1.1.3.1 可行性研究的作用

可行性研究的主要目的是为投资决策提供经济技术等方面的科学依据，借以提高项目投资决策水平。其作用主要有：

① 为建设项目投资决策和编制设计计划任务书提供依据。决定一个建设项目是否应该实施，主要是根据这个项目的可行性研究结果。因为它对建设项目的目的、建设规模、产品方案、生产方法、原材料来源、建设地点、工期和经济效益等重大问题都进行了具体研究，有了明确的评价意见。因此，可以作为编制设计计划任务书的依据。

② 为项目单位向银行等金融组织申请贷款、筹集资金提供依据。中国各投资银行明确规定，根据企业提供的可行性研究报告，对贷款项目进行全面、细致地分析评价后，才能确定是否给予贷款。

③ 是项目单位与相关部门洽谈合同和协议的依据。一个建设项目的原辅材料、协作条件、燃料、供电、供水、运输、通信等很多方面都需与有关部门协作，供应协议和合同都是根据可行性研究报告签订的。对于技术引进和设备进口项目，国家规定必须在可行性研究报告经有关部门的审批和批准后才能同国外厂商正式签约。

④ 是建设项目进行项目设计和项目实施的基础。在可行性研究中，对产品方案、建设规模、厂址选择、工艺流程、主要设备选型、总平面布置等都进行了方案比较和论证，确定了原则，推荐了建设方案。可行性研究和设计计划任务书经批准下达后，初步设计工作必须以此为基础，一般不另作方案比较和重新论证。

⑤ 是投资项目制订技术方案、设备方案的依据。建设项目采用新技术、新设备必须慎重，只有在经过可行性研究后，证明这些新技术、新设备是可行的，方能拟订研制计划，进行研制。

⑥ 是安排基本建设计划，进行项目组织管理、机构设置及劳动定员等的依据。

⑦ 是环境保护部门审批建设项目对环境影响程度的依据。根据我国基本建设项目环境保护管理办法的规定，在编制可行性研究时，必须对环境影响做出评价，在审批可行性研究报告时，要同时审查环境保护方案。

⑧ 对于依法必须进行招标的各类工程建设项目，在报送的项目可行性研究报告中必须有关于招标的内容，进行工程招投标过程应依据经审批的可行性报告。

1.1.3.2 可行性研究的主要依据

可行性研究的内容涉及面很广，既有工程技术问题，又有经济财务问题，在进行可行性研究工作时，应对工业经济、市场分析、工业管理、工艺、设备、土建和财务等方面的情况进行全面分析和综合评价。进行可行性研究的依据包括：国民经济和社会发展的长远规划，以及行业和区域发展规划；经有关部门批准后的项目建议书；市场的供求状况及发展变化趋势；国家有关部门正式批准的资源报告和有关各种规划；自然、地理、气象、地质、经济、社会等基本资料；与项目有关的工程技术方面的国家及行业标准、规范等；国家公布的关于项目评价的有关参数、指标，如基准收益率、折现率、折旧率、社会折现率、外汇汇率；等等。

1.1.3.3 可行性研究的步骤

可行性研究可分为开始筹划、调查研究、优化和选择方案、详细研究、编写报告书和资金筹措六个步骤。具体内容为：

① 开始筹划。了解可行性研究的主要依据，理解委托者的目标和意图，讨论研究项目的范围、界限，明确研究内容，制订工作计划。

② 调查研究。即实地调查和技术经济研究。包括市场研究、经济规模研究、原材料、能源、工艺技术、设备选型、运输条件、外围工程、环境保护和管理人员培训等及各种技术经济的调查研究。每项调查研究都要分别做出评价。

③ 优化和选择方案。把前阶段每一项调查研究的各个不同方面的内容进行组合，设计出几种可供选择的方案，并经过多方案的分析和比较，推荐最佳方案，并对推荐方案进行评价。

④ 详细研究。对选出的最佳方案进行更详细的分析研究，复查和核定各项分析资料，明确建设项目的范围、投资概况、经营的范围和收入等数据，并对建设项目的经济和财务特性做出评价。为检验建设项目的效果和风险，还要进行敏感性分析，表明成本、价格、销售量、建设工期等不确定因素变化时，对企业收益率所产生的影响。

⑤ 编写可行性研究报告书。

⑥ 资金筹措。对建设项目资金来源的不同方案进行分析比较，最后对拟建项目的实施计划做出决定。

1.1.3.4 可行性研究报告书的内容

可行性研究的内容，随行业不同有所差异，侧重点各有不同，但其基本内容是相同的，工业项目的可行性研究一般要求具备以下主要内容。

①总论；②市场需求预测和建设规模；③资源、原材料、燃料、动力、运输及供水等公用设施情况；④建厂条件、厂址选择方案及总平面图布置方案；⑤项目设计方案；⑥环境保护调查、安全生产、劳动卫生、消防等要求；⑦企业组织、劳动定员和人员配置与培训；⑧项目实施进度安排；⑨投资估算和资金筹措；⑩经济与社会效益评价；⑪风险评估；⑫结论与建议；⑬附图、附表等附件材料。

1.1.3.5 可行性研究应注意的事项

① 可行性研究应具有科学性和独立性。可行性研究是一种科学的方法，必须保证编写单位的客观立场和公正性。在编制可行性研究报告时，必须坚持实事求是的原则，在调查研究的基础上，作多方案的比较，按客观实际情况进行论证和评价。

② 可行性研究的深度要符合要求。可行性研究的内容必须完整，文件必须齐全，其深度应能满足确定项目投资决策和以上所述的各项要求。内容和深度是否达到国家规定的标准，直接关系到可行性研究的质量。

③ 承担可行性研究工作的单位应具备的条件。进行可行性研究一般是由主管部门下达

计划，也可采取有关部门或建设单位向承担单位进行委托的方式，可委托经国家有关部门正式批准颁发证书的设计单位或工程咨询公司承担。委托单位向承担单位提交项目建议书，说明对拟建项目的基本设想，资金来源的初步打算，并提供基础资料。由双方签订合同，明确研究工作的范围、前提条件、进度安排、费用支付办法以及协作方式等内容，如果发生问题，可按合同追究责任。

1.1.3.6 可行性研究报告的审批办法

可行性研究报告编制完成以后，由委托单位上报有关部门进行审批。国家规定，大中型项目建设的可行性报告，由各主管部、各省（区、市）或全国性专业公司负责预审，报国家发展与改革委员会（以下简称“发改委”）审批或由国家发改委委托有关单位审批。重大项目和特殊项目的可行性研究报告，由国家发改委会同有关部门预审，报国务院审批。小型项目的可行性研究报告，按隶属关系由各主管部、各省（区、市）或全国性专业公司审批。有的建设项目经过可行性研究，已经证明没有建设的必要时，经审定后即取消项目。为了严格执行基本建设程序，我国还规定，大中型建设项目未附可行性研究报告及其审批意见的，不得审批设计计划任务书。

1.1.4 项目评估

项目评估是在项目单位提交可行性研究报告之后，由项目审批单位组织有关专家对项目进行实地考察，并着重从国家宏观经济的角度检查项目各个方面，对项目可行性研究报告的可靠性做出评价。项目评估与可行性研究之间存在相互作用的关系，项目评估的意见和结论对于项目是否立项执行起着加强决策的科学性、统一微观经济与宏观经济效益、规避信贷风险、指导项目管理和实施等至关重要的作用。

可行性研究是项目评估的基础，项目评估是项目可行性报告得到批准的决定因素，二者目的相同，理论基础、分析的内容、要求和基本方法相一致，工作性质相同。不同点在于：①发生的时间点不同；②内容详简程度不同；③需要的时间不同；④从事工作的主体不同；⑤决策意义和权威性不同。

项目评估的内容包括：

(1) 项目必要性的评估

主要评估项目是否符合国家经济发展的总目标、食品工业发展规划和产业政策；项目在增强农村地区经济活力、促进农业可持续发展方面起到什么作用；项目是否有利于合理配置和有效利用资源，并改善生态环境；项目产品是否适销对路，符合市场需求，具有良好的市场前景；项目投资的总效益，包括经济效益、社会效益、生态效益。

(2) 项目建设条件的评估

主要评估项目所需资源是否具备，资源条件是否满足；项目所需投入物，包括原材料、燃料、动力等是否能按质按量按时供应，供应渠道及采购方案是否可行；项目产出物销售条件是否达到项目要求，主要产品生产基地布局是否合理；科技基础设施、科技人员力量是否满足，是否具有改善科学技术条件的措施；项目是否具备良好的政策环境条件；组织管理条件是否具备，组织管理机构是否健全，组织方式是否合适；技术培训及推广措施能否得到落实；等等。

(3) 建设方案的评估

主要评估项目规模与布局的合理性；产品结构是否符合产业政策，是否有利于增强农村经济实力；技术方案采用的工艺、技术、设备等是否先进、合理，是否符合国家的技术发展政策；工程设计方案的合理性；项目时序安排是否合理，实施进度是否科学可行。

(4) 项目投资效益的评估

投资效益评估是项目评估的核心内容，包括：①基本经济数据是否准确，基本经济参数的确定是否科学合理。②财务效益。鉴定投资利润率、贷款偿还期、投资回收期、净现值及财务内部报酬等的计算分析是否准确，评价项目建设对投资者的利益及农户收入提高幅度。③经济效益。评估有限资源是否得到合理高效利用，经济净现值、经济内部报酬是否达到要求，项目建设对整体国民经济的利益。④社会生态效益。评价项目建设对就业效果、地区开发程度、森林覆盖率、水土保持等指标的影响，项目建设是否综合考虑农业资源开发与生态效益的协调。⑤不确定性及风险分析。评估项目的敏感性，评价不确定性因素发生变化后项目的财务效益和经济效益发生的变化，项目单位及农户遭遇的风险危害。

(5) 评估结论

完成以上评估内容后，综合各种主要问题做出项目评估结论性意见。主要包括以下几点：①项目是否必要。②项目所需条件是否具备。③项目建设方案是否科学合理。④项目投资是否落实，效益是否良好，风险程度如何。⑤评估结论性意见。明确说明同意立项，或不同意立项，或可行性研究报告及项目方案需修改或重新设计，或建议推迟立项，待条件成熟后再重新立项，并简要说明理由。

(6) 撰写项目评估报告

项目评估工作结束后，撰写“项目评估报告”，格式基本同“项目可行性研究报告”。

1.1.5 设计计划任务书

编制设计计划任务书（简称计划任务书或设计任务书）是在可行性研究的结论基础上编制的项目建设计划，主要工作通常包括扩大初步设计和施工图设计两个阶段，对于技术复杂的项目还要增加技术设计，主要目的是根据可行性研究的结论，提出拟建工厂的计划。设计任务书由有关部门组织人员编写，亦可请设计部门参加，或者委托设计部门编写，其内容包括：①建厂理由；②建厂规模，产品年产量、生产范围及发展规划；③产品品种、规格标准和各种产品的产量；④主要产品的生产方式及主要设备订货计划；⑤工厂组成，包括部门、生产车间、辅助车间、仓库、交通运输工具等；⑥工厂的总占地面积和地形图；⑦工厂总的建筑面积和要求；⑧公用设施，给排水、电、汽、通风、采暖及“三废”治理等要求；⑨交通运输条件；⑩投资估算；⑪建厂进度安排；⑫估算建成后的经济效果。

设计计划任务书上经济效益应着重说明工厂建成后应达到的各项技术经济指标和投资效果系数。投资效果系数表示工厂建成投产后每年所获得的利润与投资总额的比值。投资效果系数越大，说明投资效果越好。技术经济指标包括：产量、原材料消耗、产品质量指标、生产每吨成品的水电汽耗量、生产成本和利润等。

1.1.6 设计工作

设计工作必须以已批准的可行性报告、设计计划任务书以及其他有关资料为依据。它是在市场预测和厂址选择之后的一个工作环节。在市场、规模和厂址这几个因素中，市场和原料是项目存在的前提，也是建设规模的根据，而规模和厂址又是工厂设计的前提。只有当规模和厂址方案都确定了，才能进行工厂设计。工厂设计完成后，才能进行投资、成本的概算。

1.1.7 施工、安装、试产、验收及交付

食品工厂筹建单位（甲方）根据经过批准的基建计划和设计文件，落实物资、设备、建筑材料的供应来源，办理征地、拆迁手续，落实水电及道路等外部施工条件和施工力量。所有建设项目，必须列入年度计划，做好建设准备，具备施工条件后，才能施工。施工阶段遵循施工程序，按照计划要求和施工技术验收规范，进行施工、安装和试产。工程完工后按照规定的标准和程序，对竣工工程进行验收，编制竣工验收报告和竣工决算，并办理固定资产交付生产使用手续。

1.2 工厂设计工作

1.2.1 工厂设计的任务及分工组织

食品工厂设计的总体任务是根据国家法律法规、国际国内标准与规程对食品生产企业的食品加工工厂进行科学论证与设计规划，使其能满足食品加工技术和安全卫生生产的要求。

食品工厂设计内容广泛，涉及多方面的专业领域，需要各专业设计人员互相配合，协同工作，并根据专业划分，分别由设计单位的工艺、设备、土建、动力、技术经济等设计室（组）分工合作完成。设计单位的专业分工一般包括工艺、管道工程、自动控制、设备、土建、电气、热力、给排水、采暖通风、储运、总图、技术经济等，以满足建设项目设计工作的需要。

1.2.2 工厂设计的内容

食品工厂设计包括工艺设计和非工艺设计两大组成部分。

(1) 工艺设计

工艺设计就是按工艺要求进行工厂设计，其中又以车间工艺设计为主，并对其他设计部门提出各种数据和要求，作为非工艺的设计依据。

食品工厂工艺设计的内容大致包括：①全厂总体工艺布局；②产品方案、产品规格及班产量的确定；③主要产品和综合利用产品的工艺流程的确定；④物料衡算；⑤生产车间工艺设备的选型及配套；⑥生产车间设备平面布置；⑦劳动力计算及劳动组织；⑧水、电、汽、冷、压缩空气等用量估算；⑨管路计算及管道布置、安装设计；⑩施工说明等。

食品工厂工艺设计除上述内容外，还必须提出下列要求：①工艺流程对总平面布置图上物流、人流和各车间及辅助设施相对位置的要求；②对车间采光、通风、排水、卫生设施的要求；③工艺对土建跨度、柱网、层高的要求；④对生产车间水、电、汽、冷、压缩空气等的需用量计算及负荷变化要求，及车间各工段（区域）温度的要求；⑤对供水水质及压缩空气品质的要求；⑥对排水及废水处理的要求；⑦对各类仓库面积的计算及库房温度、湿度、

通风、卫生的要求等。

(2) 非工艺设计

非工艺设计是根据工艺设计的要求和所提出的数据进行的设计。包括总平面图、建筑、结构、采暖、通风、给排水、供电及自控、制冷、动力、环境保护等设计，并按照设计阶段进行投资估算、概算、预算以及技术经济分析等，必要时，还包括设备设计。

非工艺设计的各项内容主要为：

① 总平面图。根据工艺要求提出人流、物流流向，生产所需车间及仓库和水、电、汽负荷所需用房面积，对各生产车间、辅助设施进行总平面布置上的定位，按生产流量确定道路宽度、装卸货广场的大小、堆场面积等。

② 建筑。按工艺要求所提出的各生产车间、仓库面积及公用系统，按全厂水、电、汽、冷等负荷所需用房面积，定出各建筑物跨度、柱网、层高等。按工艺食品卫生要求定出室内、外装修标准及用料规格性能。按工艺提出生产火灾危险性类别，确定消防设计。

③ 结构。按工艺及建筑要求确定结构选型、地基处理及荷载大小等。

④ 给排水。按工艺及其他用水量及水质、水压要求，计算全厂用水量，确定厂区给水工程及消防供水系统、供水处理系统。按各建筑物排水要求及负荷确定排水量及排水系统、污水处理量及处理系统，并对土建及供电提出要求，如泵房大小、用电负荷、污水处理站的位置和面积、构筑物要求等。

⑤ 采暖通风及空气调节。按工艺及建筑要求计算全厂采暖负荷及系统选择、空调负荷及系统选择、通风方式及设备选择，并提出土建要求和配电、供热、制冷要求。

⑥ 供热。按工艺及其他用汽量要求计算全厂用汽量，确定全厂供热方式、供热系统及热回收系统及厂区管线等。

⑦ 制冷。按工艺及空调要求计算全厂冷负荷，确定制冷方式及冷站和冷库的设备配置，并对土建提出制冷站及冷库的要求和配电、通风要求。

⑧ 压缩空气。按工艺、暖风、制冷及给水等用气量及空气质量的要求计算全厂压缩空气负荷量及设备的选择，并对土建提出空压站的面积大小、消声要求和供电、给水、通风等要求。

⑨ 供电。根据工艺、给排水、通风、制冷、供热、压缩空气等要求，计算全厂用电负荷量及供配电系统的选型，车间及辅助设施的动力配电及照明等，并对土建及其他专业提出要求。

⑩ 技术经济。由工艺及土建、公用各专业，提供设计内容及材料用量，进行投资估算、概算或施工图预算。由工艺专业提供产品方案、原辅材料消耗定额、能耗量、劳动组织等以及产品原料价、成品销售价等进行成本计算及盈利情况分析，提出还贷能力及风险性分析。

非工艺设计与工艺设计之间的相互关系是：工艺向土建提出工艺要求，而土建给工艺提供符合工艺要求的建筑；工艺向给排水、电、汽、冷、暖、风等提出工艺要求和有关数据，而水、电、汽等又反过来为工艺提供有关车间安装图；土建对给排水、电、汽、冷、暖、风等提供有关建筑，而给排水、电、汽等又给建筑提供有关涉及建筑布置资料；用电各工程工种如工艺、冷、风、汽、暖等向供电提供用电资料，用水各工程工种如工艺、冷、风、汽、消防等向给排水提出用水资料。

1.2.3 工厂设计的步骤

1.2.3.1 设计的准备工作

项目单位在设计计划任务书获得批准后，即可开展设计工作。设计工作主要是通过图纸等技术语言形式更加明确、具体地表达可行性研究报告提出的建设构想，并达到设计计划任务书的要求。设计工作一般委托有资质的设计单位完成。设计单位接受设计任务后，首先进行资料收集等准备工作，对项目单位提供的资料和文件进行分析研究，然后对其不足的部分，再逐步进行收集。

资料收集大体包括两方面：

① 到建厂现场收集资料。设计者到现场对项目单位提供的资料进行核实，包括地形、地貌、地物情况，以及水源、水质、污染源等问题。要向当地水、电、热、交通运输部门了解对新建食品工厂的要求，并同时向有关单位了解当地的气候、水文、地质资料，工厂和地区的发展方向，新厂与有关单位协作分工的情况和建筑工程的预算价格等。

② 到同类工厂工程项目收集资料。到同类工程项目的食品工厂了解一些技术性、关键性问题，使设计水平不断提高。

1.2.3.2 设计工作

设计单位做好准备工作后，即可拟定设计方案，在方案通过有关部门评审后，根据项目的大小和重要性，采取两阶段设计和三阶段设计两种。对于新而复杂、规模特大或缺乏该种设计经验的大、中型工程，经主管部门指定的才按三阶段进行设计，即扩大初步设计（简称初步设计)、技术设计、施工图设计。对于一般性的新建、改建和扩建工程，采用两阶段设计，即初步设计、施工图设计。小型项目有的也可指定只做施工图设计。目前，国内食品工厂设计项目，一般做两阶段设计。

(1) 初步设计

初步设计是在设计范围内做详细全面的计算和安排，使之足以说明本食品厂的全貌，可供有关部门审批，但不能作为施工指导，这种深度的设计称作初步设计。初步设计是实施工程建设的基本依据，所有新建、改建、扩建和技术改造的建设工程都必须有初步设计，其成果主要体现在设计说明书上，图纸和表格是设计说明书的补充。初步设计中绘制的图纸深度不够，不足以作为施工之用。

对初步设计的深度要求为：①能够用于设计方案的比较、选择和确定；②满足主要设备和主要材料的订货要求，并对需要试验的设备，提出委托设计或试制的技术要求；③主要建筑材料、安装材料的估算数量和预安排；④土地征用；⑤控制建设投资；⑥劳动定员；⑦主管部门和有关单位进行设计审查；⑧作为施工图设计的主要依据；⑨施工、安装准备和生产准备。

通过初步设计对食品工厂整个工程的全貌做出轮廓性的定局，供有关上级部门审批。根据《轻工业建设项目初步设计编制内容深度规定》(QBJS 6—2005)，初步设计的编制内容包括设计说明书、总概算书和附件三部分。设计说明书按总平面、工艺、建筑等各部分分别进行叙述；总概算书是将整个项目的所有工程费和其他费用汇总编写而成，按照《轻工业工程设计概算编制办法》(QBJS 10—2005) 另成册编制；附件包括编制初步设计的依据性文件、图纸、设备表、材料表等内容。

初步设计完成后，需将设计文件交有关部门审批。主管单位在审批设计文件时，可对设计提出否定意见，也可对设计的不合理部分提出修改意见。设计文件经批准后，全厂总平面布置、主要工艺过程、主要设备、建筑面积、建筑结构、安全卫生措施、三废处理、总概算等需要做修改时，必须经过原设计文件批准部门同意。未经批准，不可更改。

初步设计要严格按照国家相关法律法规的要求及各专业的标准进行。因此，设计单位在初步设计的过程中，应与相应的各级质量监督检验检疫部门及卫生部门沟通，听取意见，及时修正方案。同时，还应该与相应的消防、环保、劳动部门沟通，征求意见，及时调整方案。

（2）施工图设计

初步设计文件经批准或确认后即进行施工图设计，在施工图设计中只是对已批准的初步设计在深度上进一步深化，使设计更具体、更详细以达到施工指导的要求。所谓施工图，是用图纸的形式使施工者了解设计意图、使用何种材料和如何施工等，是一种可执行的技术语言。在施工图设计时，对已批准的初步设计，在图纸上应将所有尺寸都注写清楚，便于施工。在施工图纸中，不需另写施工设计说明书，而一般将施工说明注写在有关的施工图上，所有文字必须简单明了。

施工图设计的深度除了和初步设计互相连贯衔接之外，还必须满足以下条件：①具有全部设备、材料的订货和交货安排；②具有非标准设备的订货、制造和交货安排；③能作为施工安装预算和施工组织设计的依据；④控制施工安装质量，并根据施工说明要求进行验收。

施工图设计的内容包括图纸以及施工、安装说明，技术经济指标和预算一般以表格为主。各专业工种图纸的内容如下：

① 工艺部分：管道平面布置图、立面布置图和剖面图，设备安装图、操作台、设备及管道支架、工器具及设备表、材料汇总表等。

② 给排水：包括供水、排水、水处理、污水处理设备布置，管道布置，生活室、卫生设备、浴室给排水管道布置，厂区排水沙井、消防系统、凉水塔及循环用水、废水回收，以及设备表等。冷冻机房设备布置、管道布置、安装图、流程图及设备表、材料表等。空调设备及管道布置图、系统图，管道安装施工详图、通用图及设备表、材料表等。

③ 动力部分：包括锅炉房、空压机站、冷冻机和冷库设备布置图、安装图，管道流程图，机房及厂区管道布置图，管道保温结构图，主要的支架、吊架图及设备表、材料表等。

④ 采暖通风部分：包括通风、除尘、采暖、空调设备及管道布置图、系统图，管道安装施工详图、通用图及设备表、材料表等。

⑤ 供电部分：包括变电站（所）和高、低压配电室设备布置图，动力配线图，照明配线图，厂区接线系统、防雷、通信、非标准配电柜接线图，安装详图及设备表、材料表等。

⑥ 仪表及自动控制部分：包括生产过程各种介质的流量、质量、液位、温度、压力、分析仪表的指示、记录、信号、调节系统原理图，线路图，仪表盘、仪表柜布置图和接线图及材料表等。

⑦ 土建部分：包括总平面布置图，厂区土方平衡图，各部分厂房、建筑物的建筑平面图、立面图、剖面图和结构图，各构筑物、围墙、道路、沟道结构图，设备基础图，预留孔、预埋件图，各种节点详图，选用的标准图、通用图、门窗图表等。

⑧ 施工说明：包括各专业工种的施工说明，工艺的施工说明，设备的安装要求和注意

事项，管道设计的管材选用、连接方式、保温结构、试压要求、防腐油漆及标志油漆的颜色，安装验收规范和标准等。

在施工图设计时，允许对已批准的初步设计中发现的问题做修正和补充，使设计更合理化，但对主要设备等不做更改。若要更改时，必须经批准部门同意，按审批文件精神对方案进行调整。在施工图设计时，应有设备和管道安装图、各种大样图和标准图等。施工图设计完成后，需经过消防、卫生、环保、职业安全、交通、园林等部门的专项审查，因此相关图纸应在初步设计阶段与有关部门沟通、征求意见后在施工图上充分反映，并经审查确认。

第2章 食品工厂选址

2.1 厂址选择的原则

2.1.1 厂址选择的一般原则

2.1.1.1 厂址选择符合国家的政策方针

食品工厂的厂址应由当地城乡规划部门统一规划，以适应当地发展规划的统一布局，并尽量不占或少占良田，做到节约用地，所需土地可按基建要求分期分批征用。

2.1.1.2 厂址选择根据生产条件选定

① 气象。气象条件包括风向、风量、雨量和气温等内容。收集气象资料时，要求有10年以上的历史资料。具体有如下几项内容：a. 温湿度，包括全年平均气温、平均湿度，最热月及最冷月的平均气温，最高气温、最低气温。b. 降雨量，包括全年平均降雨量、最大降雨量及持续时间。c. 冬季积雪情况。d. 冰冻期及地层冰冻深度、土壤温度。e. 风向玫瑰图及风级表。f. 最高、最低气压及全年平均气压等。g. 全年日照数，各月日照分布情况等。h. 地震情况等。

② 地质。所选厂址要有可靠的地质条件，应避开地震断层和基本烈度高于九度的地震区。应避免将工厂设在流沙、淤泥、土崩断裂层上，在矿藏地表处不应建厂。厂址应有一定的地耐力，一般要求不低于$2\times10^5 N/m^2$。

③ 地形地貌。一般要求厂址地形及外貌较为整齐，方便流水线作业。厂址面积的大小，应能尽量满足生产要求，并有发展余地和留有适当的空余场地。厂区的标高应高于当地历史最高洪水位0.5m以上，特别是主厂房及仓库的标高，厂区自然排水坡度最好在(4～8)/1000之间。

④ 水源。厂址附近要有充足的水源，且水质要好［符合《生活饮用水卫生标准》(GB 5749—2022)］。城市采用自来水，必须符合饮用水标准。若采用江、河、湖水，必须加以处理。若采用地下水，必须向当地了解，是否允许开凿深井。特别是饮料厂和酿造厂对水质的要求很高。

⑤ 原料及市场。食品工厂一般建在原料产地附近的大中城市郊区，个别产品为了有利于销售也可以设在市区。不仅保证了原料的数量和质量，也有利于加强食品企业对农村原料基地生

产的指导和联系，并且便于辅助材料和包装材料的获取，有利于产品销售，且减少运输费用。

2.1.1.3 厂址选择要从投资和经济效益方面考虑

① 交通运输和通信设施。厂址应有方便的运输条件，如高速公路、铁路、水路等，若需要新建公路或者专用铁路时，应选最短距离为好，以减少投资。

② 能源。厂区附近有一定的供电条件，在供电距离和容量上得到供电部门的保证。

③ 劳动力。厂区最好设置在居民区附近，这样可以减少新建宿舍、商店、学校等职工的生活福利设施。

④ 环境保护。厂址选择要注意环境保护和生态平衡，注意保护自然风景区、名胜古迹和历史文物。

2.1.2 厂址选择原则的举例

2.1.2.1 罐头食品厂厂址选择原则

① 原料。厂址靠近原料基地，原料的数量、质量要满足工厂需求。关于“靠近”的尺度，厂址离生鲜产品收购地的距离应该控制在汽车运输 2h 路程之内。

② 周围环境。厂区周围具有良好的卫生环境。厂区附近不得有有害气体、粉尘和其他扩散性的污染源，厂址不应设在受污染河流的下游和传染病医院近旁。

③ 地势。地势应基本平坦，厂区标高应高出通常最高洪水水位，且有排水设施保障。

④ 劳动力来源。季节产品的生产需要大量的季节工，厂址应靠近城镇或居民集中点。

2.1.2.2 饮料厂厂址选择原则

① 符合国家方针政策、行业布局、地方规划等。

② 要有充足可靠的水源，水质应符合国家《生活饮用水卫生标准》(GB 5749—2022)。天然矿泉水应设置于水源地或由水源地以管路接引原料水的地点，其水源应符合《食品安全国家标准　饮用天然矿泉水》(GB 8537—2018) 的国家标准，并得到地矿、食品工业、卫生（防疫）部门等的鉴定认可。

③ 要有良好的卫生环境，厂区周围不得有有害气体、粉尘和其他扩散性污染源，不受其他烟尘及污染源影响（包括传染病源区、污染严重的河流下游）。

④ 要有良好的工程地质、地形和水文条件，地下避免流沙、断层、熔洞；要高于最高洪水位；地势宜平坦或略带倾斜，排水要通畅。

⑤ 要有方便的交通运输条件。

⑥ 注意节约投资及各种费用，提高项目综合效益。

⑦ 除了浓缩果汁厂、天然矿泉水厂处于原料基地之外，一般饮料厂由于成品量及容器用量大，占据的体积大，最好设置在城市或城市近郊。

2.2 厂址选择的方法

2.2.1 基本方法

(1) 统计学法

统计学法，就是把厂址的诸项条件（不论是自然条件还是技术经济条件）当作影响因素，把要比较的厂址编号，然后对每一厂号厂址的每一个影响因素，逐一比较其优缺点，并打上等级分值，最后把诸因素比较的等级分值进行统计，得出最佳厂号的选择结论。进行比较的内容详见表 2-1、表 2-2 和表 2-3。

表 2-1　厂址技术性方案比较表

序号	项目名称	1#			2#			3#		
		A	B	C	A	B	C	A	B	C
1	地理位置(靠近城镇?)	—				—				—
2	面积？外形?		—		—				—	
3	地势(海拔？坡度?)		—		—					—
4	地质(地耐力(N/m^2)=？地下水位?)		—		—				—	
5	土方量(挖填平衡否?)		—		—					—
6	建筑施工条件(方便？困难?)	—				—				
7	建筑材料(就地取材？有协作?)						—	—		
8	交通运输条件(陆路？水路?)	—				—		—		
9	给水条件(有水源地？深井水？水质?)		—		—			—		
10	排水条件(有排水条件？污水站?)	—				—				—
11	热电供应(充足？有协作关系?)	—						—		
12	环卫条件(邻近污染源？三废处理?)			—			—		—	
13	职工生活(有公共设施？自建生活区?)			—			—		—	
小计	以上单位累计数									
总计	技术性比较极差									
结论										

注：A——优，B——较优，C——一般。

表 2-2　厂址经济性方案比较表——基建费用

序号	项目名称	1#			2#			3#		
		A	B	C	A	B	C	A	B	C
1	铁路专用费用(线路、桥梁、涵洞)		—		—				—	
2	码头建筑费用			—			—	—		
3	公路建筑费用			—		—			—	
4	土地征用费用	—				—				—
5	土方工程费用(挖土、填方、夯土、运土)			—			—	—		
6	建筑材料费(钢筋、水泥、木石……)	—			—					—
7	建筑厂房及设备基础费用			—		—		—		
8	住宅及文化设施建筑费用			—			—	—		
9	给水设施费用(水泵房、给水管线、水塔)			—		—			—	
10	排水设备费用(排水管线、污水处理)			—		—		—		
11	供热设备(锅炉房、蒸汽管线)			—		—		—		
12	供电设施(变电器、配电设备、供电线路)		—		—			—		
13	临时建、构筑费用		—			—			—	
小计	基建费用									

注：A——优，B——较优，C——一般。

表 2-3　厂址经济性方案比较表——经营费用

序号	项目名称	1#			2#			3#		
		A	B	C	A	B	C	A	B	C
1	原料、材料、成品等运输费用		—			—		—		
2	给排水费用		—			—		—		
3	汽耗量费用		—			—			—	
4	电耗量费用			—		—		—		
小计	经营费用									
总结										

注：A——优，B——较优，C——一般。

(2) 方案比较法

这种方法是通过对项目不同选址方案的投资费用和经营费用的对比，做出选址决定。它是一种偏重于经济效益方面的厂址优选方法。

其基本步骤是先在建厂地区内选择几个厂址，列出可比较因素，进行初步分析比较后，从中选出两三个较为合适的厂址方案，再进行详细的调查、勘察，并分别计算出各方案的建设投资和经营费用。其中，建设投资和经营费用均为最低的方案，为可取方案。

如果建设投资和经营费用不一致时，可用追加投资回收期的方法来计算：

$$T=(K_2-K_1)/(C_1-C_2) \tag{2.1}$$

式中　T——追加投资回收期；

K_1、K_2——甲、乙两方案的投资额；

C_1、C_2——甲、乙两方案的经营费用。

节约的经营费用（C_1-C_2）来补偿多花费的投资费用（K_2-K_1），需要多少年抵消完，即增加的投资要多少年才能通过经营费用的节约收回来。计算出追加投资回收期后，应与行业的标准投资回收期相比，如果小于标准投资回收期，说明增加投资的方案可取，否则不可取。

(3) 评分优选法

这种方法可分三步进行，首先，在厂址方案比较表中列出主要判断因素；其次，将主要判断因素按其重要程度给予一定的比重因子和评价值；最后，如公式(2.2) 所示，将各方案所有比重因子与对应的评价值相除，得出指标评价分，其中评价分最高者为最佳方案。采用这种方法的关键是确定比重因子和评价值。

$$评价分=比重因子/评价值 \tag{2.2}$$

评分优选法法则：

① 综合考虑影响选址的各种因素，并在众多的因素中权衡各种因素，看哪一个更重要。

② 决策时需要将所有相关因素都列出，并根据各因素对企业决策的相对重要性加以权重分析。

③ 为每一个设定的因素规定出打分范围，并根据设定的范围为每个因素打分。

④ 将得分与权重相除，以计算出每一个地址的总得分情况。

⑤ 根据各个地址的得分结果，选取最高得分者作为最佳选择。

该法则优点为决策比较客观。

例如，某食品厂址选择有两个可供比较选择的方案。厂址选择时，首先确定方案比较的判断因素。接着，根据各方案的实际条件确定比重因子和指标评价值。指标评价值的确定，有的可根据经验判断，有的可根据已知数据计算出其中一个方案的指标值在总评价值中的比重。最后，再根据比重因子求出各方案每项指标的评价分和不同方案的评价分总和。

(4) 重心法

如果在生产成本中运输费用占很大比重，则常常采用重心法来选择厂址。它的基本思想是所选厂址可使主要原材料或货物总运量距离最小，从而使运输或销售成本降至最低。选择最佳的运输模式，以能够将货物从几个供应地发送到几个需求地，从而实现整个生产与运输成本最低。此法特别适用于那些拥有很多供需网络的厂商，以帮助他们决策复杂的供求网络。要求首先求出一个初始可行解，然后一步步深入，直到找出最优解。与线性规则相比，其优点是运输模型计算起来相对更为容易些。

例如建立销售中心时，大批货物需要经常运送到某几个地区，那么在选择地址时，就必须考虑如何使得总运量距离最小，从而降低运输成本并提高运输速度。同样，企业在建立原材料或成品仓库，在各大城市建立物流中心或配送中心时，选址也需要采用重心法。运用重心法选址主要包括以下几个步骤：

① 首先准备一张标有主要原材料供应基地（或货物主要运送目的地）位置的地图。地图必须精确并且满足比例。将一个直角坐标系重叠在地图上并确定各地点在坐标系中的相应位置，也就是确定它们的坐标。

② 确定新建工厂与现有各原材料供应基地的运输量。重心法的基本前提是假设运输到每个目的地的商品相对数量是基本固定的。

③ 求出其重心坐标。即计算选址位置坐标，使得新厂址与各原材料供应基地或货物目的地之间的总运量距离最小。

④ 选择重心所在位置为最佳厂址。

重心计算公式如下：

$$X' = \sum_{i=1}^{n} X_i Q_i / \sum_{i=1}^{n} Q_i \tag{2.3}$$

$$Y' = \sum_{i=1}^{n} Y_i Q_i / \sum_{i=1}^{n} Q_i \tag{2.4}$$

式中 X'，Y'——重心坐标值；

X_i，Y_i——第 i 个运送目的地或第 i 个原材料供应基地坐标；

Q_i——送至第 i 个运送目的地或来自第 i 个原材料供应基地的货物数量；

n——运送目的地或原材料供应基地数目。

一家处理危险垃圾的公司需要建立一个新处理中心，以降低其将垃圾从 5 个接收站运至处理中心的运输费用。把市中心作为原点，5 个接收站的坐标和每日将向新处理中心运送垃圾的数量如表 2-4 所示。

表 2-4 5 个接收站位置和日送垃圾

接收站	坐标(X,Y)/km	每日送来垃圾量/t
A	(10,5)	26
B	(4,1)	9
C	(4,7)	25
D	(2,6)	30
E	(8,7)	40

解：根据计算公式(2.3)，公式(2.4) 可计算5个接收站的重心坐标

$$Y'=\sum_{i=1}^{n}Y_iQ_i/\sum_{i=1}^{n}Q_i=\frac{5\times26+1\times9+7\times25+6\times30+7\times40}{26+9+25+30+40}=5.95$$

$$X'=\sum_{i=1}^{n}X_iQ_i/\sum_{i=1}^{n}Q_i=\frac{10\times26+4\times9+4\times25+2\times30+8\times40}{26+9+25+30+40}=5.97$$

因此，新的处理中心应该建在距离市中心 X 方向6000m，Y 方向6000m的地方。

上述公式直观表示：

$$C_x=\frac{\sum[\text{某地址的 }X\text{ 轴坐标}\times\text{运进(运出)该地的产品数量}]}{\sum[\text{运进(运出)该地址的产品数量}]}\tag{2.5}$$

$$C_y=\frac{\sum[\text{某地址的 }Y\text{ 轴坐标}\times\text{运进(运出)该地的产品数量}]}{\sum[\text{运进(运出)该地址的产品数量}]}\tag{2.6}$$

式中 C_x——所选地址在 X 轴上的坐标；

C_y——所选地址在 Y 轴上的坐标。

重心法要则：

① 一种数学分析方法。

② 将所有预选地址放在一个坐标中，坐标的原点和长度可根据预选地址之间的实际距离按照比例设定，并通过将货物送到各个地址所花费的各种费用，找出一个最佳的位置作为分配中心。

③ 重点：找出一个最佳位置，而非从众多位置中选择一个相对较好的位置。

④ 运货数量与距离是选址决策的主参考因素。

⑤ 实施公式。

2.2.2 厂址的定性比选

2.2.2.1 重要因素排除法

备选厂址所对应重要因素的建设条件凡不能满足国家和地方有关法律法规及工程技术要求的厂址，均不再参与比选。一般主要包括：①不符合国家产业布局和地方发展规划；②地震断裂带和抗震设防烈度高于九度的地震区；③有海啸或湖涌危害的地区；④有泥石流、滑坡、流沙等直接危害的地段；⑤采矿沉陷区界限内，爆破危险范围内；⑥坝或堤决溃后可能淹没的地区，重要的供水水源卫生保护区；⑦国家或地方规定的风景区和自然保护区、历史文物古迹保护区；⑧国家划定的机场净空保护区域，电台通信、电视转播、雷达导航和重要的天文、气象地震观察以及军事设施等规定有影响的范围内；⑨很严重的自重湿陷性黄土场地或厚度大的新近堆积黄土和高压缩性的饱和黄土地段等地质条件恶劣地区；⑩具有开采价值的矿藏区（压煤问题）。

可能严重影响厂址选择的重要因素包括：①全年主导风向（注意沿海选址，风频与风速）；②卫生防护距离和安全防护距离（注意光气及光气化产品）；③原料供应可靠性（如天然气）；④公用工程供应可靠性（如水）；⑤环境保护；⑥交通运输（如大件运输）；⑦公众支持。

风频和风速的关系可能严重影响厂址选择和总图布置：

① 污染系数=风向频率/该风向风速。

② 某风向污染系数小，表示从该风向吹来的风所造成的污染小，因此，选择厂址的一

般原则是在污染系数最小的方位。如表2-5和图2-1所示，若仅考虑风向，工厂应设在居住区东面（最小风频方向）；从污染系数考虑，应设在西北方向。

表2-5 各方位的风频和相对污染系数

风向	风频/%	风速/(m/s)	污染系数	相对污染系数/%
北	14	3	4.7	20.3
东北	8	3	2.7	11.7
东	7	3	2.3	10.0
东南	12	4	3.0	13.0
南	15	5	3.0	13.0
西南	16	6	2.7	11.7
西	15	6	2.5	10.8
西北	13	6	2.2	9.5
合计	100		23.1	100

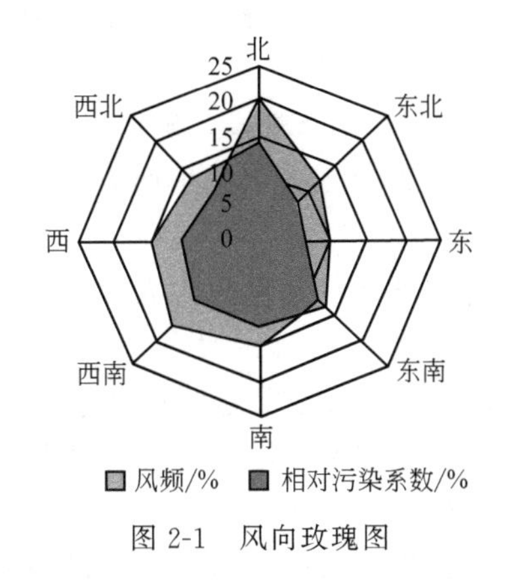

图2-1 风向玫瑰图

2.2.2.2 防护距离基本概念

① 安全防护距离。主要是指在发生火灾、爆炸、泄漏等安全事故时，防止和减少造成人员伤亡、中毒、邻近装置和财产破坏所需要的最小的安全距离。

② 卫生防护距离。主要是指装置或设备等无组织排放源，或称面源（高于15m的烟筒或排气筒为有组织排放，或称高架点源），排放污染物的有害影响从车间或工厂的边界至居住区边界的最小距离。其主要作用就是为无组织排放的大气污染物提供一段稀释距离，使之到达居住区时的浓度符合大气环境质量标准的要求。

③ 大气环境防护距离。为保护人群健康，减少正常排放条件下大气污染物对居住区的环境影响，在项目厂界以外设置的环境防护距离。

④ 防火间距。防止着火建筑的辐射热在一定时间内引燃相邻建筑，且便于消防扑救的间隔距离。

2.2.3 厂址比选结论

① 总体评价。对备选厂址总体上进行评价。

② 备选厂址主要优劣势。结合前面的定性和定量比选，对各厂址的主要优劣势进行

分析。

③ 厂址推荐意见。在全面分析、权衡各种因素的基础上，××厂址符合国家产业布局，符合地方发展规划，厂址开阔平整，不占用基本农田，搬迁费用较低，地质条件良好，环境容量较大，有较大的发展空间。因此本报告推荐××厂址。

2.3 厂址的选择

厂址选择工作程序一般分为三个阶段，即准备阶段、现场调查阶段和编制厂址选择报告阶段。

2.3.1 准备阶段

① 组织准备：由主管建厂的国家部门组织建设、设计（包括工艺、总图、给排水、供电、土建、技术经济分析等)、勘测（包括工程地质、水文地质、测量等）等单位有关人员组成选厂工作组。

根据项目建议书提出的产品方案和生产规模，确定工厂组成（包括主要生产车间、辅助车间和公共工程等各个组成部分)，做出工艺、总平面方案，初步确定厂区外形和占地面积(估算)。

② 根据生产规模、生产工艺要求估算全厂职工人数，由此估算出工厂生活区的组成和占地面积。

③ 根据生产规模估算主要原辅材料及成品运输量（包括运入及运出量)。

④ 三废（包括废水、废气、固体废物）排放量及其主要有害成分。

⑤ 预计今后的发展趋势，提出工厂发展设想。

⑥ 根据上述各方面的估计与设想，勾画出所选厂址的总平面简图并注明图中各部分的特点和要求，作为选择厂址的初步指标。

根据这些指标拟定收集资料提纲，包括地理位置地形图、区域位置地形图、区域地质、气象、资源、水源、交通运输、排水、供热、供汽、供电、弱电及电信、施工条件、市政建设及厂址四邻情况等。

2.3.2 现场调查阶段

现场的主要任务是根据厂址选择的基本原则到现场进行调查研究，收集资料，具体落实厂址条件，以便判断该地区建厂的可能性。

① 选厂工作组向厂址地区有关领导机关说明选厂工作计划。要求给予支持与协助，听取地区领导介绍厂址地区的政治、经济概况及可能作为几个厂点的具体情况。

② 进行踏勘，摸清厂址厂区的地形、地势、地质、水文、场地外形与面积等自然条件，绘制草测图等。同时摸清厂址环境情况、动力资源，交通运输、给排水、可供利用的公用和生活设施等技术经济条件，以使厂址条件具体落实。

现场调查是厂址选择工作中的重要环节，对厂址选择起着十分重要的作用，一定要做到细致深入。

2.3.3 编制厂址选择报告阶段

分析、整理已采集的各种资料，比较、选择最佳厂址方案，呈送相关上级部门。厂址选择报告的编写内容可按《轻工业建设项目可行性研究报告编制内容深度规定》（QBJS 5-2005）执行。

2.4 厂址选择报告的编写

2.4.1 厂址选择报告的基本内容

2.4.1.1 概述

① 说明选厂的目的与依据。

② 说明选厂工作组成员及其工作过程。

③ 说明厂址选择方案并论述推荐方案的优缺点及报请上级机关考虑的建议。

2.4.1.2 主要技术经济指标

① 全厂占地面积（m^2），包括生产区、生活区面积等。

② 全厂建筑面积（m^2），包括生产区、生活区、行政管理区建筑面积。

③ 全厂职工人数控制数。

④ 用水量（t/h 或 t/年）、水质要求。

⑤ 用电量（包括全厂生产设备及动力设备的定额总需要量，kW）。

⑥ 原材料、燃料耗用量（t/年）。

⑦ 运输量（包括运入及运出量）（t/年）。

⑧ 三废措施及其技术经济指标等。

2.4.1.3 厂址条件

① 地理位置及厂址环境说明。厂址所在地在地理图上的坐标、海拔高度；行政归属及名称；厂址近邻距离与方位（包括城镇、河流、铁路、公路、工矿企业及公共设施等），并附上地理位置图及厂址地形测量图。

② 厂址场地外形。地势及面积说明、地势坡度及现场平整措施，附上总平面布置规划方案图。

③ 厂址地质与气象。说明土壤类型、地质结构、地下水位及厂址地区全年气象情况。

④ 土地征用及迁民情况。说明土地征用有关事项、居民迁居的措施等。

⑤ 交通运输条件。依据地区条件，提出公路、铁路、水路等可利用的运输方案及修建工程量。

⑥ 原材料、燃料情况。说明其产地、质量、价格及运输、贮存方式等。

⑦ 给排水方案。依据地区水文资料，提出对厂区给水取水方案及排水或污水处理排放的意见。

⑧ 供热供电条件。依据地区热电站能力及供给方式，提出所建厂必须采取的供热供电方式及协作关系问题。

⑨ 建筑材料供应条件。说明场地施工条件及建筑厂房的需要，提出建筑材料来源、价格及运输方式问题，尤其就地取材的协作关系等。

⑩ 环保工程及公共设施。说明厂址的卫生环境和投产后对地区环境的影响，提出三废处理与综合利用方案及地区公共福利和协作关系的可利用条件等。

2.4.1.4 厂址方案比较

提出选择意见，通过比较分析，确定最佳厂址。概述各厂址自然地理、社会经济、自然环境、建厂条件及协作条件等。对各厂址方案技术条件、建设投资和年经营费用进行比较，并制作技术条件比较表、建设投资比较表（表 2-6）和年经营费用比较表（表 2-7）。

表 2-6 建设投资比较表

序号	项目名称	甲方案	乙方案	丙方案
1	场地开拓费			
2	交通运输费			
3	给排水及防洪设施费			
4	供电、供热、供汽工程费			
5	土建工程费			
6	抗震设施费			
7	通信工程费			
8	环境保护工程费			
9	生活福利设施费			
10	施工及临时建筑费			
11	协作及其他工程费用			
12	合计			

表 2-7 年经营费用比较表

序号	项目名称	甲方案	乙方案	丙方案
1	原料、燃料成品等运输费用			
2	给排水费用			
3	供电、供热、供汽费用			
4	排污、排渣等排放费用			
5	通信费用			
6	其他			
7	合计			

2.4.2 有关附件的资料

① 各试选厂址总平面布置方案草图（1∶2000）。

② 各试选厂址技术经济比较表及说明材料。

③ 各试选厂址地质水文勘探报告。

④ 水源地水文地质勘探报告。

⑤ 厂址环境资料及建厂对环境的影响报告。

⑥ 地震部门对厂址地区地震烈度的鉴定书。

⑦ 各试选厂址地形图（1∶10000）及厂址地理位置图（1∶50000）。

⑧ 各试选厂址气象资料。

⑨ 各试选厂址的各类协议书，包括原料、材料、燃料、产品销售、交通运输、公共设施。

第 3 章 食品工厂总平面设计

3.1 总平面设计的任务、基础、内容及原则

3.1.1 总平面设计的任务

总平面设计是食品工厂总体布置的平面设计，其任务是根据工厂建筑群的组成内容及使用功能要求，结合厂址条件及有关技术要求，协调研究建（构）筑物及各项设施空间和平面的相互关系。正确处理建筑物、交通运输、管路管线和绿化区域等布置问题，充分利用地形地貌，节约场地，使所建工厂布局合理、协调一致、生产有序，并与四周建筑群形成相互协调的有机整体，使人员、设备与物料的移动能够密切有效地配合，从而保证各区域功能明确、管理方便、生产协调和互不干扰。因此，总平面设计是否合理，不仅与建厂投资、生产管理、安全生产和降低成本直接相关，而且也会对工厂实行科学管理和高效生产带来重大影响。

食品工厂总图设计是技术人员根据工厂规模、产品方案、工艺、业主所提供的工艺流程、车间及工段的配置图、厂内外和车间以及工序间的物料流量和运送方式等资料，综合厂址的地理环境和自然环境等条件，设计出符合国家现行有关规程、规范的总平面布置图。总平面布置图是用各建（构）筑物、工程管线、交通运输设施（铁路、道路和港站等）、绿化美化设施等的中心线、轴线或轮廓线作正投影图，并标注有定位的平面坐标和标高及主要考核指标，如厂区占地面积、建（构）筑物占地面积和建筑系数、道路铺砌面积、铁路铺轨长度、绿化占地率等，这些参数成为评价总平面布置图设计质量的基本参数。

工厂总平面设计是在选定厂址后，正确合理地设计总平面，不仅使基建工程既省费用又快地完成，而且对投产后生产经营也提供了重要基础。

3.1.2 总平面设计的基础

总平面设计依据分析建厂计划、设计计划任务书、厂址、工艺简图及总平面布置图，由设计、勘测、厂方和运输等有关单位，根据工艺设计人员提出的工艺布置方案，确定厂区和车间组成进行总平面设计。

3.1.3 总平面设计的内容

现代食品工厂不论其生产规模、产品结构及工艺技术等差异如何，总平面设计一般包括平面布置设计、竖向布置设计、运输设计、管线综合设计、绿化布置和环保设计等五个方面。

① 合理布置厂区的建（构）筑物及其他工程设施的平面，确定区域划分、建（构）筑物及其他室外设施的相互关系及其位置，并注意与区域规划相协调。

② 厂内外运输系统的合理安排、合理组织和用地范围内的交通运输线路的布置，即人流货流分开，避免往返交叉，布置合理。厂区道路一般采取水泥或者沥青路面，以保持清洁。厂区道路按运输量及运输工具情况决定其宽度，运输货物道路应与车间间隔，特别是运煤和煤渣的车，一般道路为环形道，道路两旁有绿化。

③ 结合地形合理竖向布置厂区，确定厂房的室外标高和室内地坪标高，把地形设计成一定形态，既要平坦又便于排水。

④ 协调室外各种生产、生活的管线敷设，综合布置厂区管线，确定地上与地下管线的走向、平行敷设顺序、管线间距、架设高度和埋设深度，解决其相互干扰，尽量和人流、货流分开。

⑤ 环境保护三废综合治理和绿化安排。绿地率一般在20%左右较好。

3.1.4 总平面设计的原则

总平面布置是一项政策性、系统性和综合性很强的设计工作，涉及的知识范围很广，遇到的矛盾也错综复杂，所以影响总平面布置的因素很多。因此，总平面设计必须从全局出发，结合实际情况，进行系统的综合分析，经多方案的技术经济比较，择优选取，以便创造良好的工作和生产环境，提高投资经济效益和降低生产能耗。

① 总平面设计应按批准的设计任务书和城市规划要求设计，布置应做到紧凑、合理。

② 建（构）筑物的布置必须符合生产工艺要求，保证生产过程的连续性。互相联系比较密切的车间、仓库，应尽量考虑组合厂房，既有分隔又缩短物流线路，避免往返交叉，合理组织人流和货流。

③ 建（构）筑物的布置必须符合城市规划要求并结合地形、地质、水文和气象等自然条件，在满足生产作业的要求下，根据生产性质、动力供应、货运周转、卫生和防火等分区布置。有大量烟尘及有害气体排出的车间，应布置在厂边缘及厂区常年下风方向。

④ 动力供应设施应靠近负荷中心。

⑤ 建（构）筑物之间的距离，应满足生产、防火、卫生、防震、防尘、噪声、日照、通风等条件的要求，并使建（构）筑物之间距离最小。

⑥ 食品工厂卫生要求较高，生产车间要注意朝向，保证通风良好，生产厂房要离公路有一定距离，通常考虑30～50m，中间设有绿化地带，对卫生有不良影响的车间应远离其他车间，生产区和生活区尽量分开，厂区尽量不搞屠宰。

⑦ 厂区道路一般采用混凝土路面。厂区尽可能采用环行道，运煤、出灰不穿越生产区。厂区应注意合理绿化。

⑧ 合理地确定建（构）筑物的标高，尽可能减少土石方工程量，保证厂区场地排水畅通。

⑨ 总平面布置应考虑工厂扩建的可能性，留有适当的发展余地。

⑩ 总平面设计必须符合国家有关规范和规定：《工业企业总平面设计规范》(GB 50187—2012)、《工业企业设计卫生标准》(GBZ 1—2010)、《工业建筑供暖通风与空气调节设计规范》(GB 50019—2015)、《锅炉房设计标准》(GB 50041—2020)、《洁净厂房设计规范》(GB 50073—2013) 等以及厂址所在地区的发展规划，保证工业企业协作条件。

3.2 总平面设计的布局

厂区总平面图是一个结合厂址自然条件和技术经济要求，规划布置的图纸。为了获得理想的总体效果，相继出现了许多工厂平面的布置形式，但未完全统一。

3.2.1 总平面布置的形式

(1) 整体式

整体式是将厂内的主要车间、仓库和动力房等布置在一个整体的厂房内。这种布置形式具有节约用地、节省管路和线路以及缩短运输距离等优点。国外食品工厂多用此形式。

(2) 区带式

区带式是将厂区建(构)筑物按性质、要求的不同而布置成不同的区域，并将厂区道路分隔开。此类布置形式具有通风采光好、管理方便和便于扩建等优点，但是也存在着占地多、运输线路和管线长等缺点。我国的食品工厂多采用这种布置形式。

(3) 组合式

组合式是由整体式和区带式组合而成的，主车间一般采用整体式布置，而动力设施等辅助设施采用区带式布置。

(4) 周边式

周边式是将主要厂房建筑物沿街道、马路布置，组成高层建筑物。这种布置形式节约用地，景象较好，但是需辅以人工采光和机械，有时朝向受到某些限制。

3.2.2 总平面设计的步骤

① 设计准备。总平面设计工作开始之前，应具备以下资料：已经批准的设计任务书，确定的厂址具体位置、场地面积、地质、地形资料，厂区地形图，风向玫瑰图，工艺流程图、物料衡算和设备选型。

② 设计方案的比较和确定。

③ 完成初步设计时需提交一张总平面布置图和一份总平面设计说明书。图纸中要展示各建(构)筑物、道路、管线的布置情况，并要画出风向玫瑰图。设计说明书则要写明设计的依据、本平面设计的特点、该厂的各项主要经济技术指标以及概算情况。主要经济技术指标包括：厂区、生产区、生活区和办公区等占地面积，各建(构)筑物面积，道路长度，露天堆场面积，绿化带面积，建筑系数和土地利用系数等。

④ 施工设计。初步设计经上级主管部门批准后进行施工设计，施工设计将深化和细化初步设计，全面落实设计意图，精心设计和绘制全部施工图纸，提交总平面布置施工设计说明书。

施工图主要包括：建筑总平面图、竖向布置图和管线布置图。施工设计说明书要求说明设计意图、施工顺序及施工中应当注意的问题，可以将主要建（构）筑物列表加以说明，同时提供各种经济技术指标。

施工图是整个食品工厂总平面的施工依据，由具备设计资质的单位和工程师设计、校对、审核和审定，交付施工单位进行施工，在施工过程中如果需要变更，必须经设计单位和施工单位会签并注明变更原因和时间，同时留有必要的文字性文件。

3.2.3 不同使用功能的建（构）筑物的布置及在总平面中的关系

(1) 食品工厂的建（构）筑物

根据它们的使用功能可分为：

① 生产车间，榨汁车间、浓缩车间、灌装车间、饼干车间、饮料车间、综合利用车间等；②辅助车间（部门），车间办公室、中心实验室、化验室、机修车间等；③动力部门，发电间、变电所、锅炉房、冷机房和真空泵房等；④仓库，原材料库、成品库、包装材料库、各种堆场等；⑤供排水设施，水泵房、水处理设施、水井、水塔、废水处理设施等；⑥全厂性设施，办公室、食堂、医务室、厕所、传达室、围墙、宿舍、自行车棚等。

(2) 建（构）筑物相互之间的关系

食品工厂中各建（构）筑物在总平面布置图中的相互关系见图 3-1。

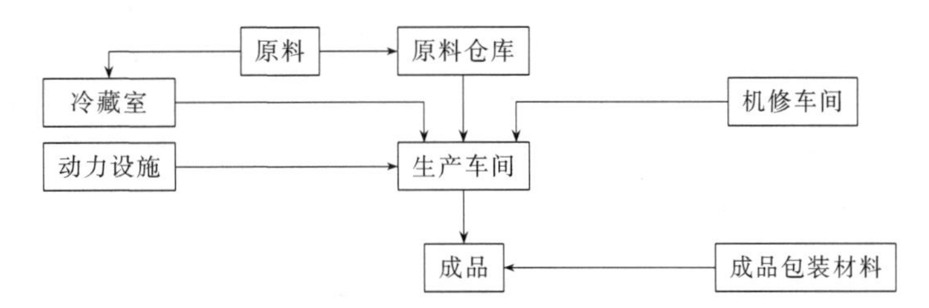

图 3-1 主要不同使用功能的建（构）筑物在总平面图中的关系

食品工厂总平面设计中生产车间是食品工厂的主体建（构）筑物，其他建（构）筑物一般都围绕生产车间进行排布，也就是说一般把生产车间布置在中心位置，其他车间、部门及公共设施都围绕主体车间进行排布。不过，以上仅仅是一个比较理想的典型，实际上地形地貌、周围环境、车间组成以及数量上的不同，都会影响总平面布置图中的建（构）筑物的布置。

3.2.4 竖向布置及管线布置

3.2.4.1 竖向布置

竖向布置和平面布置是工厂布置不可分割的两个部分。平面布置的任务是确定全厂建（构）筑物、露天仓库、铁路、道路、码头和工程管线的坐标。竖向布置的任务则是反映它们的标高，目的是确定建设场地上的高程（标高）关系，利用和改造自然地形使土方工程量为最小，并合理地组织场地排水。

竖向布置方式一般采用平坡式、阶梯式和混合式 3 种。

(1) 平坡式布置形式

这种布置形式的场地是由连续不同坡度的坡面组成的，但没有急剧变化，其特点是将整个厂区进行全部平整。因此，在平原地区（一般自然地形坡度＜3%）宜采用平坡式布置。适用于建筑密度较大，地下管线复杂，道路较密的工厂。这种布置形式又可分为水平型平坡式、斜面型平坡式和组合型平坡式。图 3-2 就是几种斜面型平坡式示意图。

3
2
(a) 单向斜面平坡式
1
2
(b) 双向斜面平坡式1
3
2
1
(c) 双向斜面平坡式2
2
1
(d) 多向斜面平坡式

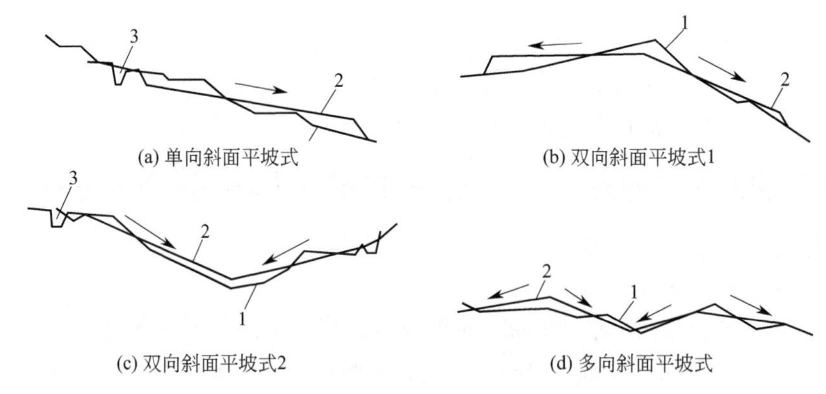

图 3-2 斜面型平坡式

1—原自然地面；2—整平地面；3—排洪沟

(2) 阶梯式布置形式

这个工程场地是由不连续的不同地面标高的台地组成的（图 3-3）。这种设计的优点是当自然地形坡度较大时，在满足厂内交通和管线布置的条件下，可减少土石方工程量，排水条件好。阶梯式布置适用于对建筑密度要求不大，建筑系数小于 15%，运输简单，管线不多的山区和丘陵地带，必要时应架设护坡挡墙装置。

(3) 混合式布置方式

平坡式和阶梯式兼用的设计方法称为混合式竖向设计，这种方法吸取两者的优点，多用于厂区面积较大、局部地形变化较大的场地设计。

在食品工厂设计中，采用哪种竖向布置方式，必须视厂区的自然地形条件，根据工厂的规模和组成等具体情况确定。

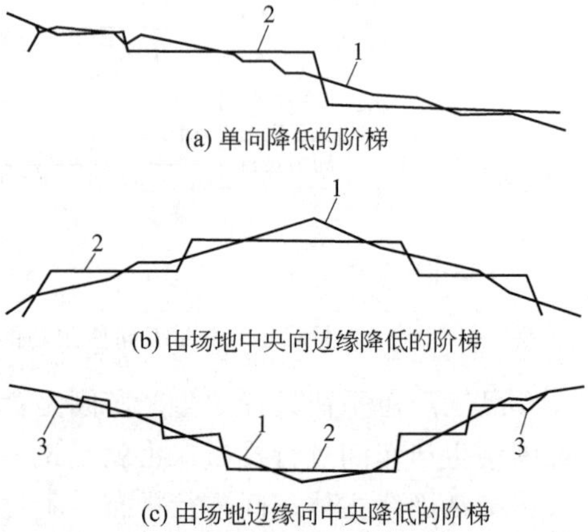

2
1
(a) 单向降低的阶梯
1
2
(b) 由场地中央向边缘降低的阶梯
3
1
2
3
(c) 由场地边缘向中央降低的阶梯

图 3-3 阶梯布置形式

1—原自然地面；2—整平地面；3—排洪沟

3.2.4.2 管线布置

食品工厂的工程管线较多，除各种公用工程管线外，还有许多物料输送管线。了解各种管线的特点和要求，选择适当的敷设方式，对总平面设计有密切关系。处理好各种管线的布置，不但可节约用地，减少费用，而且可给施工、检修及安全生产带来很大的方便。因此，在总平面设计中，对全厂管线的布置必须予以足够重视。

管线布置时一般应注意下列原则和要求：

① 满足生产使用，力求短捷，方便操作和施工维修。

② 宜直线敷设，并与道路、建筑物的轴线以及相邻管线平行。干管应布置在靠近主要用户及支管较多的一侧。

③ 尽量减少管线交叉。管线交叉时，其避让原则：小管让大管，压力管让重力管，软管让硬管，临时管让永久管。

④ 应避开露天堆场及建筑物的护建用地。

⑤ 除雨水管、下水管外，其他管线一般不宜布置在道路以下。地下管线应尽量集中共

架布置，敷设时应满足一定的埋深要求，一般不宜重叠敷设。

⑥ 大管径压力较高的给水管宜避免靠近建筑物布置。

⑦ 管架或地下管线应适当留有余地，以备工厂发展需要。

管线在敷设方式上常采用地下直埋、地下管沟、沿地敷设（管墩或低支架）、架空等敷设方式，应根据不同要求进行选择。

3.2.5 厂区划分

在明确总平面设计内容后，须考虑建（构）筑物的位置、平面图形式、总体布置的质量标志等。为此，往往先划分厂区区域。

厂区划分就是根据生产、管理和生活的需要，结合安全、卫生、管线、运输和绿化的特点，把全厂建（构）筑物群划分为若干联系紧密而性质相近的单元。这样既有利于全厂性生产流水作业畅通（可谓纵向联系），又有利于邻近各厂房建（构）筑物设施之间保持协调、互助的关系（可谓横向联系）。

通常将全厂场地划分为厂前区、生产区、厂后区及左右两侧区，如图 3-4 所示。如此划分，体现出各区功能分明、运输联系方便、建筑井然有序的特点。厂前区的建筑，基本上属于行政管理及后勤职能部门等有关设施（食堂、医务所、车库、俱乐部、大门传达室和商店等），生产区包括主要车间厂房及其毗连紧密的辅助车间厂房和少量动力车间厂房（水泵房、水塔或冷冻站等）。生产区应处在厂址场地的中部，也是地势地质最好的地带。厂后区主要是原料仓库、露天堆场和污水处理站等，根据厂区的地形和生产车间的特殊要求，可将机修、给排水系统、变电所及其有关仓库等分布在左右两侧区而尽量靠近主要车间，以便为其服务。

全厂运输道路设置在各区片之间，主干道应与厂大门通连。根据城市卫生规范，厂前区、主干道两侧应设置绿化设施并注意美化环境。必要时，要根据地区主风向，在左右两侧区域或厂后区设置卫生防护地带，以免污染厂外环境并降低噪声的影响。

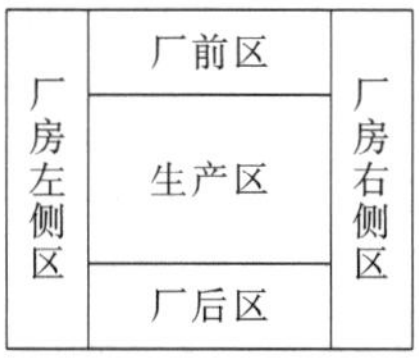

厂前区
厂房左侧区
生产区
厂房右侧区
厂后区

图 3-4　食品工厂典型厂区划分示意图

3.2.6 厂内运输

厂内运输是联系各生产环节的纽带。从原料到成品的各个加工、中转和储存等环节无不通过运输得以实现联系。也就是说，各个生产加工环节只有通过各种运输线路的连接才能构成一个有机的能够顺利完成生产任务的统一整体。所以，厂内运输是企业生产的重要组成部分。厂内运输系统又是厂区总平面布置的骨架和大动脉，没有合理的厂内运输系统，就谈不上总平面布置的合理性。同时，厂内运输方式的选择及其线路布置对厂区总平面又有较强的制约性。

厂内运输是工厂总平面设计的一个重要内容，完善合理的运输不仅保证生产中的原料、材料和成品及时进出，而且对节约基建投资及投产后提高劳动生产率、降低成本、减轻劳动强度等有着重大意义。同时，运输方式选择、道路的布置形式等对厂区划分、车间关系、仓库堆场的位置都起着决定作用。所以，厂内运输是工厂总平面设计的重要组成部分。

3.2.6.1 厂内运输的任务

厂内运输的任务是通过各种运输机械工具，完成厂内仓库与车间、堆场与车间、车间与车间之间的货物分流。也就是通过运输组织以保证生产中原材料、燃料等陆续供应，生产的产品和副产品源源不断地运出。厂内运输是联系各生产环节的纽带。

厂内运输设计就是根据原材料、燃料、产品和副产品的种类、运输量，结合厂区运输条件，选择运输工具和运输方式，并进行合理布置。

3.2.6.2 厂内运输方式的选择

由于现代工业生产技术的发展，自动控制理论及电子技术的大量运用，带来了生产过程的连续化和自动化。因而，厂内运输方式日趋增多。目前厂内较为广泛采用的运输方式有铁路运输、道路运输、带式运输、管道运输和辊道运输等。不同的运输方式有不同的特点和适用性。例如铁路运输，运输能力大，运输成本低，爬坡能力小，适用于运输量大、运输距离远、场地平坦的情况。道路运输则机动灵活，适用于运输货物品种多、用户较分散的情况。带式运输、管道运输及辊道运输均为连续运输，对场地适应性强，且便于和生产环节直接衔接，适用于连续性的生产。厂内常用的几种运输方式见表 3-1。运输为了生产，生产必须运输，二者是不可分割的整体，这一点在企业中更为明显，所以，选择厂内运输方式时除了考虑各运输方式本身的特点外，还必须考虑生产，如生产的性质、生产对运输的要求等。选择运输方式时，还应考虑运输货物的属性（固体、液体、气体、热料、冷料）和运输的环境条件。

表 3-1 厂内常用的几种运输方式比较

比较内容	运输方式				
	铁路运输	道路运输	带式运输	管道运输	辊道运输
输送物料的属性	固体、液体	固体、液体	散状料	液体、粉料	固体
与生产环节的衔接性	差	差	好	好	好
运输的连续性	间断运输	间断运输	连续运输	连续运输	连续运输
运输的灵活性	差	好	差	差	差
对场地的适应性	差	较好	好	好	好
建设投资	大	小	大	大	大
运营成本	低	较高			
对环境的污染	大	大	小	小	小

3.2.6.3 厂内道路布置的形式

厂内道路布置形式有环状式、尽头式和混合式 3 种（图 3-5）。

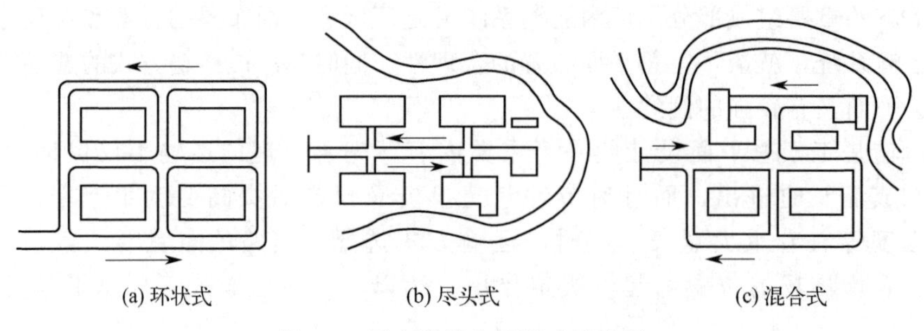

图 3-5 厂内道路布置形式示意图

(1) 环状式道路布置

环状式道路围绕着各车间布置，而且多平行于主要建（构）筑物而组成纵横贯通的道路网，如图 3-5(a) 所示。这种布置形式使厂区内各组成部分联系方便，有利于交通运输、工程管网铺设、消防车通行等。但厂区道路长、占地多，又由于道路是环状系统，所以要求场地坡度较为平坦。这种形式适用于交通运输频繁、场地条件较为平坦的大中型工厂。

(2) 尽头式道路布置

尽头式道路不纵横贯通，根据交通运输的需要而终止于某处，如图 3-5(b) 所示。这种布置形式厂区道路短，对场地坡度适应性较大。但运输的灵活性较差，而且尽头处一般需要设置回车场。回车场是用于汽车掉头、转向的设施。根据总平面布置形式及场地条件，回车场的布置形式有圆形、三角形与 T 形等，如图 3-6 所示。总平面布置时应避免回车场在坡道或曲线上而应设于平直道上；同时为了汽车行驶安全，竖曲线应设置在回道路起点 10m 以外。

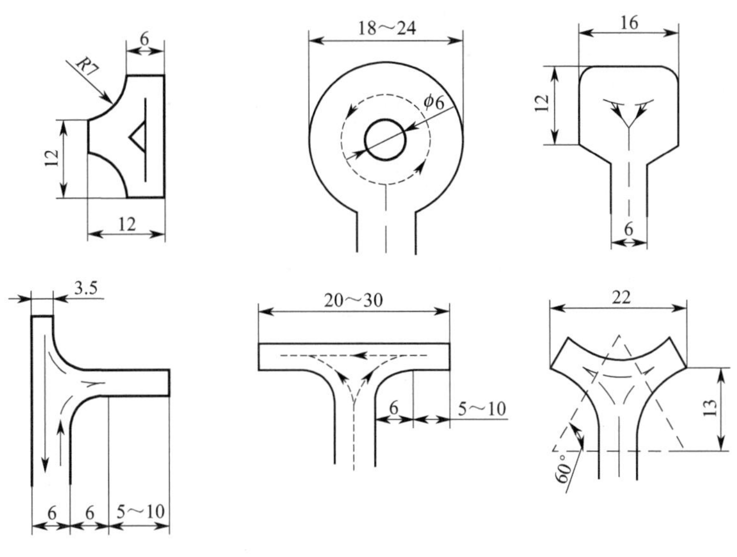

图 3-6　尽头式停车场

（单位：m）

(3) 混合式道路布置

这种形式为以上两种形式的组合，即在厂内有环状式道路布置也有尽头式道路布置，如图 3-5(c) 所示。这种形式具有环状和尽头式布置的特点，能够很好地结合交通运输需要、建设场地条件及总平面布置情况进行厂内道路布置。这是一种较为灵活的布置形式，在工业企业中广泛采用。

道路布置还有些辅助布置形式：在线路长的单车道路上应补上会让车道，如图 3-6 所示。在道路的交叉口处，应做圆形布置。其最小曲率半径：双车道为 7m，单车道为 9m。在办公楼、成品库前，车辆需要停放和调转，此处的道路要加宽成停车场。

(4) 道路的规格

道路的规格包括宽度、路面质量等，根据城市建筑规定、工厂生产规模等而定。通常以城市型道路标准施工。路面采用沙石沥青浇注铺设，道路一侧或两侧设有路缘石，并采用暗管排出雨水，保持环境卫生。道路纵横贯通，其宽度依主干道、次干道、人行道和消防车道而异。主干道宽至 6～9m，其他支干道宽为 4～6m。

3.3 总平面设计有关技术经济指标

3.3.1 有关参数

3.3.1.1 建筑物间距 X

在总图布置时，从建筑物防火安全出发，相邻建筑物间距必须超过最小间距 X_{min}，计算方法如下：

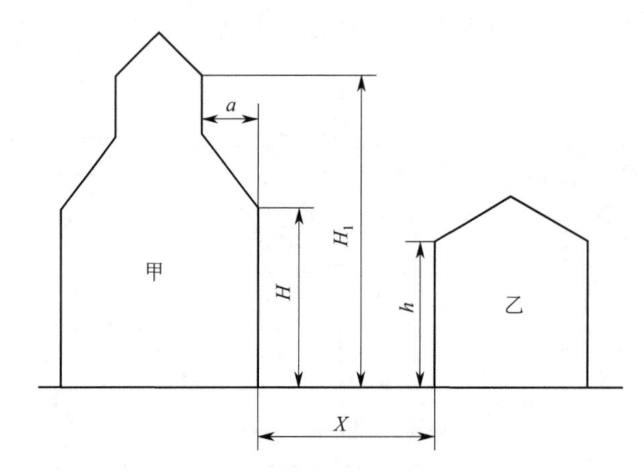

图 3-7 建筑物间距示意图

当 $a<3m$ 时，则要求

$$X \geqslant X_{min}=(H_1+h)/2 \tag{3.1}$$

当 $a>3m$ 时，则要求

$$X \geqslant X_{min}=(H+h)/2 \tag{3.2}$$

式中，H、H_1、a 分别为甲建筑物的肩高、顶高、肩宽；h 为乙建筑物的肩高。

式(3.1) 与式(3.2) 适用于同类建（构）筑物间最小间距计算。如果相邻建（构）筑物间有道路，其两侧地上或地下架设综合管线者，则上述间距 X 值加大：主干道路者 X 为 30～40m；次主干道路者 X 为 20～30m；而其他支道路者 X 为 12～15m。

如果是露天堆栈与建（构）筑物的防火间距 X，也不能用式(3.1) 与式(3.2) 计算，可由表 3-2 规定给出。

对于大型食品工厂，由于综合管线地上地下敷设较多，交通运输量较大，道路两侧相邻建（构）筑物的底线间距要宽些。

表 3-2 露天堆栈与建（构）筑物的防火间距

堆储物质	堆储容量	由堆储处至各种耐火级的建(构)筑物之间的距离		
		Ⅰ及Ⅱ	Ⅲ	Ⅳ及Ⅴ
煤块	＞5000～100000t	12	14	16
	500～5000t	8	10	14
	500t 以下	6	8	12

续表

堆储物质		堆储容量	由堆储处至各种耐火级的建(构)筑物之间的距离		
			Ⅰ及Ⅱ	Ⅲ	Ⅳ及Ⅴ
泥煤	块状	1000～100000t	24	30	36
		1000t 以下	20	24	30
	散状	1000～5000t	36	40	50
		1000t 以下	30	36	40
木材		1000～10000m^3	18	24	30
		1000m^3 以下	12	16	20
易燃材料等(锯末、刨花等)		1000～5000m^3	30	36	40
		1000m^3 以下	24	30	36
易燃液体堆栈		>500～1000m^3	30	40	50
		>250～500m^3	24	30	40
		10～250m^3	20	24	30
		10m^3 以下	16	20	24

3.3.1.2 厂房建筑物正面与全年（或夏季）主风向的夹角 θ

θ 以 60°～90°为宜，其迎风位置布置如图 3-8 所示，以改善通风条件。

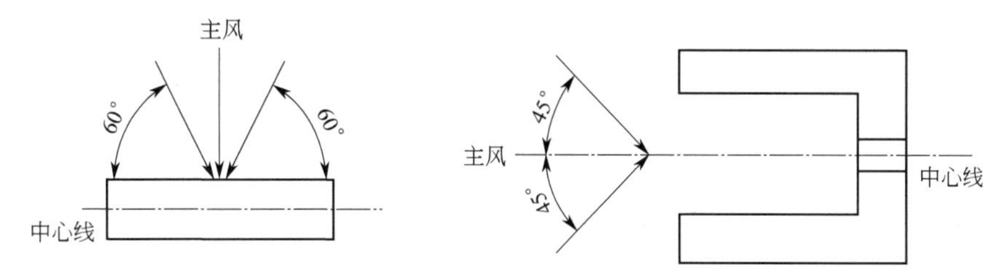

图 3-8 厂房位置与主风向关系图

3.3.1.3 建筑系数 K_1 与场地利用系数 K_2

其值与总平面布置形式有关，见表 3-3。

表 3-3 建筑系数 K_1 与场地利用系数 K_2 经验值

系数	总平面布置形式				
	区带式	周边式	分离式	连续式	联合式
$K_1=\frac{A_1+A_2}{A}\times 100\%$	40～45	45～55	25～35	45～55	40～50
$K_2=\frac{A_1+A_2+A_3}{A}\times 100\%$	50～65	60～75	40～50	60～75	60～75

表 3-3 中，A_1，A_2，A_3 为建（构）筑物占地面积，堆场、作业场地占地面积，道路、散水坡、管线的占地面积。即皆表示总平面水平向布置时场地利用的性状，并不表示竖向平面布置时的特性。例如，多层厂房建筑的面积是层数的函数，即整体建筑物的建筑面积（A_0）是各层面积之和，或者是占地面积 A_1 与层数 N 的乘积，即

$$A_0=\sum_1^n A_i=N\cdot A_1 \tag{3.3}$$

如果将建筑物的建筑面积 A_0 与全厂占地面积 A 相除，可得竖向平面布置建筑系数 K_0

$$K_0=A_0/A\times 100\% \tag{3.4}$$

如将式(3.3) 代入式(3.4) 可得

$$K_0=N \cdot K_1 \tag{3.5}$$

式(3.5) 说明竖向平面布置建筑系数 K_0 是水平向布置建筑系数 K_1 的 N 倍。说明高层建筑厂房提高了场地的空间利用程度。K_0 值是 K_1 值的 N 倍，而层数 N 不固定，故 K_0 的经验值不宜给出。

3.3.1.4 堆场面积（A_5）

食品工厂对原料、材料及燃料的消耗量很大，往往需要堆场储放才能保证正常生产的进行。根据储存物类别、堆垛方式与储存时间，可计算相应的堆场面积。

原料堆场面积。工厂生产所需要的储存原料量 Q(t) 计算如下

$$Q=P(1-\Phi_0)\tau \tag{3.6}$$

式中　P——工厂生产所需要的原料量，t/年；

Φ_0——未储存的物料量占总原料量的比例，%；

τ——原料所需要的储存时间，月。

确立堆垛的剖面和类型、垛底宽度 b、高度 h、长度 l 及物料的堆放密度 y，即可知道每堆所容纳的物料量 q(t/堆)

$$q=bh/y \tag{3.7}$$

由此，总堆数 N 为

$$N=Q/q \tag{3.8}$$

假设堆场上纵向堆数为 Y，横向堆数为 X，并且通过下式计算

$$X=\sqrt{[(b+p_1)p/(l+p)p_1]N} \tag{3.9}$$

式中　b——堆的宽度（一般取 2～4m），m；

l——堆的长度，m；

p——纵向方向堆与堆之间及场地边界的距离（一般取 5～6m，以方便走装卸车），m；

p_1——横向方向堆与堆之间及场地边界的距离（一般取 2～4m），m。

由此可计算得纵向堆数：

$$Y=N/X \tag{3.10}$$

则堆场的长度 L（m）为：

$$L=lY+(Y-1)p+2p \tag{3.11}$$

堆场的宽度 B（m）为：

$$B=bX+(X-1)p_1+2p_1 \tag{3.12}$$

故堆场面积 A（m^2）为

$$A=LB \tag{3.13}$$

3.3.1.5 坐标网

为了标定建（构）筑物的准确位置，在总平面设计图上，常常采用地理测量坐标网与建筑施工坐标网两种坐标系统。

① 地理测量坐标网——X-Y 坐标系。此坐标规定南北向以横坐标 X 表示，东西向以 Y 表示。在 X-Y 坐标轴上作间距为 50m 或 100m 的方格网上，标定厂址和厂房建筑物的地理位置。这是国家地理测量局规定的坐标系，全国各地都必须执行。

② 建筑施工坐标网——A-B 坐标系。由于厂区和厂房的方位不一定都是正南正北向，

即与地理测量坐标网不是平行的（即有一个方位角 θ）。为了施工现场放线的方便和减少每一点地形位置标记坐标时烦琐的计算，总平面设计时，常常采用厂区、厂房之间方位一致的建筑施工坐标网。规定横坐标以 A 表示，纵坐标以 B 表示。也作间距 50m 或 100m 的方格网，用来标定厂区、厂房的建筑施工位置。很明显，A-B 坐标系在施工现场上使用十分方便，但 A-B 坐标轴与原来的 X-Y 坐标轴成一夹角（即方位角 θ），并且坐标原点 O 与 X-Y 坐标原点 O 也不重合，如图 3-9 所示。

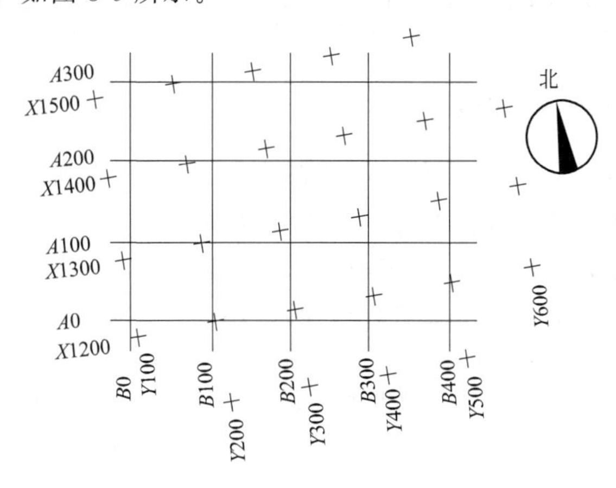

图 3-9　坐标网络

图中 X 为南北方向轴线，X 的增量在 X 轴线上；Y 为东西方向轴线，Y 的增量在 Y 轴线上。A 轴相当于测量坐标中的 X 轴，B 轴相当于测量坐标中的 Y 轴

3.3.1.6　几项竖向布置参数

① 建（构）筑物的标高应高于最高洪水水位 0.5m 以上，保证企业建成后不受洪水威胁。例如，锅炉房应位于全厂最低处，以利于回收凝结水，但也应至少高出最高洪水位 0.5m 以上。

② 综合管线埋设深度一般要达到冻土层深度以下，以免遇到极冷时刻被冻裂。

③ 散水坡的坡度应大于 3%，保证雨水顺利排出，但是也不能大于 6%，以免产生冲刷现象。

④ 厂区自然地形坡度大于 4%，车间之间高差达 1.5～4.0m，多采用阶梯竖向布置。这样有利于利用地形，节省基建投资。

3.3.2　技术经济指标

总平面设计的内容丰富，最直观的表达形式是总平面布置图及竖向平面布置图。但是，还须有技术经济指标加以说明，总平面设计的技术经济指标，系用于多方案比较或与国内、外同类先进工厂的指标对比，以及进行企业改、扩建时与现有企业指标对比，可以衡量所做设计的经济性、合理性和技术水平。

3.3.2.1　厂区占地面积

厂区占地面积 A 是指在一定生产规模前提下，采取一定的工艺技术方法，需要的场地面积（包括生产区、厂前区、厂后区和两侧区）。此值越大，说明土地征用费和基本建筑费用越高，反之，说明既节省用地又节约基建投资费用。将生产规模（指年产量）G（t/年）与占地面积 A（m^2）相比较即得工厂生产强度 q［t/(m^2·年)］，由工厂生产强度更容易分析出其技术经济效果来。工厂生产强度的计算公式为 $q=G/A$。

3.3.2.2 建（构）筑物占地面积

建（构）筑物占地面积 A_1 是指建（构）筑物底层轴线所包围的面积。此值（A_1）高低，说明建（构）筑物数量多少及建筑结构的复杂程度，从而说明建筑费用高低。现代化的食品工厂，往往都要设计高层工业厂房，以适应高新工艺技术需要，虽然节省用地面积，但建筑费用有可能增加。在总平面设计中权衡建筑费用单价，即单位建筑物占地面积所投入的建筑费用是十分重要的。

3.3.2.3 堆场、作业场占地面积

堆场、作业场占地面积 A_2 是原材料、燃料及成品储存作业所需要的场所面积。其值高低与原材料、燃料等的进厂方式及储存周期长短有密切关系。全年内集中进料、储存周期长，势必需要较为充足的占地面积。分散进料或就地取材即可节约占地。采用立仓的露天作业场将比平仓明显节约占地，但是建筑费用却较高。这方面还反映了原材料的供需协作关系，协作关系好，原材料等储存周期短，可节省占地面积。应当指出，堆场、作业场等作为辅助车间，其能力应与主要生产能力相平衡，否则在技术上将失去可靠性。但是也不能为了能力平衡贪求占地面积过大，而应提高其固有设备的机械化作业水平。

3.3.2.4 道路、散水坡、管线占地面积

道路、散水坡、管线占地面积 A_3 是指工厂建（构）筑物群之间纵横通达的空场面积，其大小固然取决于建（构）筑物占地面积 A_1 的大小及其形状，同时还与这三者面积特性有关。

道路面积是全厂道路网的总占地面积 $\sum_{i=1}^{n} L_i B_i$ 。其中，道路长度（L_i）取决于全厂建（构）筑物占地面积及其外部形状，而道路宽度（B_i）却取决于工厂规模及其规定的运输量（包括运入量与运出量）。如果厂房建筑物间距较大或者厂区划分过细或者主次干道规格不加区别地布置设计，都将导致道路占地面积过多。

散水坡占地面积是建（构）筑物底层外缘至道路两边明沟，用于排放雨水的地带的面积。它的长度取决于所沿依的道路明沟长度，宽度由总平面竖向布置确定。要求坡度在2%～5%之间比较合适，否则雨水排放不顺利。还要求其宽度须超过建筑物与道路间的最小间距，以保证防火、卫生的要求。

管线占地面积是各种技术管线由总平面图综合布置于建筑群与道路之间直埋地下或敷设地上的地带面积，其大小主要取决于总平面布置的形式。同等生产规模条件下，集中式布置要比分散式布置节省管线面积。对于食品工厂来说，有工艺料管、给排水管、气管、风管、冷媒管、冷凝回水管等30余种。如果综合敷设时，没遵守管路互让布置原则，也可能造成管线占地面积过多。管线占地面积过大，则管材费及安装费较高，而且也将增加输送动力消耗费；反之，管线占地面积过小，对安全防火、现场维修不利。管线占地面积的技术经济性是否适宜，首先要求总平面紧凑布置，以控制管线长度，其次要求采取互利原则去布置综合管线。

3.3.2.5 建筑系数

建筑系数 K_1 是建（构）筑物与堆场、作业场占地面积之和占全厂占地面积的比例，即

$$K_1=(A_1+A_2)/A\times 100\% \tag{3.14}$$

K_1 值的高低说明厂内建（构）筑物的密集程度。K_1 值高说明厂内建筑密度高，相应

的建筑费用就高，可能对防火、卫生、通风、采光不利，但是车间之间联系方便，有利于生产技术管理，管线长度缩短，管材费、安装费及管线输送费较低。反之，K_1 值低说明厂内建筑密度低，相应的建筑费就低，对防火、卫生、通风、采光有利，但是对车间联系、技术管理不利，管线变长，导致管材费、安装费及管线输送费的增加。如此看来，建筑系数 K_1 值是权衡建筑投资费与操作管理费矛盾关系的技术经济性指标，在一定程度上，较好地反映出工厂总平面设计的合理性。不过，因为建筑投资费是投产前一次性支出的，而操作管理费则是投产后常年性支出的，所以，对新建工厂的总平面设计往往追求较高的建筑系数。K_1 通常控制在 35%～50%。

3.3.2.6 场地利用系数

场地利用系数 K_2 是包括全厂建（构）筑物与土建设施在内的占地面积同全厂占地面积的比值，即

$$K_2=(A_1+A_2+A_3)/A\times100\% \tag{3.15}$$

将道路、散水坡及管线占地面积除以全厂占地面积得土建设施系数 K_3，即

$$K_3=A_3/A\times100\% \tag{3.16}$$

土建设施系数表示道路、散水坡、管线设施占用面积 A 在全厂总面积中占有的份数。

将式(3.14) 与式(3.15) 代入式(3.16)，可知

$$K_2=K_1+K_3 \tag{3.17}$$

上式说明，场地利用系数 K_2 是建筑系数 K_1 与土建设施系数 K_3 之和。K_2 值高低表示厂区面积被建（构）筑物及土建设施有效利用的程度。若 K_2 值高，说明此有效利用率高；反之，未被利用或尚未利用的厂区面积大。场地利用系数低，有可能是总平面布置中留有扩建余地，以图后期发展，也有可能是技术上不先进、经济上不合理。然而，随着食品工业发展与技术水平的提高，在总平面图布置设计中，多是追求技术经济性，使 K_2 值逐渐提高。目前，在我国，K_2 在 50%～70%范围内。如使 K_2 值再提高，势必要提高建筑系数 K_1 和土建设施系数 K_3，这不仅增加建筑费用，而且余下的不需要建（构）筑物的面积就越来越小，比如绿化面积就成问题了。

3.3.2.7 绿地率

绿地率 K_4 是指全厂可绿化地面积 A_4 占全厂占地面积的比例，即

$$K_4=A_4/A\times100\% \tag{3.18}$$

式中，A_4 是指厂前区办公大楼与大门之间、厂内车间厂房底层外缘与道路网之间及厂围墙以内空地等面积。合理的绿地率 K_4 是现代化食品工厂总平面设计不可少的技术经济指标之一。绿地率不合理，则工厂环境卫生、净化和美化将无法保证。随着食品工业的发展，绿化工程设计逐渐被重视。目前，绿地率控制在 10%～15%为宜。

3.3.2.8 土方工程量

土方工程量 V 是指由于厂址地形凸凹不平或自然坡度太大，平整场地需要挖填的土方工程量。V 越大，施工费用越高。为此，要现场测量挖土填石的工程量，最好能做到挖填土石方量平衡，这样，可尽量减少土石方的运出量或运入量，从而加快施工进程。食品工厂厂址大都在城市郊区，为节省平地、良田，土方工程量虽多些，但却能利用坡地、劣区建厂，总体看来是经济可行的。

3.4 总平面图设计的绘制

3.4.1 总则

为了统一总图制图规则，保证制图质量，提高制图效率，做到图面清晰、简明，符合设计施工存档要求，适应工程建设需要。

3.4.1.1 适用于总图的制图绘制图样

①手工；②计算机制图。

3.4.1.2 适用于总图的工程制图

①新建、改建和扩建；②实测制图；③总图的通用图和标准图。

3.4.2 一般规定

3.4.2.1 图线

① 图线宽度 b，应根据图样的复杂程度和比例，按《房屋建筑制图统一标准》中图线的有关规定选用（表 3-4）。

表 3-4 线宽组

线宽	线宽组					
b	2	1.4	1	0.7	0.5	0.35
$0.5b$	1	0.7	0.5	0.35	0.25	0.18
$0.35b$	0.7	0.5	0.35	0.25	0.18	

② 总图制图应根据图纸功能，按表 3-5 规定选用。

表 3-5 线型

名称		线型	线宽	用途
实线	粗		b	①新建建筑物 0.00 高度的可见轮廓线；②新建的铁路、管线
	中		$0.3b$	①新建构筑物、道路、桥涵、边坡、围栏、露天堆场、运输设施、挡土墙可见轮廓线；②场地区域分界线、用地红线、建筑红线、尺寸起止符；③新建建筑物 0.00 高度以外的可见轮廓线
	细		$0.25b$	①新建道路路肩、人行道、排水沟、树丛、草地、花坛的可见轮廓线；②原有（包括保留和拟拆除的）建（构）筑物、铁路、道路、桥涵的可见轮廓线；③坐标网线、图例线、尺寸线、尺寸界线、曲线、索引符号等
虚线	粗		b	新建建筑物 0.00 高度的不可见轮廓线
	中		$0.5b$	计划扩建建（构）筑物、预留地、铁路、道路、桥涵、围墙、运输设施、管线的轮廓线
	细		$0.25b$	原有建（构）筑物、铁路、道路、桥涵和围墙的不可见轮廓线
单点长画线	粗		b	露天开采边界线
	中		$0.5b$	上方填挖区的零点线
	细		$0.25b$	分水线、中心线、对称线、定位轴线
粗双点长划线			b	地下开采区塌落界线
折断线			$0.5b$	断开界线

注：因根据图样中所标示的不同重点，确定不同的粗细线。如绘制总平面图时，新建建筑物采用粗实线，其他部分采用中线和细线。绘制管线综合图时，管线采用粗实线。

3.4.2.2 比例

① 总图制图采用的比例，符合表 3-6 的规定。

表 3-6 制图比例

图名	比例
地理、交通位置图	1∶25000～1∶200000
总体规划、总体布置、区域位置图	1∶2000、1∶10000、1∶50000
总平面图、竖向布置图、管线综合图	1∶500、1∶1000、1∶2000
绿化平面图、排水图、道路平面图	垂直 1∶100、1∶200、1∶500
道路纵断面图	水平 1∶1000、1∶200、1∶5000
道路横断面图	1∶50、1∶100、1∶200
场地断面图	1∶100、1∶200、1∶500、1∶1000
详图	1∶1～1∶100

② 一个样图宜选用一种比例，铁路、道路和土方等的纵面可在水平方向和垂直方向选用不同比例。

3.4.2.3 计量单位

① 总图中的坐标、标高和距离宜采用以米（m）为单位，取小数点后两位，不足时以“0”补齐。详图宜用毫米（mm）为单位。

② 建（构）筑物、铁路、道路方位角和铁路、道路转向角的度数，宜写到角秒（″）。

③ 道路纵坡、场地平整度宜用百分计，并取小数点后一位，不足时以“0”补齐。

3.4.2.4 坐标注法

① 总图应按上北下南方向绘制，根据场地形状或布局，可向左向右偏转，但不宜超过45°。总图应绘制指北针或风玫瑰图。

② 坐标网格应以细实线标示。测量坐标网应成交叉十字线，坐标轴宜用“X、Y”标示，建筑坐标网应画成网格通线，坐标宜用“A、B”表示。坐标值为负，应注“－”，坐标轴为正，应注“＋”（可省略）。

③ 总平面图有建筑和测量时，应在附注中注明两种坐标换算公式。

④ 表示建（构）筑物位置的坐标，宜注其三个角的坐标。如建构筑物与坐标轴平行，可注其对角坐标。

⑤ 在一张图上，主要建（构）筑物用坐标定位时，较小的建（构）筑物也可用相对尺寸的定位。

⑥ 建（构）筑物、铁路、道路、管线等应标注下列部位坐标或定位尺寸：

建（构）筑物定位轴线（或外墙）或交点、圆形构建筑物的中心、皮带的中线或其交点、管线（包括管沟、管架或管桥）的中线或其交点、挡土墙墙顶外边缘线或转折点。

⑦ 坐标宜直接标注在图上，如图面无足够的位置，也可列表标注。

⑧ 在一张图上，如坐标数字位数太多时，可将前面相同的位数省略，其省略位数应在附录中说明。

3.4.2.5 标高注法

① 应以含有 0.00 标高的平面作为总图平面。

② 总图中标注的标高应为绝对标高，如标注相对标高，则应注明相对标高与绝对标高的换算关系。

③ 建（构）筑物、铁路、道路、管沟等应按以下规定标注有关标高：

a. 建筑物室内地坪，标注建筑图中 0.00 处的标高，对不同高度的地坪，分别标注其标高（图）。

b. 建筑物室外散水，标注建筑物四周转角或两对角的散水坡脚处的标高。

c. 构筑物标注代表性的标高，并用文字注明高所指位置（图）。

d. 道路标注路面中心交点及变坡点的标高。

e. 挡土墙标注墙顶和墙趾标高，路堤、边坡标注坡顶和坡脚标高，排水沟和沟底标高。

f. 场地平整标注其控制位置标高，铺砌场地标注其铺砌面标高。

g. 标注符合《房屋建筑制图统一标准》（GB/T 50001—2017）中标高的有关规定。

3.4.2.6 总平面绘制规定

为了统一总图规则，保证制图质量，提高制图效率，做到图面清晰、简明，符合设计、施工、存档的要求，适应工程建设的需要，总平面图设计一般按照以下规定设计。

① 图幅面如图 3-10 所示，图框尺寸应符合《技术制图 图纸幅面和格式》（GB/T 14689—2008）的规定。

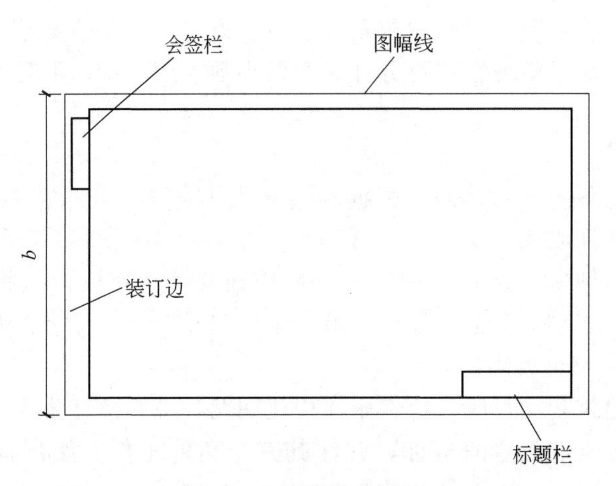

图 3-10 图纸横式幅面

② 图纸标题栏与会签栏。图纸标题栏的图标长边的长度为 180mm，短边长度 30～50mm，如图 3-11 所示，图标按图 3-10 格式分区。栏内应填写会签人员所代表的专业、姓名、日期（年、月、日）。不需要会签的图纸可不设会签栏。

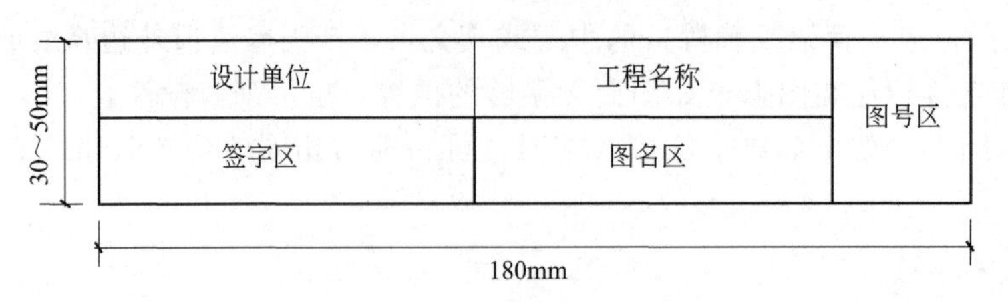

图 3-11 图纸标题格式栏

3.5 案例

① 菌类食品总平面施工图如图 3-12 所示。

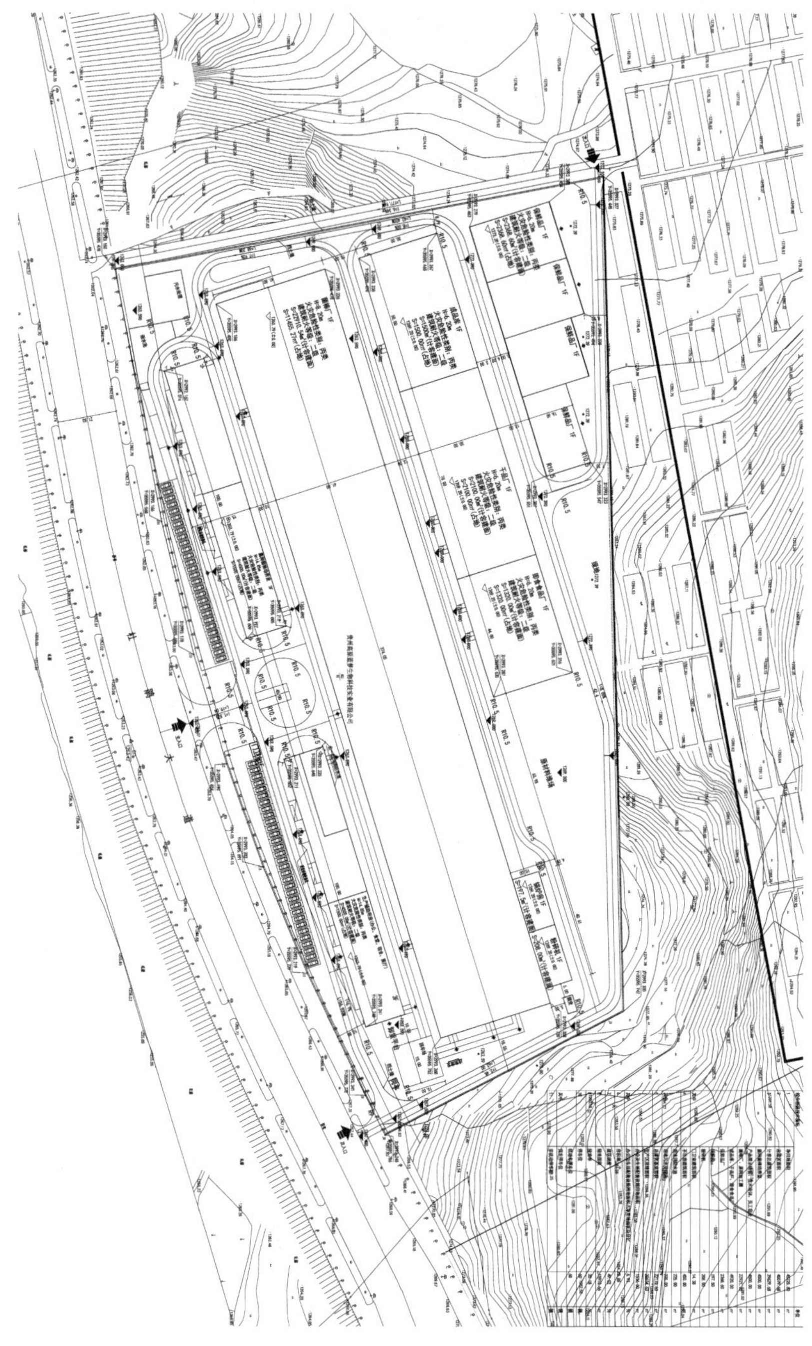

图 3-12　菌类食品总平面施工图

② 某年产 2000t 蔬菜制品加工总平面布置图如图 3-13。

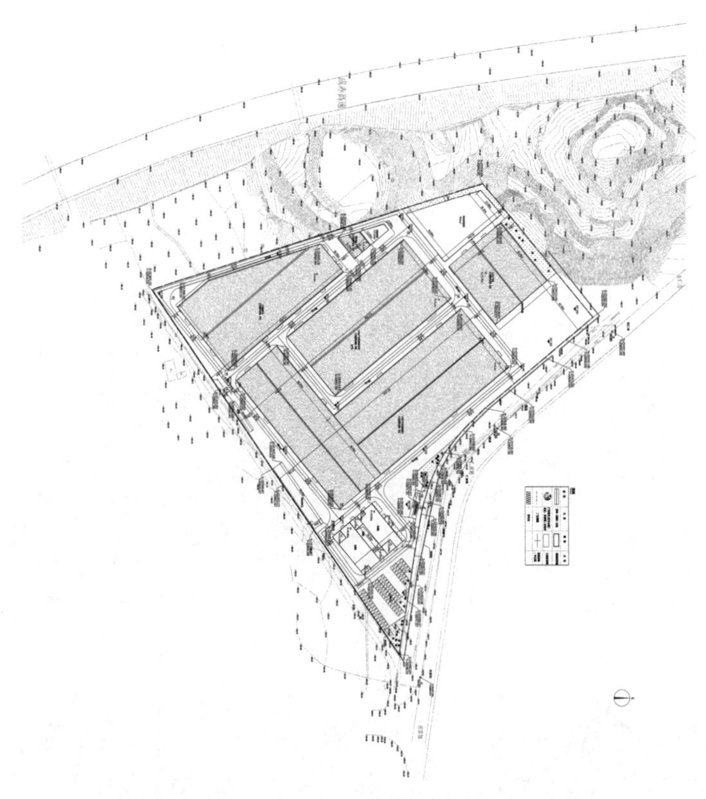

图 3-13　某年产 2000t 蔬菜制品加工总平面布置图

③ 某年产 5000t 肉类食品罐头厂总平面布置图如图 3-14。

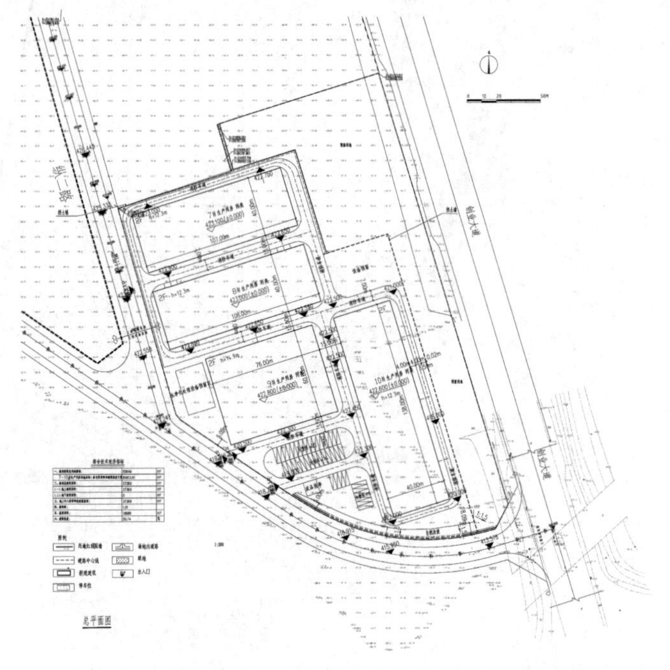

图 3-14　某年产 5000t 肉类食品罐头厂总平面布置图

在这个设计方案中，分开生产、生活、管理区，生产区围绕实罐车间布置，动力车间和污水处理车间均布置在生产车间附近，布局合理。生产区和生活区间用绿化带隔离，保证了各区域相互独立。

④ 米制品加工总平面布置图如图 3-15 所示。

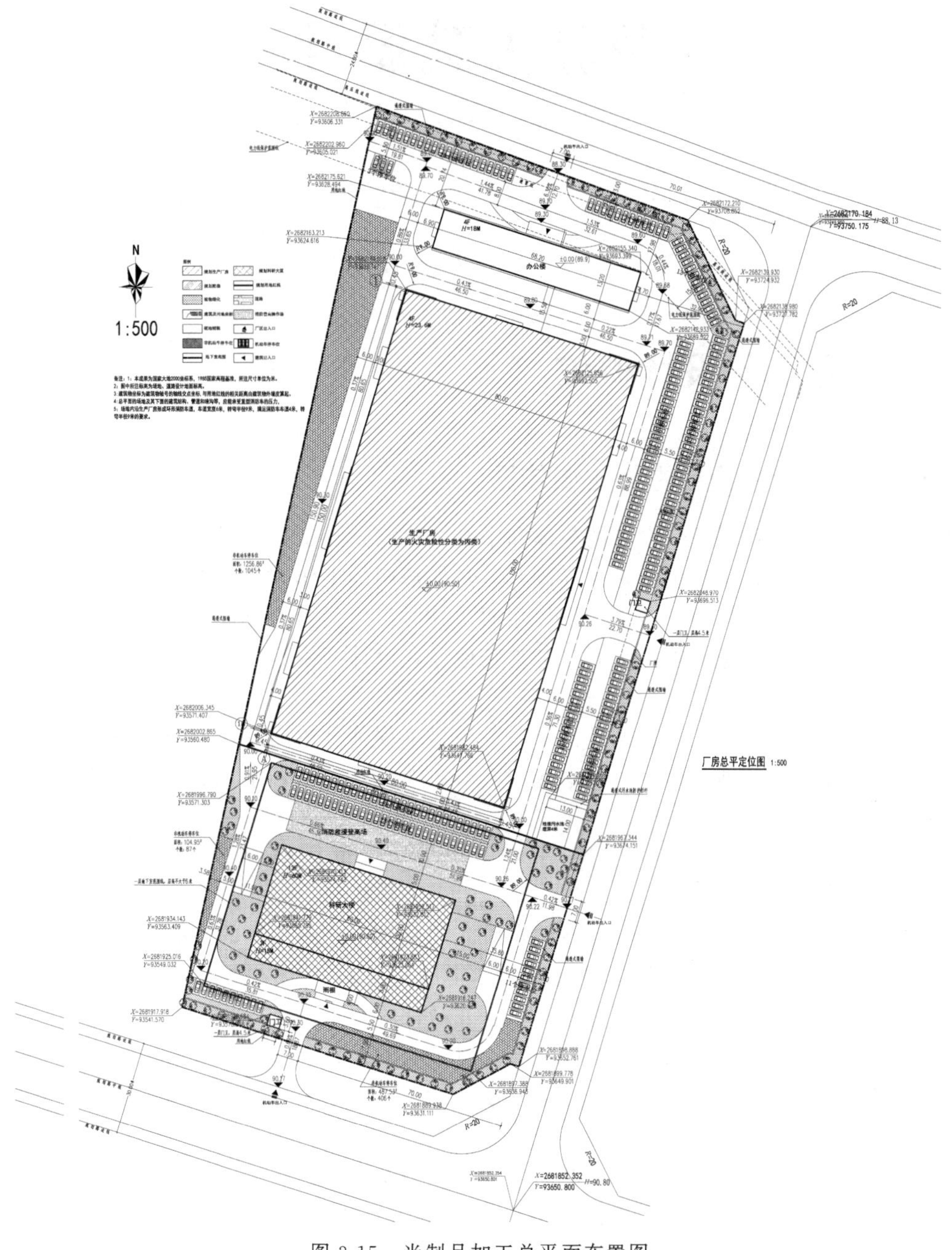

图 3-15　米制品加工总平面布置图

第4章 食品工艺设计

4.1 食品工艺设计概述

4.1.1 工艺设计的重要性与主要依据

食品工厂工艺设计是整个设计的主体和中心，决定食品工厂生产工艺技术的先进性和合理性。在设计过程中，工艺设计是主导设计，其他部门的工作应尽量满足工艺的要求，即整个工程的构思、设想都贯彻了工艺的设计意图，并对工厂建设的投资费用以及产品质量、生产成本、劳动强度有着重要影响，同时又是其他专业设计的依据。食品工厂工艺设计具有重要的作用和地位。

工艺设计的主要依据：①计划任务书；②项目工程师下达的设计工作提纲；③采用新工艺、新技术、新设备、新材料时的技术鉴定报告；④选用设备的有关产品样本和技术资料；⑤其他设计资料。

4.1.2 工艺设计的内容

生产工艺设计主要是在前期可行性调查研究的基础上，对生产的产品方案、生产过程和工艺流程进行设计。它的主要目的是选择技术上先进可行、经济上合理的食品生产加工技术，同时满足工厂生产过程中达到优质、高产、低耗等要求。

车间工艺设计是在符合工艺要求条件下，对车间的设备进行合理布局，以取得车间空间利用的最佳方案。它将直接影响到食品工厂建设投资的大小、物料流动和人员流动等的合理性、建成后的工厂能否正常运转和生产安全等。

食品工厂工艺设计的基本内容：产品方案、规格及班产量确定；主要产品生产工艺流程的选择和论证；工艺计算，包括物料衡算、生产车间设备生产能力的计算和选型、劳动力计算及分配；生产车间水、电、汽等用量计算；生产车间设备平面布置和设备工艺流程图、管路布置图等。工艺设计还需向包括土建面积、车间高度、结构、洁净度、卫生设施等其他设计提供要求；进行全厂供水排水、电、汽等计算及提出要求；提出原料、中间产品、终产品数量及储藏要求；提出辅助车间的工艺要求等。其中生产工艺设计和车间工艺设计是工艺设计的两个重要内容。

4.1.3 工艺设计的基础资料

设计中产品采用的生产方法及生产工艺流程，主要依据试验结果或其他经验，也可以多方面收集资料。通常包括：产品的配方、质量标准和消耗定额，工艺参数、生产周期，生产原辅助材料的规格、标准及用量，菌种培养条件，生产的特殊要求及操作要求。

设备方面主要收集各生产工艺流程所需的设备名称、数量、主要技术参数、使用情况、操作方位、接管位置、存在问题、生产制造单位、价格、产品样本或技术资料、其他行业使用同类设备的情况。

设计基础资料包括水文、地质、气象、资源、交通运输、水质等。

4.1.4 工艺设计的步骤

食品工厂工艺设计重点是确定由原料到产品的生产工艺过程、各环节操作方法及参数、物料流量及流向、加工设备的种类与数量、车间设备布置设计和管道布置设计等。

具体步骤如下：

①根据前期可行性调查研究，确定产品方案及生产规模；②根据当前的技术和经济水平选择生产方法；③生产工艺流程设计；④物料衡算和热量衡算；⑤设备计算和选型；⑥车间工艺（设备布置）设计；⑦管路设计；⑧其他工艺设计；⑨绘制工艺流程图、设备布置图、管路布置图及编制设计计算说明书等。

4.2 产品方案及班产量的确定

4.2.1 制订产品方案的意义和要求

产品方案又称生产纲领，具体是指食品工厂计划全年（季度、月）生产的产品品种和各种产品的规格、产量、产期、生产车间及班次等的计划安排。产品方案既作为设计依据又能确定工厂实际生产能力及挖潜生产能力。在实际生产过程中，生产计划一般以销定产。影响产品方案的因素有诸多方面，主要有：人们的生活习惯与需求、生产原料供应情况、产品的市场销售、不同季节和区域气候等的影响。

在制订产品方案时，首先，要调查研究，得到资料，以此确定主要产品的品种、规格、产量和生产班次。其次，是要用调节产品以调节生产忙闲不均的现象。最后，尽可能把原料综合利用及储存半成品，以合理调剂生产中的淡、旺季节。例如速冻面制品厂，全年生产产品的主要种类有速冻汤圆、速冻饺子等，但因我国传统节日和消费习惯等引起的市场需求变化，促使工厂生产产品品种和产量的变化。

在制订产品方案时，要尽量做到“四个满足”和“五个平衡”。

“四个满足”：

①满足主要产品产量的要求；②满足原料综合利用的要求；③满足淡旺季平衡生产的要求；④满足经济效益的要求。

“五个平衡”：

①产品产量与原料供应量应平衡；②生产季节性与劳动力应平衡；③生产班次要平衡；

④产品生产量与设备生产能力要平衡；⑤水、电、汽负荷要平衡。

在制订生产方案时，不仅要根据设计计划任务书的要求及原料供应的情况，还应该结合各生产车间的实际利用率，设计需要安排几个生产车间才能使产品方案得以推进实施。

4.2.2 班（日、年）产量的确定

班产量是工艺设计最主要的计算基础，其直接影响到设备配套与布局、车间布置、占地面积、劳动定员、产品经济效益以及辅助设施、公共设施的配套规格等。影响班产量大小的因素有：原料供应、产品市场销售状况、配套设备的生产能力及运行情况、延长生产期的条件、每天产品品种的搭配与生产班次的安排等。一般而言，班产量越大，单位产品成本越低，经济效益越好。但是，班产量往往受投资局限、人员、场地、需求及其他方面因素的制约，最适宜的班产量实质就是经济效益最好的规模。

4.2.2.1 年产量

年生产能力按式(4.1) 估算：

$$Q=Q_1+Q_2-Q_3-Q_4+Q_5 \tag{4.1}$$

式中 Q——新建厂某类食品年产量，t；

Q_1——本地区该类食品消费量，t；

Q_2——本地区该类食品年调出量，t；

Q_3——本地区该类食品年调入量，t；

Q_4——本地区该类食品原有厂家的年产量，t；

Q_5——本厂准备销出本地区以外的量，t。

对于淡旺季明显的产品，如饮料、月饼、巧克力可按式(4.2) 计算：

$$Q=Q_{旺}+Q_{淡}+Q_{中} \tag{4.2}$$

式中 $Q_{旺}$——旺季产量，t；

$Q_{中}$——中季产量，t；

$Q_{淡}$——淡季产量，t。

4.2.2.2 生产班制

一般食品工厂每天生产班次为1～2班，淡季一班，中季二班，旺季三班制。班产量受到各种因素的影响，每个工作日的实际产量并不完全相同，具体应根据实际情况来决定。

4.2.2.3 工作日及日产量

不同食品的生产天数和生产周期受到市场需要、季节气候、生产条件（温度、湿度等）和原料供应等方面影响。盛夏的冷饮、冰激凌，春节前后的糖果、糕点和酒类，中秋节的月饼等生产都具有明显的季节性。糖果、巧克力在南方梅雨季节及酷暑、盛夏应缩短生产天数。而夏季6～8月是面包生产的旺季，工作日78d（如 $Q_{旺}$），中季生产为135d（如 $Q_{中}$），淡季生产75d（$Q_{淡}$），余下77d为节假日和设备检修日，则全年面包生产天数为：

$$78+135+75=288(\mathrm{d})$$

由于受到各种因素的影响，每个工作日实际产量不完全相同。平均日产量等于班产量与生产班次及设备平均系数的乘积。即：

$$q = q_{班} nk \tag{4.3}$$

式中 q——平均日产量，t；

$q_{班}$——班产量，t/d；

n——生产班次，旺季 $n=3$，中季 $n=2$，淡季 $n=1$；

k——设备不均匀系数，$k=0.7 \sim 0.8$。

4.2.2.4 班产量 $q_{班}$

班产量 $q_{班}$ 计算公式如下：

$$q_{班} = Q/[k(3t_{旺} + 2t_{中} + t_{淡})] \tag{4.4}$$

式中 k——设备不均匀系数；

$t_{旺}$——旺季天数；

$t_{中}$——中季天数；

$t_{淡}$——淡季天数。

如果某种产品生产只有旺季、淡季，则：

$$q_{班} = Q/[k(3t_{旺} + t_{淡})] \tag{4.5}$$

例如：设计任务书规定年产面包 2000t，求班产量。

$$q_{班} = Q/[k(3t_{旺} + 2t_{中} + t_{淡})] = 2000/[0.75(3 \times 78 + 2 \times 135 + 75)] = 4.6(\text{t/班})$$

在制订班产量时，也要首先根据调查资料、生产安排与生产实际经验，确定重要产品的品种、规格与产量等，也要进行相应的产品调节，尽可能对原料进行综合利用，保证日生产与班生产顺利正常进行。

4.2.3 产品方案的制订

产品方案形成之后，其表达方式可以是文字叙述的形式，也可以是图表表达的形式。图表表达的形式较为明确、清晰，也较容易发现方案安排中的疏漏和问题。在制订产品方案时，班（日）产量是最重要的依据，同时还要考虑产品品种、规格、包装方式等。为了尽可能地提高原料的利用率和使用价值，或为了满足消费者的需求，往往有必要将一种原料生产成几种规格的产品。

在制订生产方案时，应根据设计计划任务书的要求及原料供应的可能，考虑本设计需用几个生产车间才能满足要求，各车间的利用率又如何。另外，在编排产品方案时，每月一般按 25d 计，全年的生产日为 300d。如果考虑原料等其他原因，全年的实际生产天数也不宜少于 250d，每天的生产班次一般为 1～2 班，季节性产品高峰期则按 3 班考虑。

在制订产品方案时，还必须确定主要产品的产品规格和班产量。一般来说，一种原料生产多种规格的产品时，应力求精简，以利于实现机械化。同时，为了提高原料的利用率和使用价值，有必要将一种原料生产成多种规格的产品，即进行产品品种搭配。

现将部分工厂的产品方案举例如下：

①年产 40000t 浓缩果汁及 40000t 果汁饮料产品方案，参阅表 4-1；②年产 7000t 速冻食品厂产品方案，参阅表 4-2；③年产 50000t 酱腌菜食品厂产品方案，参阅表 4-3。

在设计时，应按照下达任务书中的年产量和品种，制订出多种产品方案，作为设计人员，应制订出两种以上的产品方案进行分析比较，做出决定。

关于产品方案的构成虽无硬性规定的格式，常用以上示例中比较简单的形式表示。主要包括：产品名称、年产量、班产量及全年12个月份，每月上中下三旬又分成3个竖栏目。在月份栏内用粗体黑色短画线表示产品的生产时间，粗短画线的数目表示生产的班次。

表 4-1　年产 40000t 浓缩果汁及 40000t 果汁饮料产品方案

名称	年产量/t	班产量/t	1月	2月	3月	4月	5月	6月	7月	8月	9月	10月	11月	12月	备注
14°Brix 芒果浆	1200	15													220L 无菌铝塑复合袋，每小时处理芒果 4t
50°Brix 西番莲浓缩汁	1350	4.5													220L 无菌铝塑复合袋，每小时处理西番莲 8t
60°Brix 菠萝浓缩汁	1500	4													220L 无菌铝塑复合袋，每小时处理菠萝 7.5t
100%果汁饮料	20000	50													250mL 三片罐，灌装能力 500 罐/h
30%果汁饮料	4000	10													200mL 无菌铝塑复合纸盒，灌装能力 7500 盒/h
	16000	40													1000mL 无菌铝塑复合纸盒，灌装能力 6000 盒/h

表 4-2　年产 7000t 速冻食品厂产品方案

产品名称	年产量/t	班产量/t	1月	2月	3月	4月	5月	6月	7月	8月	9月	10月	11月	12月
三鲜水饺	2000	3												
韭菜水饺	500	2												
鲜肉水饺	1500	3.5												
芝麻汤圆	1000	2												
花生汤圆	800	2												
花生粽子	800	3												
八宝粽子	400	2												

表 4-3　年产 50000t 酱腌菜食品厂产品方案

产品名称	年产量/t	班产量/t	1月	2月	3月	4月	5月	6月	7月	8月	9月	10月	11月	12月
发酵调味泡菜	8000	20.78												
红油调味泡菜	17000	32.38												
泡菜复合全料	5000	12.42												
泡酸菜	20000	38.09												

根据上述各项的比较，在几个产品方案中找出一个最佳方案，作为后续设计的依据。

4.2.4　产品方案比较与分析

在设计产品方案时，应按照下达任务书中的年产量和品种，从生产可行性和技术先进性入手，制订出两种以上的产品方案进行分析比较，尽量选用先进的设备、先进的工艺并结合实际情况，考虑实际生产的可行性和经济上的合理性，作出决定。产品方案比较项目与分析如表 4-4 所示。将比较的情况及结论写成产品方案说明书报上级批准，从中找出一个最佳方案作为后期设计依据。

表 4-4　产品方案比较项目与分析

项目方案	方案一	方案二	方案三
产品年产量/t			
每天工人数/人			
年劳动生产率/[t/(人·年)]			
每天(月)产品数差/t			
平均每人产值/[元/(人·年)]			
季节性			
设备平衡			
水、电、汽消耗量			
组织生产难易比较			
基建投资/元			
社会效益比较			
年经济效益			
结论			

4.3 工艺流程的设计与确定

4.3.1 产品生产工艺流程的设计

选用先进合理的工艺流程并进行正确设计对食品工厂建成投产后的产品质量、生产成本、生产能力、操作条件等有重要影响。工艺流程设计是原料到成品的整个生产过程的设计，是根据原料的性质、成品的要求把所采用的生产过程及设备组合起来，并通过工艺流程图的形式，形象地反映食品生产由原料进入到产品输出生产全过程，决定着各车间各工段所采用的工艺要求和生产设备的合理排列。生产工艺流程能否影响产品的质量、产品的竞争力、工厂的经济效益，决定食品工厂的生存与发展，是初步设计审批过程中主要审查内容之一。

4.3.1.1 工艺流程设计的主要任务

生产工艺流程设计的主要任务包括两个方面：一是确定生产流程中各个生产过程的具体内容、顺序和组合方式，达到由原料制得所需产品的目的；二是绘制工艺流程图，要求以图解的形式表示生产过程，当原料经过各个单元操作过程制得产品时，物料和能量发生的变化及其流向，以及采用了哪些生产过程和设备，再进一步通过图解形式表示出管道流程和计量控制流程。

食品工厂生产各种食品是按照原料特点、产品要求，结合设备功能，采用合适的生产工艺进行的。不同产品有不同的生产工艺，即使相同产品在不同工厂其生产工艺也会不同，但其生产工艺、过程与加工设备基本相近。另外，如果产品不是同时生产，其相同生产设备是可以公用的，将主要产品的工艺确定下来，配合其他专用设备，就可开展多种品种生产。需要强调的是，需要对所设计的产品生产工艺进行认真的探讨和论证，还要考虑不同食品的工艺特点并确保生产工艺的合理性、先进性与科学性。

4.3.1.2 工艺流程设计的主要原则

在制订工艺流程时，必须通过分析比较相关因素，充分证实它在技术上是先进的，在经济上是高效益的，并且符合设计计划任务书的相关要求。生产工艺流程的优劣不仅会影响产品质量、成本，还会影响工厂建设投资、面积及经济效益。应对所设计的食品厂主要产品的生产工艺流程进行认真探讨和论证，广泛收集相关信息，进行比较和选择。

在选择生产工艺流程时，应遵循下列原则。

① 符合相关标准。保证产品符合国家食品安全标准，出口产品还须满足销售地产品质量要求，并保证符合食品 GMP 的卫生要求。

② 技术先进合理。根据原料性质和产品规格要求拟订工艺流程。应优先选择先进、科学的工艺流程，以确保生产符合时代要求的、优质适销的产品。尽量选用先进成熟、高效率低能耗的新设备，生产过程尽可能做到连续化，提高机械化和自动化生产能力，以保证产品的质量和产量。对暂时不能实现机械化、连续化生产的品种，其工艺流程应尽可能按流水线排布，缩短成品或半成品的工艺流程的线路，避免变色、变味、变质。

③ 经济合理。注意经济效益，应确保产品有市场竞争能力，选择可以提高产品质量和生产效率、降低生产消耗和成本的生产工艺。选择的流程要尽量节省厂房和生产设备，特别是要尽量减少特殊的厂房和设备。这样可以节省基建投资，缩短建厂周期。

④ 充分利用原料。要考虑加工不同原料和生产不同产品的可能性，在获得高产品得率和保证产品质量优良的同时，尽可能做到原料的综合利用，选择有利于原料综合利用、产生“三废”少或经过治理容易达到国家规定的“三废”排放标准的生产流程。要注意充分节约能源和利用余热。

⑤ 积极慎重采用新技术。对特产或传统名优产品不得随意更改生产方法，若需改动时，要经过反复试验，然后报请上级部门批准，方可作为新技术用到设计中；非定型产品开发，技术要成熟；对科研成果，必须经过中试放大试验及产品试销过程；对新工艺的采用，需经有关部门鉴定，才能应用到设计中来。

⑥ 保证安全生产。工艺过程要配备较完善的控制仪表和安全设施，如安全阀、报警器、阻火器、呼吸阀、压力表、温度计等。加热介质尽量采用高温、低压、非易燃易爆物质。选择的流程要考虑到安全操作和劳动保护问题，尽量采用封闭式操作，还要考虑生产调度的许可性，估计到生产中可能发生的故障，使生产能正常进行。

4.3.1.3 工艺流程设计的主要依据

① 加工原料的性质。依据加工原料品种和性质的不同，选用和设计不同的工艺流程。如经常需要改变原料品种，就应选择适应多种原料生产的工艺，但配置通常较复杂。如加工原料品种单一，应选择单纯的生产工艺，以简化工艺和节省设备投资。

② 产品质量和品种。依据产品用途和质量等级要求的不同，设计不同的工艺流程。

③ 生产能力。生产能力取决于：原料的来源和数量、配套设备的生产能力、生产的实际情况预测、加工品种的搭配、市场的需求情况。一般生产能力大的工厂，有条件选择较复杂的工艺流程和较先进的设备；生产能力小的工厂，根据条件可选择较简单的工艺流程和设备。

④ 地方条件。在设计工艺流程时，还应考虑当地的工业基础、技术力量、设备制造能力、原材料供应情况及投产后的操作水平等。确定适合当前情况的工艺流程，并对今后的发展作出规划。

⑤ 辅助材料。如水、电、汽、燃料的预计消耗量和供应量。

4.3.1.4 工艺流程设计的关键步骤

工艺流程设计过程所涉及的内容繁多，往往要经过几个反复才能确定，是一个由定性到定量的过程，可分为几个步骤：

(1) 工艺流程方块图（定性图）设计

① 确定工艺流程：在此阶段，要对工艺流程进行比选。进行方案比较首先要明确判断依据，工程上常用的依据包括产品得率、原材料消耗、能量消耗、产品成本、工程投资等，还要考虑环保、安全、占地面积等因素。

② 绘制工艺流程方块图。

③ 进行生产工艺计算，主要包括物料衡算、热量衡算以及用水量、用汽量的计算等。

④ 进行设备计算和选型。

(2) 绘制工艺流程草图（定量图）

① 验证并优化工艺路线。应初步进行车间平面布置设计，审查生产工艺流程是否合理。

② 确定设备之间的立面连接位置。

(3) 绘制正式工艺流程图

4.3.2 生产工艺流程图的绘制

把各个生产单元按照一定的目的和要求，有机地组合在一起，形成一个完整的生产工艺过程，并用图形描绘出来，即是工艺流程图。工艺流程图的图样有若干种，它们都用来表达生产工艺过程。但因为它们的用途不同，所以在内容、重点和深度方面也不一致，但这些图样之间有紧密联系。

4.3.2.1 生产工艺流程图的类型

(1) 物料流程图

物料流程图（或称工艺流程示意图）又可分为全厂物料流程图和车间（工序或工段）物料流程图。

全厂物料流程图（或全厂工艺流程图）是在食品工厂设计中，为总说明部分提供的全厂总流程图样。对综合性粮油食品工厂则是全厂物料平衡图。它表明各车间（各工段）之间的物料关系，图上各车间（各工段）用细实线画成方框来表示，流程线可以只画出主要物料，用粗实线表示。流程方向用箭头画在流程线上。图上还注明了车间名称，各车间原料、半成品和成品的名称，平衡数据及来源、去向等。

车间物料流程图是在全厂物料流程图的基础上绘制的、表明车间内部工艺物料流程的图样，是进行物料衡算和热量衡算的依据，也是设备选型和设备设计的基础。它可以是用方框的形式来表示生产过程中各工序或设备的简化的工艺流程图。图中应包括工序名称或设备名称、物料流向、工艺条件等。在方框图中，应以箭头表示物料流动方向。

(2) 生产工艺流程图

生产工艺流程图是在物料衡算、热量衡算以及设备选型后绘制的。工艺流程图的绘制需大致按比例进行，在图样内容的表达上比物料流程图更为全面。

(3) 工艺管道及仪表流程图

工艺管道及仪表流程图又称带控制点工艺流程图，是以物料流程图为依据，在生产工艺流程图的基础上绘制的，内容较为详细，其主要目的和作用是清楚地标出设备、配管、阀门、仪表以及自动控制等方面的内容和数据，直接用于工程施工。

4.3.2.2 物料流程图的绘制

(1) 物料流程图的作用和内容

物料流程图是一种以图形与表格结合的形式，来反映设计计算某些结果的图样。它既可用作提供审查的资料，又可作为进一步设计的依据，并且还可供今后生产操作时参考。

图样采用展开图形式，按工艺流程顺序，由左至右画出一系列设备的图形，并配以物料流程线和必要的标注与说明，一般由设备示意图、流程管线和流向箭头、文字注解和图例、标题栏及设备一览表组成。

① 设备示意图。由于在此阶段尚未进行物料计算和设备计算，不需要按比例画出设备示意图，只需画出设备的大致轮廓和示意结构，或用化工设备图例绘制，甚至画一个方框代替也可以。设备的相对高低位置也不要求准确，备用设备在图中一般省略不画。但设备一般

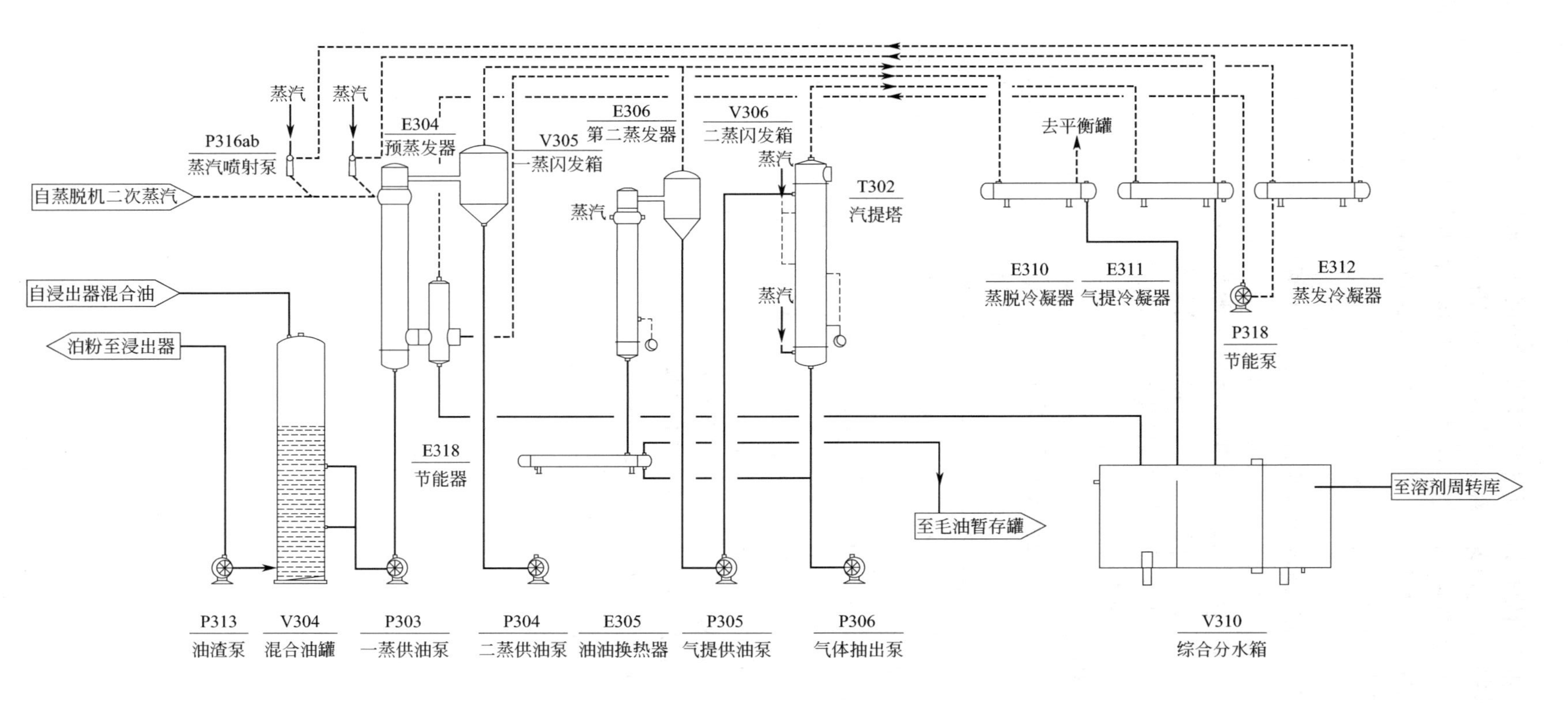

图 4-1 油脂浸出车间（混合油处理工序）物料流程图

都要编号，并在图纸空白处按编号顺序集中列出设备名称。流程简单、设备较少的流程草图中设备也可以不编号，而将设备名称直接注写在设备图形上。

② 流程管线和流向箭头。应在图中画出全部物料和部分动力（水、汽、压缩空气等）的流程管线及流向箭头。物料管线一般用粗实线画出，动力管线一般用中粗实线或细实线画出。在管线上用箭头表示物料的流向。

③ 文字注解。

a. 在流程图的下方或图纸的其他空白处列出设备的编号和名称。

b. 在管线的上方或右方用文字注明物料名称、组成、流量等。

c. 在流程线的起始和终了处注明物料的名称、来源及去向。

④ 图例、标题栏、设备一览表。图例中需标出管线图例，阀门、仪表等无须标出。设备一览表须包括序号、位号、设备名称、备注等。有时也可省略设备一览表和图框。标题栏包括图名、图号、设计阶段等。

(2) 物料流程图的绘图方法

物料流程图的画法采用由左至右展开式，先物料流程，次图例，最后是设备一览表及标题栏。它是以设备外形表示的某一生产工序。如油脂浸出车间（混合油处理工序）物料流程图见图 4-1。图中设备外形不一定按比例绘制，但应保持它们的相对大小。各设备之间的高低位置应大致符合实际情况。物料流程图的幅面一般采用 A2 或 A3 图纸，也可以是它们的加长图，但如果图幅过长时也可分张绘制。

(3) 物料流程图中设备的表示方法

物料流程图上的设备用细实线画出简单外形，也可参考有关标准用简化符号来表达某一设备。如表 4-5 是工艺流程图中常用设备和机器的图例。在使用图例时应注意几点事项：

① 各图例在绘制时，尺寸和比例可在一定范围内调整。一般在同一个工程中，同类设备的外形尺寸和比例应有一个定值或一规定范围。

② 各图形在绘制时允许有方位变化。各图例也允许几个图例进行组合或叠加。

③ 图形线条宽度一般为 0.25mm 或 0.3mm。

表 4-5 常用设备、机器图例

类型	代号	图例
塔		填料塔　板式塔　喷淋塔
塔内件		降液管　受液管　升气管 浮阀塔塔板　泡罩塔塔板　格栅板 湍球塔　分配(分布)器，喷淋器　填料除沫层 筛板塔塔板　(丝网)除沫层

续表

类型	代号	图例
反应器	R	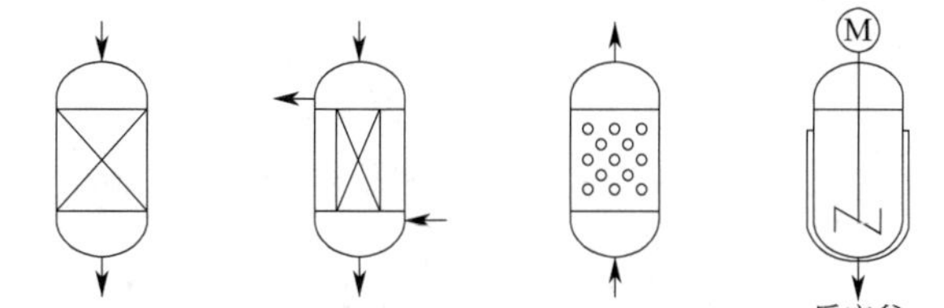 固定床反应器　列管式反应器　流化床反应器　反应釜带搅拌夹套
工业炉	F	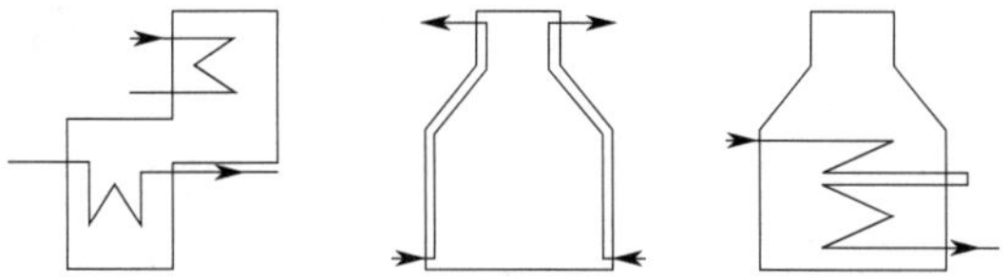 箱式炉　圆筒炉　圆筒炉
火炬烟囱	S	烟囱　火炬
换热器	E	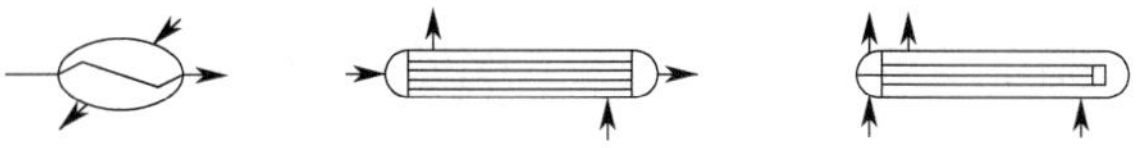 换热器(简图)　固定版式列管换热器　U型管式换热器 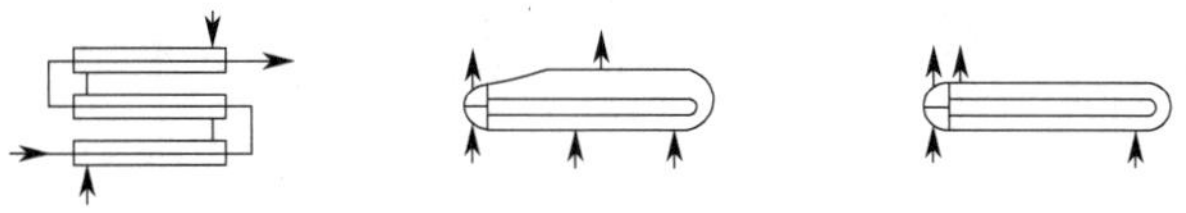　套管式换热器　釜式换热器　浮头式列管换热器 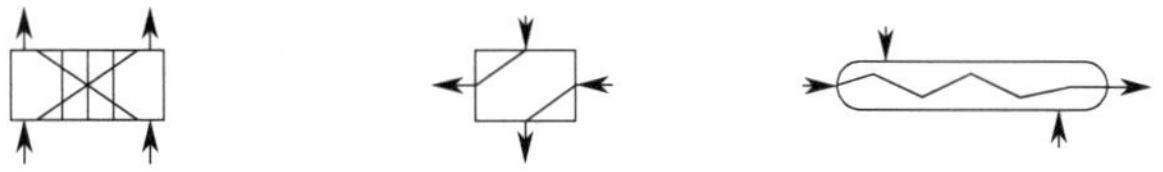　板式换热器　螺旋式换热器　蛇管/盘管式列管换热器 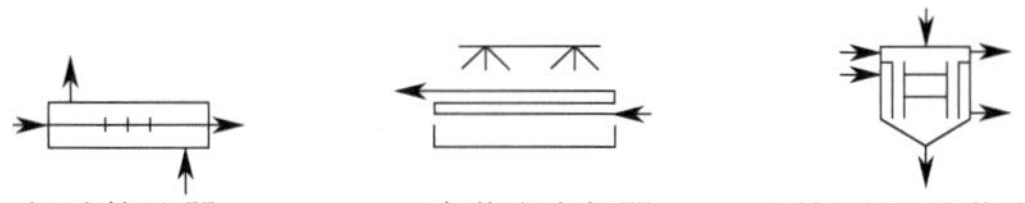　短片换热器　喷淋式冷却器　刮板式薄膜蒸发器 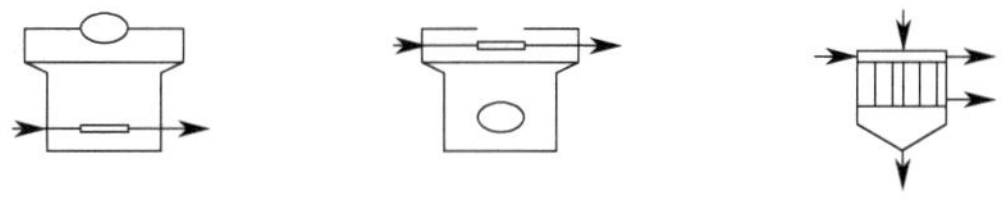　抽风式冷却器　送风式冷却器　列管式薄膜蒸发器

续表

类型	代号	图例
泵	P	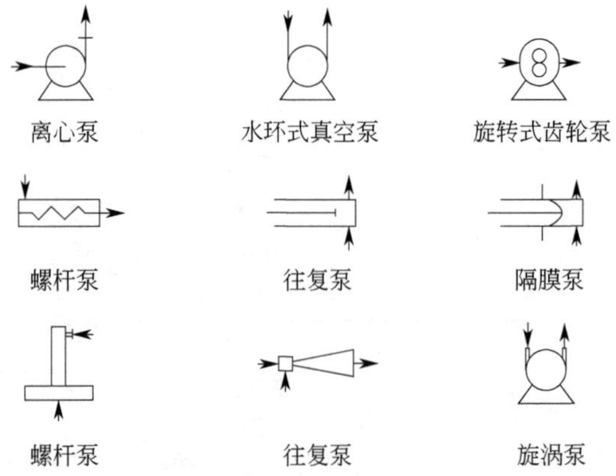 离心泵 水环式真空泵 旋转式齿轮泵 螺杆泵 往复泵 隔膜泵 螺杆泵 往复泵 旋涡泵
压缩机	C	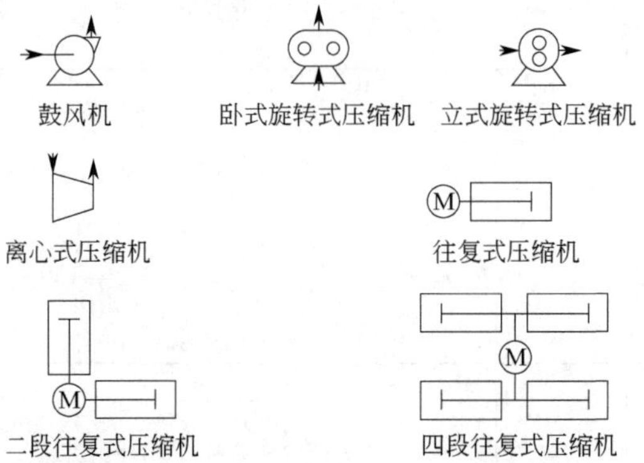 鼓风机 卧式旋转式压缩机 立式旋转式压缩机 离心式压缩机 往复式压缩机 二段往复式压缩机 四段往复式压缩机
设备内件附件		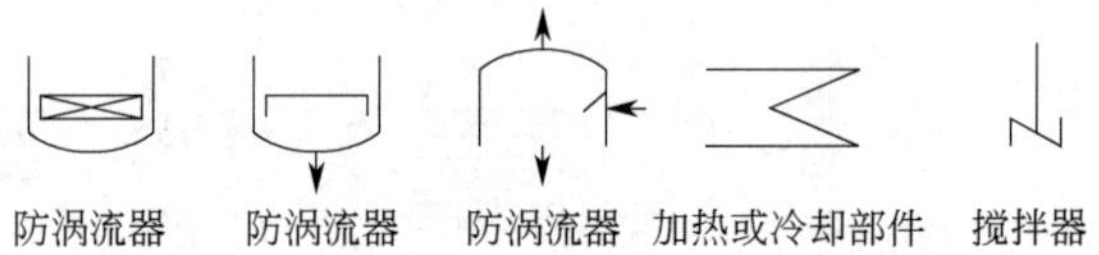 防涡流器 防涡流器 防涡流器 加热或冷却部件 搅拌器
容器	V	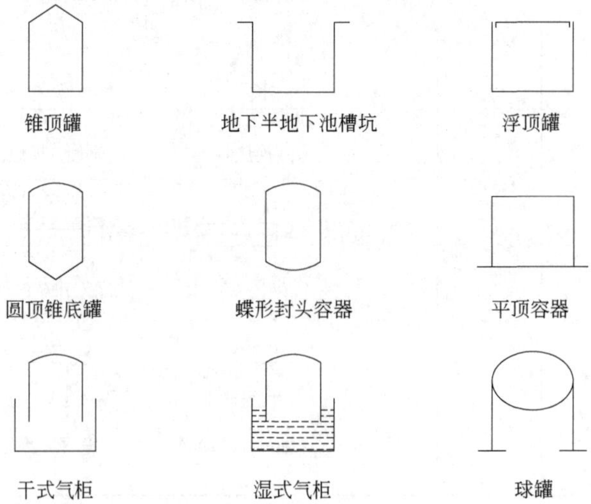 锥顶罐 地下半地下池槽坑 浮顶罐 圆顶锥底罐 蝶形封头容器 平顶容器 干式气柜 湿式气柜 球罐

续表

类型	代号	图例
容器	V	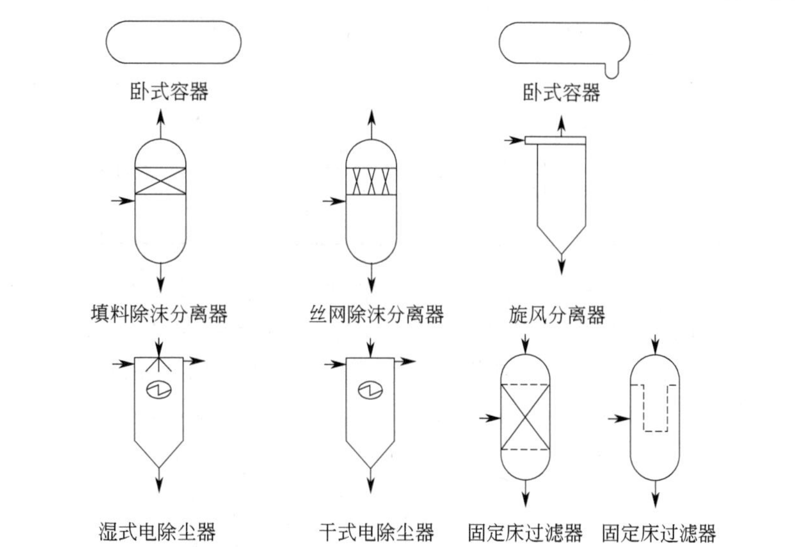 卧式容器　卧式容器　填料除沫分离器　丝网除沫分离器　旋风分离器　湿式电除尘器　干式电除尘器　固定床过滤器　固定床过滤器
起重运输机械	L	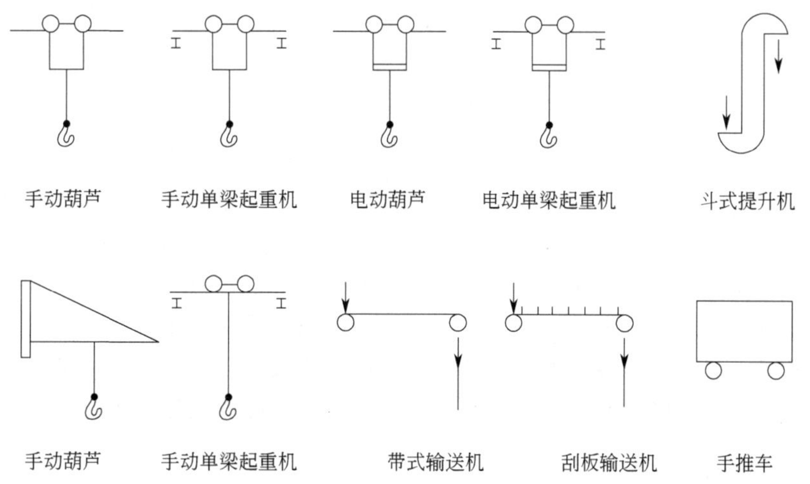 手动葫芦　手动单梁起重机　电动葫芦　电动单梁起重机　斗式提升机　手动葫芦　手动单梁起重机　带式输送机　刮板输送机　手推车
称重设备	W	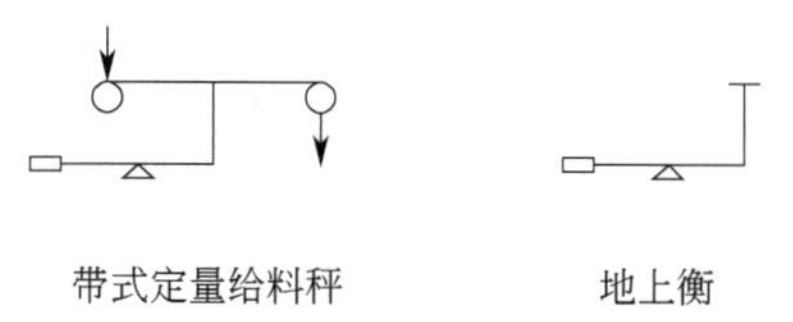 带式定量给料秤　地上衡
其他机械	M	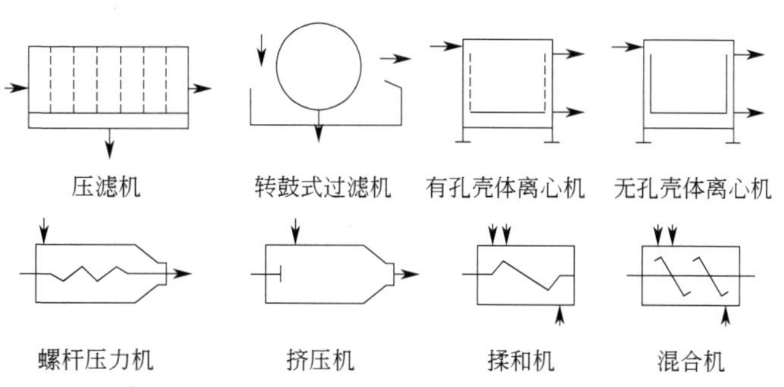 压滤机　转鼓式过滤机　有孔壳体离心机　无孔壳体离心机　螺杆压力机　挤压机　揉和机　混合机

续表

类型	代号	图例
动力机		(M) 电动机　(E) 内燃机燃气机　(S) 汽轮机　(D) 其他动力机 离心式膨胀机，透平机　活塞式膨胀机

如图 4-2 所示是一些换热器的简化画法。其中（1）图为冷却器，CW 表示循环冷却水，箭头斜着向上表示冷却水由冷却器的下部进入上部排出；（2）图为加热器，LS 表示蒸汽，箭头斜着向下表示蒸汽从加热器的上部进入，废气从下部排出；（3）图表示两个物料间的换热，两个箭头分别表示两换热物质的流向，有时还在图形旁标注物料和载热体的进出口温度及每小时换热量等。

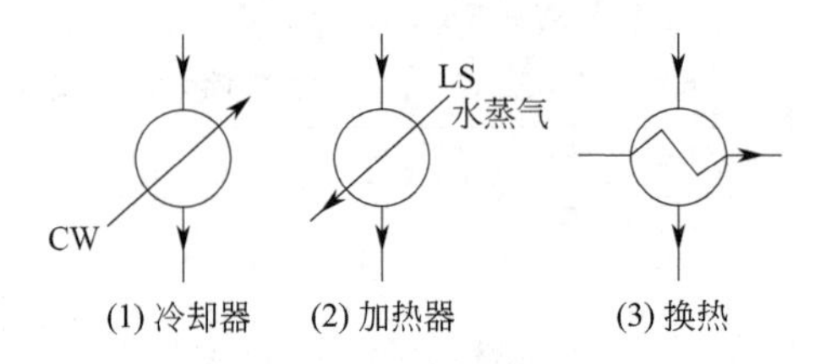

图 4-2　换热器的简化画法

物料流程图中的设备要统一编注位号，有时还需注明某些特性数据，位号的编写同一工程项目应一致。在物料流程图中还有一个重要的内容就是流程中各组分的数量、名称、流量（如 kg/h、m^3/h 等）等，这些内容可以用表格的形式标注在流程线上，用指引线将表格和流程线连接起来，指引线和表格线均用细实线来绘制。在一个流程图中可以有很多这样的表格。在图中列多个表格有困难时，可以在流程图的下方，由左至右按流程顺序逐一列表，以表达每一单元的物流组分，各组分的名称也可以代号表示。

4.3.2.3　绘制生产工艺流程图

生产工艺流程示意图的绘制在物料衡算前进行。生产工艺流程方框图的内容包括工序名称、完成该工序工艺操作手段（手工或机械设备名称）、物料流向、工艺条件等。在方框图中，应以箭头表示物料流动方向，其中以实线箭头表示物料从原料到成品的主要流动方向，细实线箭头表示中间产物、废料的流动方向。在生产工艺比较简单的情况下，生产工艺流程图也可以作为施工之用。在方框图中，以箭头表示物料流动方向，具体内容见图 4-3。

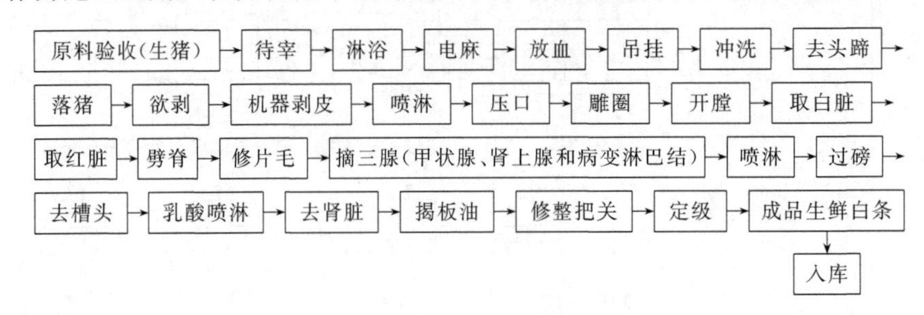

图 4-3　屠宰工艺流程图

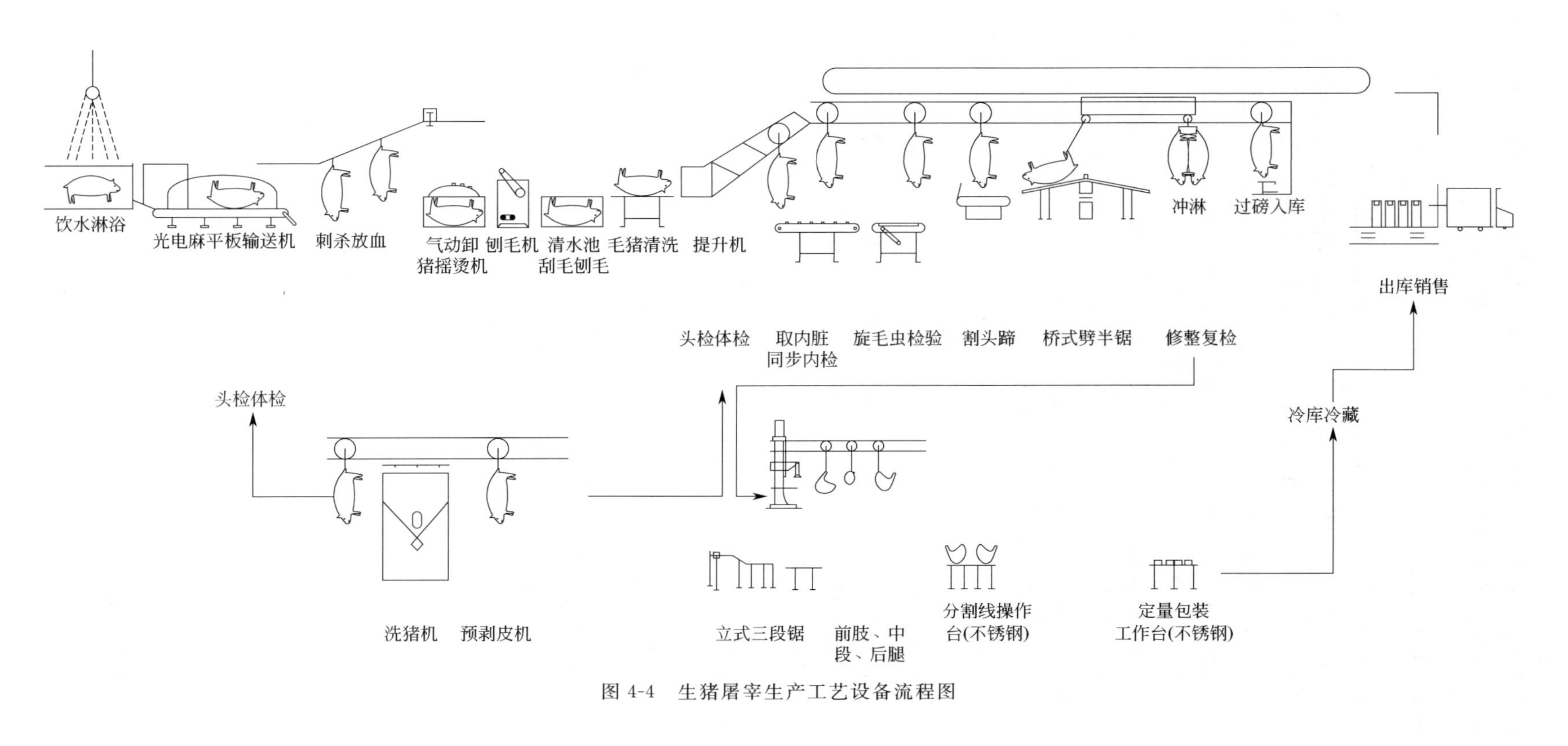

图 4-4　生猪屠宰生产工艺设备流程图

工艺流程示意图既可以用上述的方框图表述，也可以用简单的设备流程图表示。由于没有计算，绘图时的设备大小没有比例要求，见图 4-4，供参考。

4.3.2.4 生产工艺设备流程图

生产工艺设备流程图，也称为工艺管道及仪表流程图或控制点工艺流程图，是工程设计中的重要图种，与之配套的还有辅助管道及仪表流程图、公用系统管道及仪表流程图。它是以形象的图形、符号、代号表示食品加工设备、输送路线、控制仪表等，借以表达食品生产过程、设备先后配置和物料流向等的一种工艺流程图。在初步设计和施工图设计中均要提供这种图样。其由工艺专业和自控专业人员合作绘制而成，是设备布置、仪表测量、控制设计和施工的依据，也是施工安装、生产操作运行及检修的指南。

生产工艺设备流程图的画法是，将生产设备按生产流程顺序和高低位置在图面自左至右展开，表达出设备的基本形状特征（可按比例画，也可不按比例画），将设备的相对位置在图上表示出来。原料、辅料和介质流向用粗实线表示，表示不同介质流向的管线在图上不能相交，交接处要用细实线圆弧避开。图上的设备应注明设备名称或设备编号，还应列出设备编号表，表中注明设备编号所代替的设备名称、型号、规格和台数。

生产工艺流程图和生产工艺设备流程图并不是单独完成的，而必须同物料衡算、能量衡算、设备设计计算以及车间布置设计等交叉进行。因此，从事工艺设计时，必须全面、综合考虑，思路清晰，有条不紊，前后一致。只有这样，才能高质量地完成这项复杂又细致的设计任务。作为正式的设计成果，工艺流程图将被编入设计文件，供上级部门审批和今后施工使用。

生产工艺设备流程图案例见图 4-5，图 4-6。

(1) 一般规定

① 图幅。管道及仪表流程图的幅面一般采用 A1 图纸，横幅绘制，流程简单时也可采用 A2 幅面绘制。

② 比例。管道及仪表流程图不按比例绘制，一般设备（机器）图例只取相对比例。允许实际尺寸过大的设备（机器）比例适当缩小，实际尺寸过小的设备（机器）比例可适当放大。可以相对示意出各设备位置的高低。整个图面要协调、美观。

③ 相同系统的绘制方法。当一个流程中包括有两个或两个以上的相同系统时，可以只绘出一个系统的流程图，其余系统以细双点划线的方框表示，框内注明系统名称及其编号。当整个流程比较复杂时，可以绘制一张单独的局部系统流程图。在总流程图中，局部系统采用细双点划线方框表示，框内注明系统名称、编号和局部系统流程图图号。

④ 图线和字体。工艺管道及仪表流程图中工艺物料管道用粗实线，辅助管道用中粗线，其他用细实线。在辅助系统管道及仪表流程图中的总管用粗实线，其相应支管采用中粗线，其他用细实线。

管道及仪表流程图中的设备（机器）阀门、管件和管道附件都用细实线绘制（特殊要求者除外）。图线和字体的具体要求见表 4-6 和表 4-7。

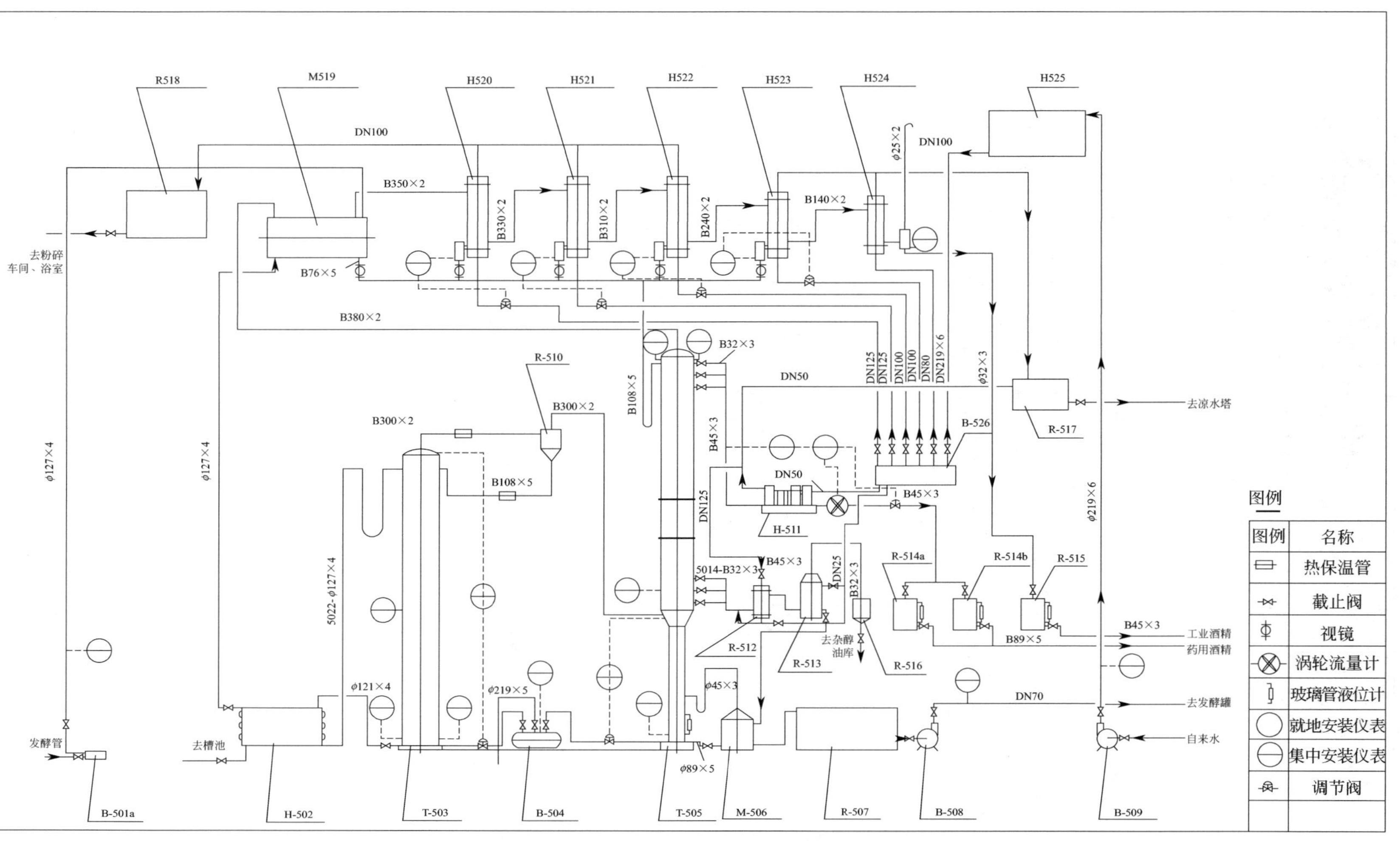

图 4-5 为初步设计阶段提供的带控点工艺流程图

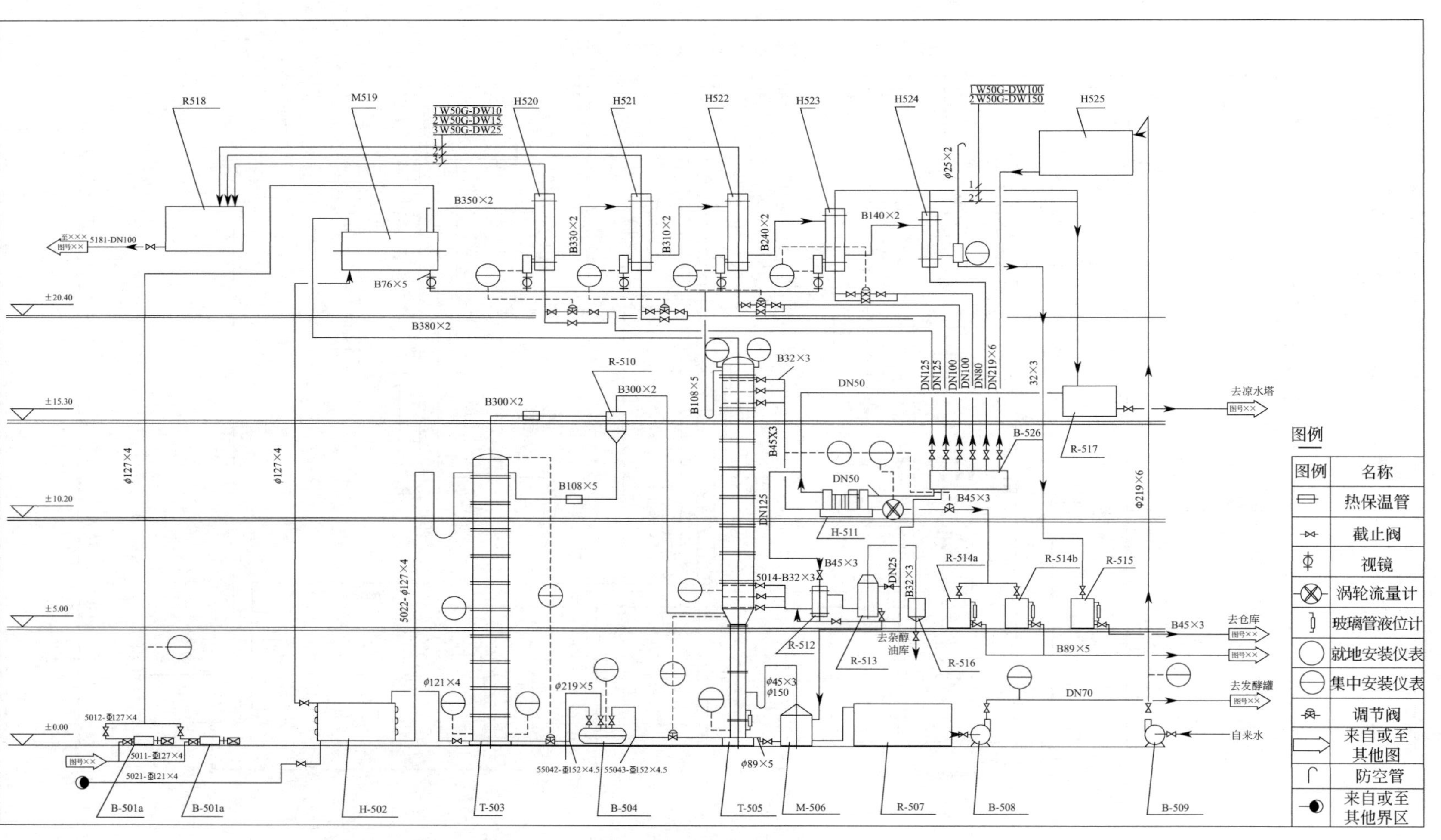

图 4-6　为施工图设计阶段提供的生产工艺设备流程图

表 4-6　流程图、设备管道布置图、管道轴测图、管件图、设备安装图的图线宽度

类别	图线宽度/mm		
	0.9～1.2	0.5～0.7	0.15～0.3
工艺管道及仪表流程图	主物料管道	其他物料管道	其他
辅助管道及仪表流程图	辅助管道总管	支管	其他
公用系统管道及仪表流程图	公用系统管道总管		
设备布置图	设备轮廓	设备支架	其他
设备管口方位图		设备基础	
管道布置图	单线管道	双线管道	法兰、阀门及其他
管道轴测图	管道	法兰、阀门、承插焊接、螺纹连接的管道	其他
设备支架图、管道支架图	设备支架及管架	虚线部分	其他
管件图	管件	虚线部分	其他

注：凡界区线、区域分界线、图形接续分界线的图线宽度均用 0.9mm。

表 4-7　字体要求表

书写内容	推荐字高/mm	书写内容	推荐字高/mm
图标中的图名及视图符号	7	图名	7
工程名称	5	表格中的文字(格子≥6mm 时)	5
图纸中的文字说明及轴线号	5	表格中的文字(格子<6mm 时)	3.5
图纸中的数字及字母	3、3.5		

注：图纸中地方不够时，数字与字高才允许使用 2.5mm；字宽度约等于字高度的 2/3。

(2) 生产工艺设备流程图的内容和深度

① 设备的表示方法

a. 设备的画法。

(a) 图形。设备、机器图形按设计规定《化工工艺设计施工图内容和深度统一规定》(HG/T 20519—2009) 绘制。设备在图上一般按比例用细线 ($b/3$) 绘制，画出设备的主要轮廓，如图 4-7(a) 所示。有时也画出具有工艺特征的内件示意结构（如塔板、填充物、冷却管、搅拌器等），可以用虚线绘制或用剖视形式表示，如图 4-7(b)、图 4-7(c) 所示。未规定的设备、机器的图形可以根据其实际外形和内部结构特征绘制，只取相对大小，不按实物比例。如有可能，设备、机器上全部接口（包括人孔、手孔、卸料口等）均画出，其中与配管有关以及与外界有关的管口（如直连阀门的排液口、排气口、放空口及仪表接口等）则必须画出。管口一般用单细实线表示，也可以与所连管道线宽度相同，允许个别管口用双细实线绘制。一般设备管口法兰可不绘制。对于需隔热的设备要在其相应的部位画出一段隔热层图例，必要时注出其隔热等级。有伴热者也要在相应部位画出一段伴热管，必要时可注出

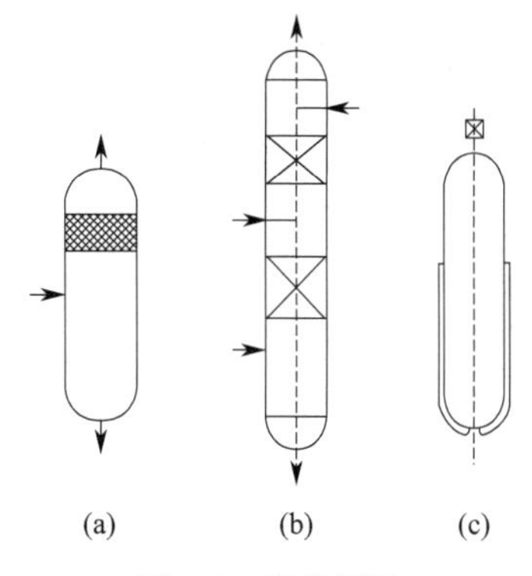

图 4-7　设备画法

伴热类型和介质代号。地上或地下设备在图上要表示出一段相关的地面。

(b) 相对位置。图中各设备（机器）的位置安排要便于管道连接和标注，其相互间物流关系密切者的高低相对位置与设备实际布置应相吻合。设备间的高低和楼面的相对位置一般按比例绘制。低于地面的，也要相应画在地平线以下，尽可能符合实际安装情况。有位差要求的设备，需注明其限定尺寸。设备的横向顺序应与主要物料管线一致，勿使管线曲折往返过多。设备间的横向间距，要合理布置，避免管线过长或过密。应避免因管线过长或过于密集而导致标注不便、图面不清晰的情况。目前国内除了对有位差要求的设备按相对位置绘制外，也有不按高低相对位置绘制的情况。

(c) 相同系统（或设备）的处理。两个或两个以上相同的系统（或设备），一般应全部画出，但也有只画出一套者。只画出一套时，被省略部分的系统（或设备），则需用双点画线绘出矩形框表示。框内注明设备的位号、名称，并绘出引至该套系统（或设备）的一套支管。如图 4-8 所示。

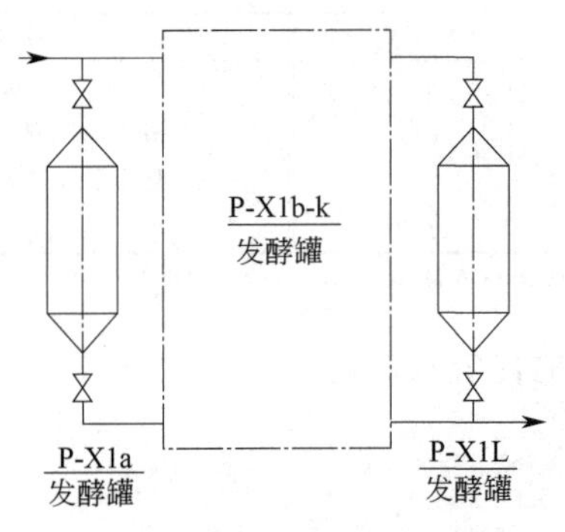

图 4-8　相同设备的表示方法

b. 设备的标注。设备在图上应标注位号（序号）和名称。设备位号一般在两个地方标注：一是在图的上方或下方，要求排列整齐，并尽可能正对设备，在位号线的下方标注设备名称；二是在设备内或其近旁，在设备近旁时要用指引线指示清楚。当几个设备为垂直排列时，它们的位号和名称可以由上到下按顺序标注，也可水平标注。

设备的标注方式，如图 4-9 和图 4-10 所示。图 4-9(a) 中水平线上方的“B-509a”为设备位号，设备位号可由设备分类代号、工段（分区）序号、设备序号等组成。设备分类代号的一般规定后续有介绍，可先参见表 4-9。同位号的设备在位号的尾端加注“a”“b”“c”等字样以示区别。如数量不止一台而仅画出一台时，则在位号中应予注全，如“225a-c”即表示该设备共有 3 台，如图 4-9(b) 所示。设备位号还有一种表示方法，如图 4-10 所示，设备名称注写在水平线下方，并需注意反映设备的用途。

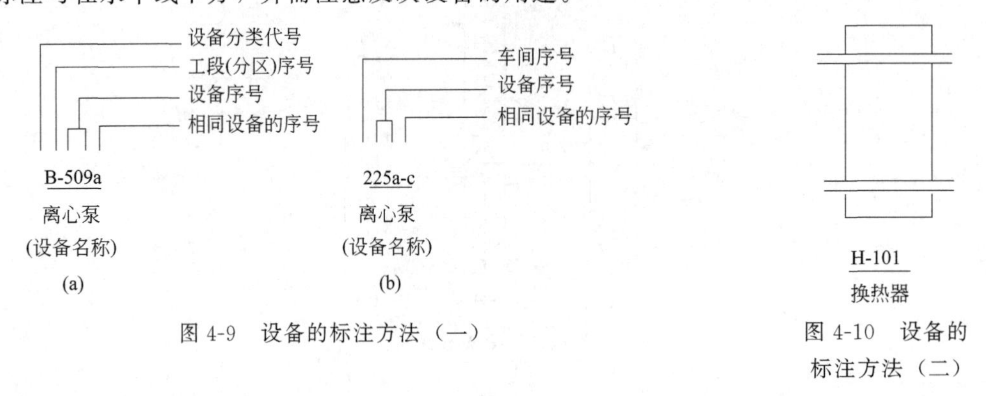

图 4-9　设备的标注方法（一）

图 4-10　设备的标注方法（二）

设备位号（序号）在整个车间（装置）内不得重复。施工图设计与初步设计中的编号应一致。如果施工图设计中设备有增减，则位号（序号）应按顺序补充或取消（即保留空号）。设备名称也应前后一致。

② 管道的表示方法

绘出和标注全部管道，包括阀门和管件。绘出和标注全部工艺管道以及有关辅助管道等。绘出和标注上述管道上的阀门、管件和管道附件（不包括管道之间的连接头，如弯头、三通、法兰等），但为安装和检修等原因所加的法兰、螺纹连接件等仍需绘出和标注。当辅助管道系统比较简单时，待工艺管道布置设计完成后，另绘制辅助管道及仪表流程图予以补充，此时流程图上只绘出与设备相连接位置的一段辅助管道（有时包括操作所需要的阀门等），如图 4-11 所示，图上各支管与总管连接的先后位置应与管道布置图一致。公用管道比较复杂的系统，通常还需另绘公用系统管道及仪表流程图。

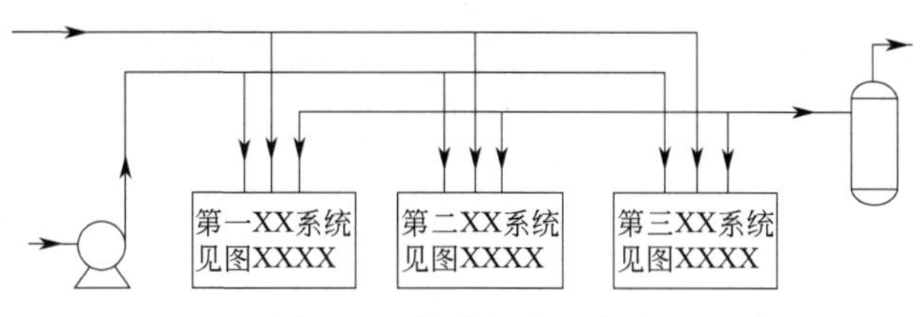

图 4-11　管道的表示方法

a. 管道的画法。工艺管道包括正常操作所用的物料管道、工艺排放系统管道、开停车和必需的临时管道。管道及仪表流程图中管道、管件、阀门及管道附件图例见表 4-8。本图纸与其他图纸有关时，一般将其端点截止在图的左方或右方，以空心箭头标出物流方向（入或出），注明管道编号或进出设备位号、主项号或装置号（或名称）及其管道及仪表流程图图号。

表 4-8　管道及仪表流程图中管道、管件、阀门及管道附件图例

名称	图例	备注
物料管道		粗实线
物料管道		中实线
引线、设备、管件、阀门、仪表等图例		细实线
可拆短管		
伴热(冷)管道		
电伴热管道		
夹套管		
管道隔热层		

续表

名称	图例	备注
翅片管	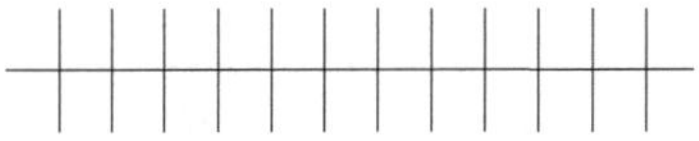	
柔性管		
管道连接		
管道交叉	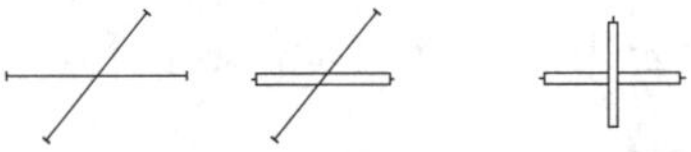	
地面		仅用于绘制地下半地下设备
管道等级、管道编号分界	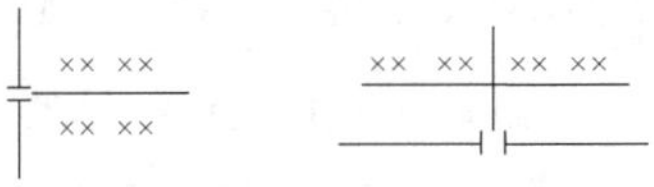 ×× ×× ×× ××	××××表示管道编号或管道等级代号
责任范围分界线	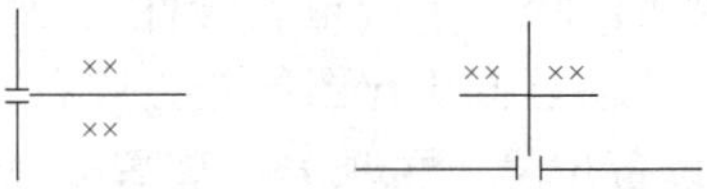 ×× ×× ×× ××	WE 随设备成套供应；B.B 买方负责；B.V 制造厂负责；B.S 卖方负责；B.I 仪表专业负责
隔热层分界线	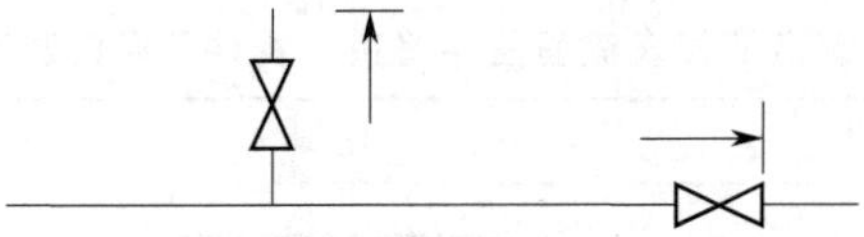	隔热层分界线的标示字母“X”与隔热层功能类型代号相同
伴热分界线	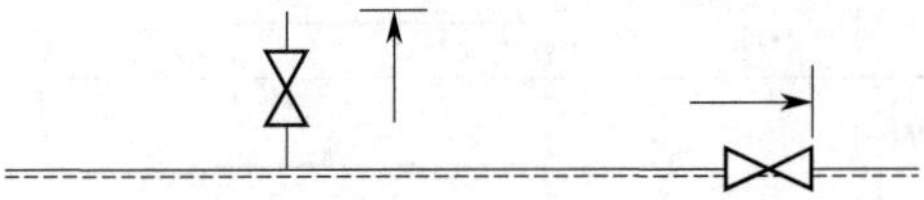	伴热分界线的标示字母“X”与伴热功能类型代号相同
流向箭头		
坡度	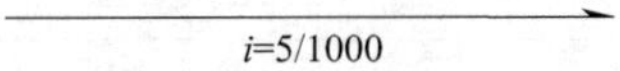 i=5/1000	
进出装置或主项的管道或仪表信号线的图纸接续标识，相应图纸编号填在实心箭头内	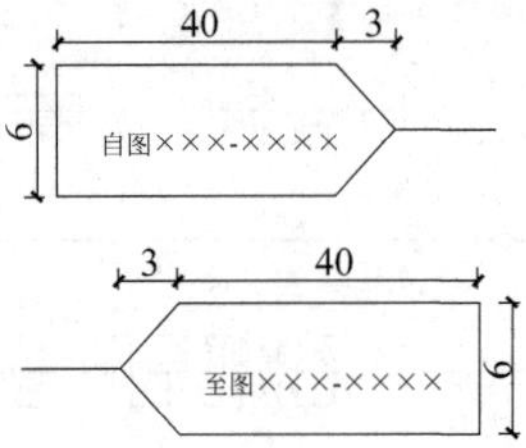 40 3 6 自图×××-×××× 3 40 6 至图×××-××××	尺寸单位 mm，在空心箭尖上方注明来或去的设备位号或管道号或仪表位号

续表

名称	图例	备注
取样、特殊管阀件的编号框	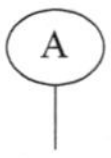   A　SV　SP	A：取样；SV：特殊阀门；SP：特殊管件圆直径 10mm
闸阀		
截止阀		
节流阀		
球阀	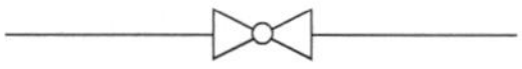	
旋塞阀		
隔膜阀		
角式截止阀		
角式节流阀		
角式球阀		
三通截止阀	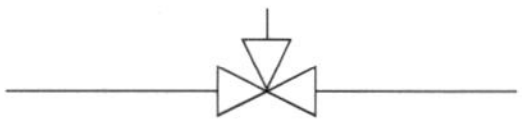	
三通球阀		
三通旋塞阀	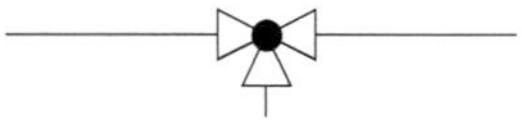	
四通截止阀	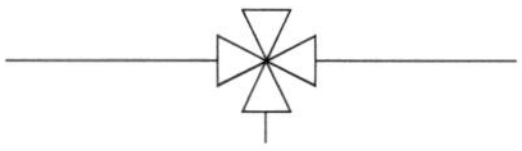	

续表

名称	图例	备注
四通球阀		
四通旋塞阀		
升降式止回阀		
旋启式止回阀		
蝶阀		
减压阀		
角式弹簧安全阀		阀出口管为水平方向
角式重锤安全阀		阀出口管为水平方向
疏水阀		
底阀		
直流截止阀		
呼吸阀		
阻火器		
视镜、视钟		
消声器		在管道中
消声器		放大气
阻流孔板	R0 多板　R0 单板	圆直径 10mm
爆破板		
喷射器		

续表

名称	图例	备注
文氏管	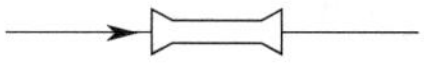	
Y形过滤器		
锥形过滤器	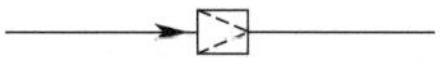	方框 5mm×5mm
T形过滤器	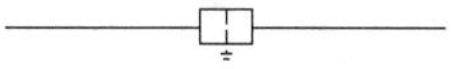	方框 5mm×5mm
罐式(篮式)过滤器	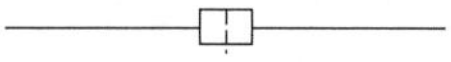	方框 5mm×5mm
管道混合器	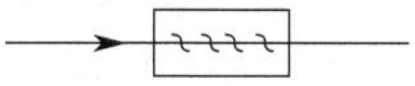	
膨胀节	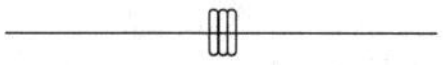	
喷淋管		
焊接连接		仅用于表示设备管口与管道为焊接连接
螺纹管帽	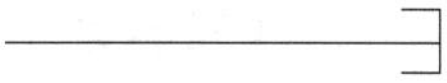	
法兰连接		
软管连接		
管端盲板	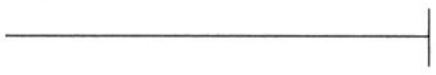	
管端法兰		
管帽	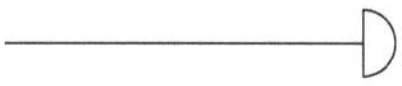	
同心异径管	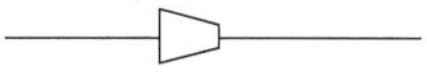	
偏心异径管		
圆形盲板		
8字盲板		
放空帽管		
漏斗		
鹤管		

续表

名称	图例	备注
安全淋浴管		
洗眼器		
常开阀门	C.S.O	未经批准，不得关闭（加锁或铅封）
常闭阀门	C.S.C	未经批准，不得开启

b. 管道的标注。每段管道上都要有相应的标注，即标注管道组合号，但下述内容除外：

(a) 阀门、管路附件的旁通管道，例如调节阀的旁路、管道过滤器的旁路、疏水阀的旁路、大阀门的开启旁路等。

(b) 管道上直接排入大气的放空管以及对地排放的短管，阀门直排大气无出气管的安全阀前入口管等，管道和短管连同它们的阀门、管件均编入其所在的（主）管道中。

(c) 设备管口与设备管口支连、中间无短管者（如重叠直连的换热器接管）。

(d) 直接连于设备管口的阀门或盲板（法兰盖）等，这些阀门、盲板（法兰盖）仍要在管道综合材料表中作为附件予以统计。

(e) 仪表管道。

(f) 卖方（或制造厂）在成套设计（机组）中提供的管道及管件等（卖方提供了管道及仪表流程图或管道布置图）。

管道及仪表流程图的管道标注内容应有四个部分，即管道号（管段号，由三个单元组成）、管径、管道等级和隔热或隔声，总称为管道组合号。管道号和管径为一组，用一短横线隔开，管道等级和隔热为另一组，用一短横线隔开，两组间留适当的空隙。一般标注在管道的上方。

在满足设计、施工和生产的要求并不会产生混淆和错误的前提下，管道号的数量应尽可能减少。

辅助和公用系统管道、室外管道的管道组合号均按上述方法编制。同一根管道在进入不同主项时，其管道组合号中的主项编号和顺序号均要变更。在图纸上要注明变更处的分界标志。

装置外供给的原料，其主项编号以接受方的主项编号为准。

放空和排液管道若有管件、阀门和管道，则要标注管道组合号。若放空和排液管道系排入工艺系统自身，其管道组合号按工艺物料编制。

一个设备管口到另一个设备管口之间的管道，无论其规格或尺寸改变与否，要编一个号；一个设备管口与一个管道之间的连接管道也要编一个号；各管道之间的连接管道也编一个号。

一个管道与多个并联设备相连时，若以管道作为总管出现，则总管编一个号，总管到各设备的连接支管也要分别编号；若此管不作为总管出现，一端与设备直连（允许有异径管），则此管到离其最远设备的连接管编一个号，与其余各设备间的连接管也分别编号。

外界管道作为厂区外管或编单独主项号时，其编号中的主项编号要按界外管道主项为准，当管道转折较多时，管道在标注时作适当重复，以便看图。管道上的物料流向，一般以箭头画在管线上。

③ 阀门与管件的表示方法

管道上的阀门、管件、管道附件的公称通径与所在管道公称通径不同时要注出它们的尺寸，如有必要还需要注出它们的型号。它们之间的特殊阀门和管道附件还要进行分类和编号，必要时以文字、放大图和数据表加以说明。

在管道上需用细实线画出全部阀门和部分管件（如视镜、阻火器、异径接头、盲板、下水漏斗等）的符号。管件中的一般连接件，如法兰、三通、弯头、管接头等，若无特殊需要均不予画出。竖管上的阀门在图上的高低位置应大致符合实际高度。

管道、管件、阀门和管道附件要按化工标准进行绘制，如表 4-8 所示。

④ 全部检测仪表、调节控制系统、分析取样系统的绘制和标注

绘出和标注全部与工艺有关的检测仪表、调节控制系统、分析取样点和取样阀（组）。其符号、代号和表示方法见首页图（后有介绍）规定并符合自控专业规定。

如图 4-12 所示，表示一个仪表控制点，包括图形符号、字母代号和数字编号，其中图形符号和字母代号组合起来，可以表示工业仪表处理的被测变量和功能，或表示仪表、设备、元件、管线的名称。字母代号和数字编号组合起来，就组成了仪表的位号。

a. 图形符号。检测、显示、控制等仪表在图上用 $b/3$ 细线圆（直径约 10mm）表示，如图 4-13(a) 所示，需要时允许圆圈断开，如图 4-13(b) 所示。仪表用 $b/3$ 的连接线指向工艺设备轮廓工艺管线上的测量点（包括检出元件、取样点），如图 4-14 所示。如果需标出测量点在工艺设备中的位置时，连接线应引到工艺设备轮廓线内适当的位置上，并在连接线的起点加一个直径约 2mm 的小圆，如图 4-15 所示。

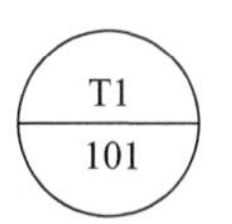

图 4-12　一个仪表控制点图形符号、字母代号和数字编号

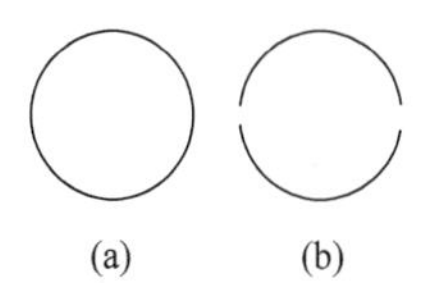

图 4-13　仪表的表示

图 4-14　测量点的表示

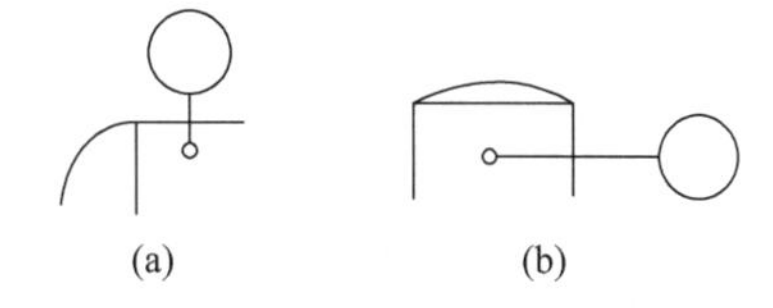

图 4-15　测量点的位置表示

仪表的安装位置也可用不同的符号来表示，如图 4-16 所示。更详细内容请参阅化工制图标准执行器的图形符号。执行器由执行机构和调节机构两部分组合而成，执行机构的图形符号如图 4-17 所示。在工艺管道及仪表流程图上，执行机构上的阀门定位器一般可不表示。

b. 仪表位号。在工艺管件及仪表流程图中，构成一个仪表回路的一组仪表可以用主要仪表的仪表位号或仪表位号的组合来表示，例如：TRC-131 可以代表一个装于第一工段、序号为 31 的温度记录控制回路。仪表位号的编制方法有两种，一种是只编回路的自然顺序号，另一种是工段号加仪表顺序号。在工艺管道及仪表流程图和自控专业绘制的仪表系统图

中，仪表位号的标注方法如图 4-10 所示。其字母代号填写在圆圈上半圆中，数字编号填写在圆圈的下半圆中。

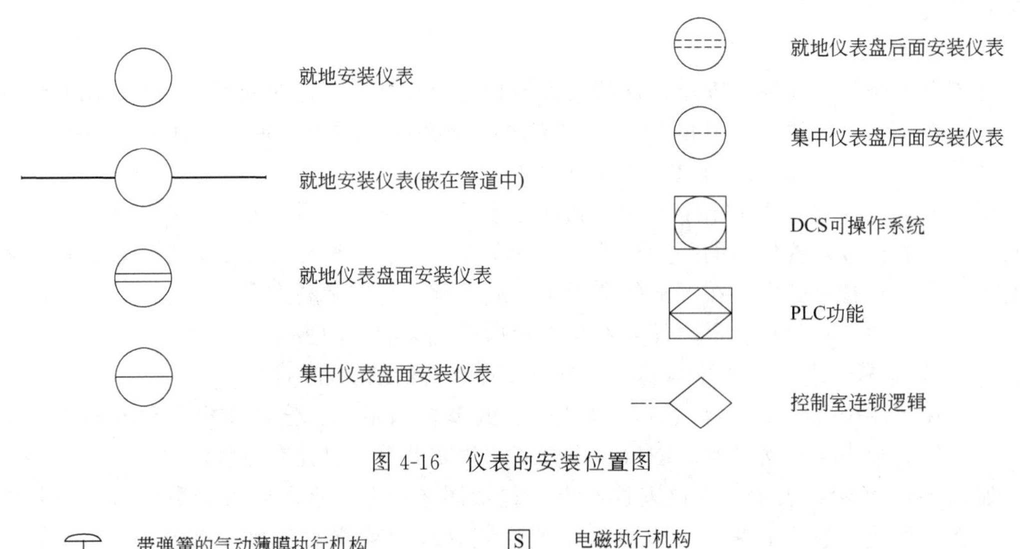

图 4-16　仪表的安装位置图

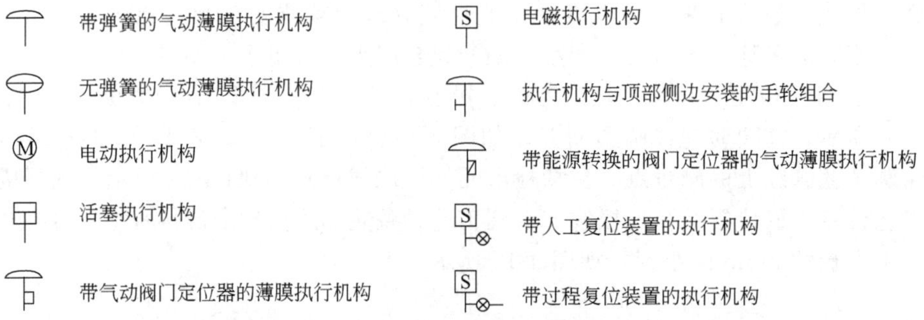

带弹簧的气动薄膜执行机构
无弹簧的气动薄膜执行机构
电动执行机构
活塞执行机构
带气动阀门定位器的薄膜执行机构
电磁执行机构
执行机构与顶部侧边安装的手轮组合
带能源转换的阀门定位器的气动薄膜执行机构
带人工复位装置的执行机构
带过程复位装置的执行机构

图 4-17　执行机构的图形符号

⑤ 设备位号

工艺管道及仪表流程图上的设备位号应与初步设计相一致，如要取消某一设备，则被取消的设备位号应留空，若某类设备需要增加，则所增设备应在该类设备原有的位号后继续顺序编号。每一设备均应编注一个位号。在流程图、设备布置图和管道布置图上标注位号时，应在位号下方画一条 0.6mm 宽的粗实线，线上方写位号，线下方在需要时可书写名称。

a. 设备分类代号。设备分类代号如表 4-9 所示。

表 4-9　设备分类代号

序号	分类	内容	代号
1	塔	填料塔、板式塔、喷洒塔	T
2	反应器	反应器、反应釜	R
3	工业炉	箱式炉、圆筒炉	F
4	火炬烟囱	火炬、烟囱	S
5	换热器	列管、套管、螺旋等各种换热器、蒸发器等	E
6	泵	各种形式泵	P
7	压缩机	压缩机、鼓风机	C
8	容器	贮槽、贮罐、高位槽、除尘器、分离器	V

续表

序号	分类	内容	代号
9	起重运输机械	各种起重机、输送机、提升机	L
10	称量机械	带式定量给料秤、地上衡	W
11	其他机械	压滤机、挤压机、混合机	M
12	动力机	电动机、内燃机、汽轮机	M、E、S、D

b. 主项代号。采用两位数字，从01开始编号。

c. 设备顺序号。采用两位数字01、02、03……表示。

d. 相同设备的尾号。区别同一位号的相同设备时，用英文大写字母A、B、C……尾号表示。

由制造厂提供的成套设备（机组）在工艺管道及仪表流程图上以双点划线框图表示出制造厂的供货范围。框图内注明设备位号，绘出与外界连接的管道和仪表线，如果采用制造厂提供的工艺管道及仪表流程图则要注明厂方的图号，也可以画出其简单的外形（参照设备、机器图例规定）及其与外部相连的管路，注明位号、设备或机组自身的管道及仪表流程图（依流程图另行绘制）图号。

若成套设备（机组）的工艺流程简单，可按一般设备（机组）对待，但仍需注出制造厂供货范围。一般对随成套设备（机组）一起供应的管道、阀门、管件和管道附件加文字标注由卖方提供（也可加注英文字母B、S表示）。

⑥ 特殊设计要求

对一些特殊设计要求，可以在管道及仪表流程图上加注说明或者加简图说明。

设计中设备（机器）、管道、阀门、管件和管道附件相互之间或其本身可能有一定特殊要求，这些要求均要在图中相应部位予以表达出来。这些特殊要求一般包括下面内容。

a. 特殊定位尺寸设备间对高差有要求的，需注出其最小限定尺寸。

液封管应注出其最小高度，其位置与设备（或管道）有关系时，应注出所要求的最小距离。异径管位置有要求时，应标注其定位尺寸；管道的长度必须限制时，也需注出其长度尺寸限度。支管与总管连接，对支管上的阀门位置有特殊要求时，应标注尺寸。支管与总管连接，对支管上的管道等级分界位置有要求时，应标注尺寸和管道等级。对安全阀入口管道压降有限制时，要在管道近旁注明管道长度及弯头数量。

对于火炬、放空管最低高度及对排放点的低点高度有要求时，均应标注出来。

b. 流量孔板前后直管段长度要求。

c. 管线的坡向和坡度要求。

d. 一些阀件、管件或支管安装位置的特殊要求，某些阀门、管件的使用状态要求。

e. 其他一些特殊设计要求。

对于上述这些特殊要求应加文字、数字注明，必要时还要有详图表示。

⑦ 附注

设计中一些特殊要求和有关事宜在图上不宜表示或表示不清楚时，可在图上加附注，采用文字、表格、简图加以说明。

(3) 标题栏

标题栏的规格与设备布置图、管道布置图等基本相同。有关部门正在考虑将化工工艺、化工设备、自控、土建等所有专业图纸的标题栏制订统一规格。在未正式统一之前，允许各专业、各部门暂按各原有规格使用。

4.3.2.5 首页图

在工艺设计施工图中，将设计中所采用的部分规定以图表形式绘制成首页图，以便更好地了解和使用各设计文件，首页图包括以下内容：

① 工艺管件及仪表流程图中所用的图例、符号、设备位号、物料代号和管道编号等。

② 装置及主项的代号和编号。

③ 自控（仪表）专业在工艺过程中所采用的检测和控制系统的图例、符号、代号等。

④ 其他有关需要说明的事项。

首页图可以作为物料流程图、管道及仪表流程图、设备布置图和管道布置图之共用，位于整套施工图之首。

4.3.2.6 设备一览表

在施工图设计中一般需要单独设计一张设备一览表。表中内容，一般应包括序号、设备在流程图中的位号、设备名称、设备规格型号、数量、质量、配备功率等，有时还需要有材料、防腐、保温、设备图号、管口方位图号等栏目。设备一栏表中应包括装置内所有工艺设备及与工艺有关的辅助设备。一般把设备分为定型和非定型两大类，编制设备一览表时也可按此两类分别填写，非定型设备在先。

4.3.3 工艺流程的确定

尽管食品工厂的类型很多，比如泡菜食品工厂、速冻食品工厂等，而且在同一类型的食品工厂中产品品种和加工工艺也各不相同，但在同一类型的食品工厂中的主要工艺过程和设备基本相近。必须指出，为了保证食品产品的质量，对不同品种的原料应选择不同的工艺流程。另外，即使原料品种相同，如果所确定的工艺路线和条件不同，不仅会影响产品质量，而且还会影响到工厂的经济效益。

4.3.3.1 生产工艺流程确定注意事项与工艺论证

在确定生产流程时，必须注意下列各点。

(1) 产品配方

说明主要产品的生产加工配方。

(2) 原料要求

① 说明主要原料的标准要求及验收方法。

② 说明各种辅助材料的品种及主要要求。

(3) 生产工艺

按工艺流程顺序详细说明各加工操作环节的要求、工艺参数及具体的操作方法。

(4) 产品标准及质量控制

① 产品的国家、地方或行业标准，如果没有相关标准，要制定企业标准，并报技术监督部门审批备案。

② 生产环节质量控制要点、控制要求及采用方法。

③ 国家强制市场准入认证质量安全（QS），国家推荐危害分析与关键控制点（HACCP）、ISO 9000 等质量认证。

在确定主要产品生产工艺流程时，除考虑按上述注意点外，还需对生产工艺条件进行论证，说明在工艺设计中所确定的生产工艺流程及其生产条件是最合理的、最科学的。工艺论证主要包括以下三方面的内容。

a. 某一单元操作在整个工艺流程中的作用和必要性，它将会对前后工段所产生的影响，并从工艺、设备以及对原料的加工利用角度，从理化、生化、微生物以及工艺技术的原理进行阐述。

b. 论述采用何种方法或手段来实现其工艺目的，即采用哪种类型的设备，先进程度如何，加工过程中对物料的影响如何。

c. 当设备形式选定后，要对工艺参数的确定进行论证，论证不同形式的设备，不同的工艺方法，将会执行不同的工艺参数，论述选定的工艺参数对原料、成品品质的影响，可操作性如何，加工过程中的安全性如何，连续性和稳定性如何。

以上三个方面的论证都是建立在成熟工艺条件基础之上的，所有工艺参数都应是经过规模型生产实践的检验得出来的。工艺论证除要进行以上三方面的论证外，最重要的还要进行安全性方面的论证。

4.3.3.2 食品生产工艺流程案例

在生产工艺比较简单的情况下，生产工艺流程图也可以作为施工之用。在方框图中，以箭头表示物料流动方向，具体内容见图 4-18、图 4-19。

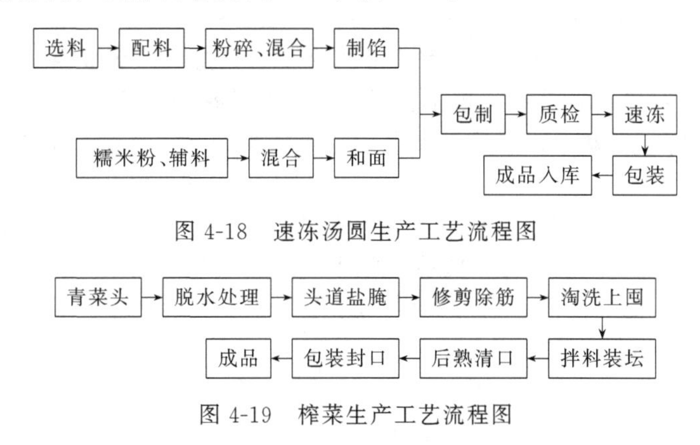

图 4-18 速冻汤圆生产工艺流程图

图 4-19 榨菜生产工艺流程图

4.3.4 工艺流程的说明

4.3.4.1 速冻汤圆生产工艺流程说明

(1) 原料选择与标准

① 糯米：色泽正常，无霉变、异味、杂质；

② 粳米：色泽正常，无霉变、异味、杂质；

③ 赤豆：要求颗粒饱满，无虫眼；

④ 桂花酱：符合食品卫生标准；

⑤ 单甘酯：食用级，单甘酯具有乳化、分散、稳定、抗淀粉化作用，使汤圆馅心内的游离水分变成结合水分，不易生成冰晶体而呈融溶状态；

⑥ 褐藻胶：食用级，褐藻胶为亲水性分子，具有强的水合性、黏结性，使馅心水分难以生成冰结晶。

(2) 馅料制作（以豆沙馅为例）

① 选料：选择无虫害、无明显机械杂质的赤豆，用洁净的水洗净赤豆，除去杂质；

加水（每千克赤豆加水 1.5～3kg）煮豆，先旺火后文火；将煮熟的赤豆放入取沙机中，开动机器，湿豆沙沉入桶底，再经过铜筛，入笼挤干水分的干沙块可采用手工去皮取沙，将煮熟的赤豆放在铜筛中，加水搓擦去皮，豆沙沉入桶底，滤去清水，将豆沙放入袋中挤干即成。

② 配料：加糖、加油，将锅内的猪油烧熟，倒入白糖炒化熬开，糖、沙的质量比一般为 1∶(1～1.5)。

③ 炒制、混合：当糖发稠表面起小泡时，即放入豆沙搅匀，炒至豆沙中的水分基本蒸发变干，浓稠不粘手，趁热倒入花酱拌匀即成豆沙馅。在炒制中应注意，炒制豆沙宜用文火，使水分充分挥发，豆沙充分吸收糖、油，色泽由红变黑，硬度和面团接近，炒沙时要不停地擦锅底搅炒，以免炒焦而产生苦味。

④ 制馅：在豆沙馅中添加适量的单甘酯和褐藻胶，使馅心呈熔融状，制得的豆沙馅色泽紫黑油亮，软硬适中、口感细腻、爽口，无焦苦味。

(3) 面团制作

① 制米粉：制作汤圆一般采用水磨粉。水磨粉以糯米为主（占 80%～90%），掺入 10%～20% 粳米，经淘洗，冷水浸透，连水带米一起磨成粉浆，然后装入布袋，挤出水分即成水磨粉。

② 调制面团：常用的面团调制方法有 2 种，煮芡法和热烫法。

煮芡法：取水磨粉总用量的 1/3，用适量的冷水拌成粉团，塌成饼状，投入适量的沸水中煮成“熟芡”，再将其余的粉料一起揉搓到细洁、光滑有劲、不粘手为止。

热烫法：将米粉置于盆中，加适量沸水，搅拌、揉搓至面团表面光洁。

(4) 包制

将米粉面团下剂子，搓圆。先捏成半圆球形的空心壳（中间稍厚，边口稍薄，形似小锅），称为“捏皮”；包豆沙馅，把口收拢、收小，封口包死，掐去剂头，然后两手托起，搓成圆形，称“捏窝”。要求：馅心包在中间，皮厚薄均匀。要求包口紧而无缝，大小均匀一致且将同级的汤圆装入冷冻盘中。

(5) 速冻

温度控制在−35～−32℃，时间 20min。

(6) 包装

分 250g 及 500g 食品塑料袋或盒装；要求封口紧密，无异物，包装表面洁净。

(7) 成品入库

温度控制在−18℃。

4.3.4.2 榨菜产品生产工艺流程说明

(1) 原料的选择

① 主要原料：以青菜头（茎用芥菜）为加工榨菜的主要原料。一般以质地细嫩紧密，纤维质少，皮薄，菜头突起物圆钝，整体呈圆形或椭圆形，单个重 150g 以上，含水量低于 94%，可溶性固形物含量 5%以上，无病虫害、空心、抽薹者为佳。以立春前后至雨水采收的青菜头品质好，成品率高。

② 辅料：食盐、辣椒面、花椒、混合香料末（其中：八角 45%、白芷 3%、山柰 15%、桂皮 8%、干姜 15%、甘草 5%、沙头 4%、白胡椒 5%）。

(2) 脱水

① 搭架。架地选择河谷或山脊，风力风向好，地势平坦宽敞的碛坝，务必使菜架全部

能受到风力吹透。架子一般用棕木、脊绳等材料搭成“八”字形。

② 晾晒。采收后的青菜头应及时进行晾晒，先去其叶片及基部的老梗，对切（大者可一切为四），切时应注意均匀，老嫩兼备，青白齐全，切面朝外，青面朝里，将切好的菜头用长2m左右的竹丝或聚丙烯塑料丝从切块两侧穿过，称排块穿菜。穿满一串，两头竹丝回穿于菜块上锁牢，每串4～5kg，要使菜块易干不易腐，受风均匀，又保本色。一般风脱水7～10d，用手捏感其周身柔软无硬心，晒干后的菜块要求无腐烂、无黑麻斑点、无空花及棉花包或发梗，有则除之，整理后再进行下一步生产。

(3) 腌制

晒干后的菜块下架后应立即进行腌制。在生产上一般分为三个步骤，其用盐量是决定品质的关键。一般100kg干菜块用盐13～16kg。

第一次腌制：100kg干菜块可用盐3.5～4.0kg，以一层菜一层盐的顺序下池（下层宜少用盐），用人工或机械将菜压紧，经过2～3d，起出上囤去明水（实际上是利用盐水边淘洗，边起池，边上囤），第一次腌制后称为半熟菜块。

第二次腌制：将池内的盐水引入贮盐水池，把半熟菜仍按100kg半熟菜块加7～8kg盐，一层菜一层盐放入池内，用机械或人工压紧，经7～14d腌制后，淘洗、上囤，上囤24h后，称为毛熟菜块。

第三次加盐是装坛时进行的。

(4) 修剪除筋

用剪刀仔细剔净毛熟菜块上的飞皮、叶梗基部虚边，再用小刀削去老皮、黑斑烂点，抽去硬筋，以不损伤青皮、菜心和菜块形态为原则。

(5) 整形分级

按菜块标准认真挑选，按大菜块、小菜块、碎菜块分别堆放。

(6) 淘洗上囤

将分级的菜块用澄清的盐水或新配制的含盐量为8%的盐水人工或机械淘洗，除去菜块上的泥沙污物，随即上囤压紧，24h后流尽表面盐水，即成为净熟菜块。

(7) 拌料装坛

按净熟菜块质量配好调味料。食盐按大、小、碎菜块分别为6%、5%、4%，红辣椒面（即辣椒末）1.1%，花椒0.03%及混合香料末0.12%。混合香料末的配料比例为八角45%、白芷3%、山柰15%、桂皮8%、干姜15%、甘草5%、沙头4%、白胡椒5%，事先在大菜盆内充分拌和均匀，再撒在菜块上均匀拌和，务必使每一菜块都能均匀沾满上述配料，随即进行装坛。每次拌和的菜不宜太多，以200kg为宜。太多了，装坛来不及，食盐会溶化，反而不利于装坛。因装坛又加入了食盐，因此称为第三道加盐腌制。若制作方便榨菜，因后续工艺中需要切分后脱盐，则可只添加食盐，而不拌和其他辅料。

盛装榨菜的坛子必须两面上釉无砂眼，坛子应先检查不漏气，再用沸水消毒抹干，将已拌好的毛熟菜块装入坛内，要层层压紧。一般装坛时地面要先挖有装坛窝，形状似坛的下半部，但要大一点，深约坛的3/4，放入空坛时，四周要放入稻草，将坛放平放稳，以使装坛时不摇晃，装入菜时用擂棒等木制工具压紧，一坛菜分3～5次装，压紧以排除空气，装至坛颈为止，撒红盐层每坛0.1～0.15kg（红盐：100kg盐中加入红辣椒面2.5kg混合而成）。在红盐上交错盖上2～3层玉米皮，再用干萝卜叶覆盖，扎紧封严坛口，即可存放后熟。

(8) 后熟清口

刚装坛的菜块还是生的，鲜味和香气还未形成，经存放在阴凉干燥处后熟一段时间，生味消失，色泽变蜡黄，鲜味及清香气开始显现。后熟期一般至少需要两月以上，时间延长，品质会更好。后熟期中会出现“翻水”现象，即坛口菜叶逐渐被上升的盐水浸湿，进而有黄褐色的盐水由坛口溢出坛外，这是正常现象，是由坛内发酵作用产生气体或口温升高菜水体积膨胀所致。每次翻水后取出菜叶并擦净坛口及周围菜水，换上干菜叶扎紧坛口，这一操作称为“清口”。一般清口两次，直到不再翻水时即可封口。

(9) 封口装篓

封口有水泥砂浆（水泥∶河沙＝2∶1），加水拌和后涂敷坛口，中心打一小孔，以利气体排出。此时榨菜已初步完成后熟，可在坛外标明毛重、净重、等级、厂名和出厂日期，外套竹篓以保护陶坛，出厂运销。

4.4 物料衡算

4.4.1 物料衡算的意义

物料衡算是食品工艺设计的重要组成部分，是为了确定食品生产过程中各种主要物料的采购运输量和仓库贮存量，并为计算生产过程中所需设备规格及数量、劳动力定员与包装材料等的需要量提供依据和参考。物料衡算主要包括该产品的原辅料计算和包装材料等计算，具体计算食品工厂生产中各个环节选用原料、加入辅料、处理加工、使用包装材料以及生产成品等全部过程中的量的变化。计算物料时，必须使原料、辅料的量与加工处理后成品量和损耗量相平衡，投入的辅料按正值计算，物料损失以负值计算，计算出原料和辅料的消耗定额，绘制出原料、辅料耗用表和物料平衡图。

根据物料衡算结果，可进一步完成下列的设计，主要包括：确定生产设备的容量、个数和主要尺寸，开展工艺流程设备图的设计，进行水、蒸汽、热冷用量等的衡算；开展车间布置、运输量、仓库贮存量、劳动定员、生产班次、成本核算及管线的设计。

4.4.1.1 物料衡算的指标

物料衡算的基本资料是“技术经济定额指标”，即各工厂在生产实践中积累起来的经验数据，基本上是大量生产企业长期生产数据的总结，但是，这些数据因地区、条件等差别及机械化程度和原料品种、成熟度及操作条件等的不同而不尽相同，并根据实际情况进行适当的修正。

4.4.1.2 物料衡算的作用

① 取得原料、辅材料的消耗量及主、副产品的得率。

② 为热量衡算、设备计算和设备选型提供依据。

③ 是编制设计说明书的原始资料。

④ 帮助制订最经济合理的工艺条件，确定最佳工艺路线。

⑤ 为成本核算提供计算依据。

4.4.1.3 物料衡算的依据

① 生产工艺流程示意图。

② 所需的理化参数和选定的工艺参数，成品的质量指标。

4.4.1.4 物料衡算的结果

① 加入设备和离开设备的物料各组分名称。
② 各组分的质量。
③ 各组分的成分。
④ 各组分的 100%物料质量（即干物料量）。
⑤ 各组分物料的相对密度。
⑥ 各组分物料的体积。

4.4.1.5 物料衡算的方法

一般老厂改造就按该厂原有的技术经济定额为计算依据；新建厂则参考相同类型、相近条件的工厂的有关技术经济定额指标，再以新建厂的实际情况做修正；或者通过实验、中试和试生产过程进行统计和计算得出，并在实际正式生产过程中进行修订。物料衡算可以全厂、全车间、某一生产线、某一产品，在一年、一个月、一日、一个班次或单位小时所需物料数量，也可以单位批次的物料数量，可以以“班”产量产品为基准，也可以一“班”使用的一种主要原料为基准，利用各种定额指标，计算出需配用的各种辅料及包装材料、生产多少产品等。

一般新建食品工厂的工艺设计都以“班”产量为基准进行物料计算。计算公式如下：

每班耗用原料量(kg/班)＝单位产品耗用原料量(kg/t)×班产量(t/班)

每班耗用各种辅料量(kg/班)＝单位产品耗用各种辅料量(kg/t)×班产量(t/班)

每班耗用包装容器量(只/班)＝单位产品耗用包装容器量(只/t)×班产量(t/班)×(1＋0.1%)(0.1%是包装容器的一般损耗量)

以上仅指一种原料生产一种产品的计算方法，如一种原料生产两种以上产品时，则需分别求出各产品的用量，再汇总求总量。另外，在物料计算时，也可用原料利用率作为计算基础，通过各厂生产实际数据或试验，根据用去的材料和所得成品，算出原料消耗定额。

4.4.1.6 物料衡算的步骤

物料衡算法是在以产品的配方及原料利用率和中间产品的物料质量分配比率基本已知条件下才能进行的计算方法。物料衡算的基本依据是质量守恒定律，即引入系统（或设备）操作的全部物料质量必等于操作后离开该系统（或设备）的全部物料质量和物料损失之和。因此，在进行物料衡算时，必须遵循一定的方法步骤。对于较复杂的物料衡算，通常可按下述步骤进行：

① 弄清计算的目的要求。要充分了解物料衡算的目的要求，从而决定采用何种计算方法。

② 绘出工艺流程示意图，明确生产工艺与详细过程。为了使计算方便，一般采用框图和线条图画出工艺流程图，表达方式宜简单，但代表的内容应准确、详细。把主要物料（原料或主产品）和辅助物料（辅助原料或副产品）在图上标示清楚，并尽可能标出各物料的流量、组成、温度和压力等参数。

③ 收集设计基础数据和有关常数。需收集的数据资料一般应包括：生产规模，班产量，年生产天数，原辅料和产品的规格、组成及质量，原料的利用率，等。

④ 确定工艺指标及消耗定额等。设计所用的工艺指标、原材料消耗定额及其他经验数据，可根据所用的生产方法、工艺流程和设备，对照同类型生产工厂或前期中试或试生产等的实际水平来确定，这必须是先进而又可行的，它是衡量企业设计水平高低的标志。

⑤ 选定计算基准。计算基准是工艺计算的出发点，选择正确，能使计算结果正确，而且可使计算结果简化。应该根据实际生产过程特点，选定统一的基准，常用的基准有：

a. 以单位时间产品量或单位时间原料量作为计算基准。这类基准适用于连续操作过程及设备的计算。如饮料工厂设计，可以每小时所需原料量（kg）或每小时产饮料量（kg）为计算基准。

b. 以单位质量、单位体积或单位物质的量的产品或原料为计算基准。对于固体或液体常用单位质量（t 或 kg），对于气体常用单位体积或单位物质的量（L，m^3 或 mol)，热量一般以焦耳（J）为单位。例如啤酒工厂物料衡算，可以 10kg 原料出发进行计算或以 100L 啤酒出发进行计算。

c. 以加入设备的一批物料量为计算基准。如啤酒生产，味精、酶制剂、柠檬酸生产，均可以投入糖化锅、发酵罐的每批次物料量为计算基准。

上述 a 和 b 类基准常用于间歇操作过程及设备的计算。

⑥ 由已知数据，根据物料衡算式进行物料衡算。根据物料衡算式和待求项的数目列出数学关联式，关联式数目应等于未知项数目。当关联式数目小于未知项数时，可用试差法求解。

⑦ 校核与整理计算结果，列出物料衡算表，包括：进入和离开设备的各物料名称、各物料的组成成分、100%物料量（即干物料量)、密度和体积等。

⑧ 绘出物料流程图。根据计算结果绘制物料流程图。物料流程图能直观地表明各物料在生产工艺过程的位置和相互关系，比较简单、清楚。物料流程图要作为正式设计成果，编入设计文件，以便于审核和设计施工。

4.4.1.7 物料衡算实例

(1) 产品原料利用率实例

以下列举了部分食品原料利用率表以及几种食品的原辅料消耗定额表，见表 4-10～表 4-12，供参考。

表 4-10 50 件（即 1000 袋）自立袋八宝粥（规格：1×300g×20 袋）产品原料用量与利用率

名称	白糯米	麦仁	红米	东北米	薏米	绿豆	红豆	花豇豆	红芸豆	花生米	桂圆肉
净用量/kg	8.1	8.1	2.0	4.1	0.82	2.0	6.1	2.0	4.1	2.9	1.44
利用率/%(挑选中)	95	98	98	98	95	98	92	98	95	98	98
处理后得率/% (清洗、浸泡等)							118			105	103
其他物料	料液:需 255kg(一锅料液加水 100kg 计) 粥袋:1010 个(含次品 1%) 包装箱(含十字隔板):50 套										

(2) 产品物料衡算表实例

以 100kg 蜜橘原料进行罐头加工为例进行物料衡算，见表 4-11。

$$\sum G_{投入}=原料蜜橘(100kg)+糖水(36.26kg)$$

$$\sum G_{产品}=合格产品(255 罐,物料量 102kg)$$

$$\sum G_{流失}=原料蜜橘损失(2.76kg)+其他损失(1.5kg)$$

表 4-11 蜜橘罐头原料物料衡算表

工艺过程	原料处理前	原料损失量	原料处理后	备注
原料蜜橘	100kg	6kg	94kg	霉烂果、病虫果、机械损伤等损失
前处理	94kg	19.74kg	74.26kg	去皮、去橘络、分瓣、去囊衣
整理	74.26kg	6.68kg	67.58kg	去除不合格蜜橘瓣
装罐	67.58kg	0.52kg	103.32kg(含加糖水量 36.26kg)	每罐 0.4kg
排气密封	103.32kg	1.12kg	102.2kg	258 罐
杀菌、冷却	102.2kg	0.2kg	102kg	255 罐
保温检验进仓	102kg	0kg	102kg	255 罐
装箱	102kg	0kg	102kg	21.25 箱 产品出厂率 66.3%

通过以上的原辅料计算用量，折算成每 100kg 成品投料量，计算时可以“班”产量为基准，计算投料量。蜜橘罐头物料衡算见表 4-12。

表 4-12 蜜橘罐头物料衡算表

物料名称		100kg 成品投料/kg	单班 8h 投料/kg	日投料/kg	年投料/kg
蜜橘		98.03	784.24	2352.72	705816
糖水	砂糖(5%)	1.77	14.17	42.17	126251
	水(95%)	34.49	275.93	827.79	248337
玻璃罐/个		255(含损耗)	2040	6120	1836000
罐盖/个		255(含损耗)	2040	6120	1836000
标签/个		255(含损耗)	2040	6120	1836000
包装箱/个		21(含损耗)	168	504	151200
备注		通过上例结果折算	按每小时加工 100kg 成品计算	按 3 个单班计算	按每年加工期 300d 计算

4.4.2 用水量计算

在食品生产中水是必不可少的物料，食品生产用水量的多少随生产性质和产品种类等多种因素的不同而异。需根据不同食品生产中对水的不同需求以及食品生产工艺、设备或规模不同对其用水量进行计算。估算车间用水量的目的：向给水设计提供用水要求，作为给水设计的依据；作为车间管道设计的依据；作为成本核算的依据；也可为供水、供汽管道的管径选择，管道的保温及水处理设备锅炉选择提供依据。

食品工厂用水量的估算方法有三种：按单位产品耗水耗汽量定额来估算，按水的不同用途分项估算，采用计算的方法来估算。

4.4.2.1 用单位产品耗水耗汽量定额进行估算

这种方法简便，即根据目前我国相应食品工厂的生产用水量经验数值来估算生产用水量。但这是一个粗略的估算，因为单位产品的耗水、耗汽定额因地区（南北）不同，原料品种差异及设备条件、生产能力大小以及工厂管理水平和职工素质等工厂实际情况的不同而有着较大幅度的变化。同类食品工厂的技术经济指标会因此产生较大幅度的差异。如：每生产 1t 肉类罐头，用水量在 35t 以上；每生产 1t 啤酒，用水量在 10t 以上（不包括麦芽生产）；每生产 1t 软饮料，用水量在 7t 以上；每生产 1t 全脂奶粉，用水量在 130t 以上等。表 4-13 列出了我国部分罐头食品生产和乳制品生产的单位产品耗水量，可供参考。

表 4-13　部分乳制品每吨成品工艺耗水量

产品	耗水量/(m^3/t,以成品计)	产品	耗水量/(m^3/t,以成品计)
灭菌乳	1.5～2	全脂无糖炼乳	20～25
酸牛奶	5.5～6	全脂加糖炼乳	18～22
巴氏杀菌乳(瓶装)	3～4	奶油	28～35
全脂乳粉	25 ～30	冰激凌	4～5

注：表内所列数据仅为车间耗水量，不包括生活设施及冷库的用水量。

另外在生产过程中会按生产规模拟定给水、给风能力。一个食品加工厂要设置多大的给水供汽能力，主要是根据生产规模，特别是班产量的大小而定。用水量与产量有一定的比例关系，但不一定成正比。一般来说班产量越大，单位产品的平均耗水量会越低，给水能力因而相应降低。

表 4-14 和表 4-15 列举乳品方面的部分产品，按一定的生产规模推荐设置的给水供汽能力。

表 4-14　部分乳制品推荐的给水能力

成品类别	班产量/(t/班)	推荐给水能力/(t/h)
乳粉、甜炼乳	5	15～20
奶油	10	28～30
	15	57～60
消毒乳、酸奶	5	10～15
冰激凌、奶油	10	18～25
干酪素、乳糖	15	70～90

注：以上单位指生产用水，不包括生活用水；南方地区气温高，冷却水量较大，应取较大值。

表 4-15　部分乳制品推荐的供汽能力

成品类别	班产量/(t/班)	推荐用汽量/(t/h)
乳粉、甜炼乳	5	1.5～2.0
奶油	10	2.8～3.5
	20	5 ～6
消毒乳、酸奶	20	1.2～1.5
冰激凌	40	2.2 ～3.0
	50	3.5～4.0
奶油、干酪素	5	0.8～1.0
乳糖	10	1～1.8
	50	7.5～8.0

注：生产用汽，不包括采暖和生活用汽；北方寒冷，宜选用较大值。

4.4.2.2　按水的不同用途分项估算用水量

食品工厂生产车间的用水往往因不同的用途而要求不同的水质。因此，当有不同水质的水源时，应分别进行估算；当只有一种水源时，就可以合并进行计算。

(1) 产品工艺用水

产品工艺用水指直接添加到产品中的水，如饮料、液态乳制品的配料用水，带汤汁罐头的汤汁配料用水，啤酒的酿造用水，等。这些产品用水对水质要求很高，水质对产品质量有决定性作用。因此，这些产品直接用水要根据产品的要求，选用合乎要求、水质较好的水。产品工艺用水量应根据物料衡算中的加水量或配方中的加水量来进行计算。

(2) 原料、半成品的洗涤、冷却用水

原料、半成品的洗涤和直接冷却用水的水质要求也比较高。一般用自来水或其他符合饮用水标准的水。部分设备用水量见表 4-16、表 4-17。

表 4-16 部分设备用水情况表

设备名称	生产能力	用水目的	用水量/(m^3/h)	进水管径 DN/mm
真空浓缩锅	300kg/h	二次蒸汽冷凝	11.6	50
	500kg/h	二次蒸汽冷凝	30～35	80
	700kg/h	二次蒸汽冷凝	25	70
	1000kg/h	二次蒸汽冷凝	39	80
双效浓缩锅	1000kg/h	二次蒸汽冷凝	35～40	80
	4000kg/h		125～140	150
常压连续杀菌锅		杀菌后冷却	15～20	50
消毒乳洗瓶机	20000 瓶/h	洗净容器	12～15	50
洗桶机(洗乳桶)	180 桶/h	洗净容器	2	20
600L 冷却缸		杀菌冷却	5	20
1000L 冷却缸		杀菌冷却	9	25

注：浓缩锅冷却水量按进水温度 20℃，出水温度 40℃计。

需要注意的是，有些设备的用水用汽量较大，在安排管路系统时，要考虑到它们在生产车间的分布情况。用水压力要求较高，用水量较大而又集中的地方，对蒸汽压力要求较高；用汽量较大而又集中的地方，应单独接入主干管路。

(3) 包装容器洗涤用水

硬质包装容器包括玻璃瓶、消毒奶瓶、塑料瓶、马口铁罐、铝罐等。包装容器的洗涤用水的水质要求比较高，应按饮用水的水质标准。包装容器洗涤，通常都是在洗涤设备中进行的。洗涤的用水量与洗涤设备的设计有很大关系，表 4-17 是一些容器清洗设备的经验用水量。

表 4-17 一些容器清洗设备的经验用水量

设备名称	生产能力	用水目的	用水量/(m^3/h)
奶桶清洗机	180 桶/h	清洗奶桶	2
奶瓶洗瓶机	20000 瓶/h	清洗消毒奶瓶	12～16
汽水瓶洗瓶机	3000 瓶/h	清洗汽水瓶	2.5
洗瓶机	6000 瓶/h	洗啤酒瓶	5
洗瓶机(德国)	12000 瓶/h	洗啤酒瓶	3.6
洗瓶机(德国)	36000 瓶/ h	洗啤酒瓶	14.5
玻璃罐洗罐机	3000 罐/h	洗玻璃罐	2

(4) 冷却、冷凝用水

设备冷却、冷凝的间接式用水可用地下水或未经污染的江湖水，用水量较大的设备，应尽量考虑使用循环用水并附加冷却塔冷却用水设备。成品冷却（包括包装后的成品冷却，如罐头、啤酒等）则应采用饮用水或灭菌水。热交换器冷却用水：用于间接加热杀菌的热交换器，一般是用待杀菌的物料来冷却刚杀菌的物料，刚灭菌物料冷却到一定温度后再用水冷却。这样可以节约冷却用水。热交换器的冷却用水量按传热方程式计算。水的温升考虑为 5～12℃，具体取值视水源而定。一般采用深井水的取最大的温升，采用自来水则取较少的温升。部分设备的冷却、冷凝用水量见表 4-18。

表 4-18 部分设备的冷却、冷凝用水量

设备名称	生产能力	用水目的	用水量/(m^3/h)	备注
600 L冷热缸		杀菌后冷却	5	乳品用
1000 L冷热缸		杀菌后冷却	9	乳品用
真空浓缩锅	蒸发量:300L/h	二次蒸汽冷却	11.6	
真空浓缩锅	蒸发量:1000L/h	二次蒸汽冷却	39	
双效浓缩锅	蒸发量:1200L/h	二次蒸汽冷却	15～20	
三效浓缩锅	蒸发量:3000L/h	二次蒸汽冷却	20～30	
常压连续式杀菌机		杀菌后冷却	15～20	罐头用
卧式杀菌机	1500 罐(1kg)/次	杀菌后冷却	15～20	罐头用
板式换热器	10m^3/h	杀菌后冷却	12	麦芽汁冷却
喷淋杀菌机	8 000 瓶/h	冷却啤酒	6	啤酒用

(5) 清洁用水

清洁用水包括清洗设备、墙壁、地坪等用水。清洗与食品接触面的设备用水应按饮用水标准要求，其他卫生洗涤用水可采用井水或干净的江河水。清洁用水量一般在 5～10m^3/h。

(6) 车间生活用水

① 习惯用水量。一般车间 25 L/(人·班)，较热的车间 35L/(人·班)，较脏的车间 40 L/(人·班)。

② 车间生活用水设施计算，见表 4-19。

表 4-19 车间生活设施用水量　　单位：m^3/h

用水设施	用水量	用水设施	用水量
洗水龙头	0.7	冲洗龙头	0.25
给水龙头	0.7	冲水式厕所	0.36
洗涤龙头	0.7	淋浴	0.48
冲洗龙头	2	盆浴	1.08
小便池龙头	0. 13	饮水喷嘴	0.13

(7) 车间消防用水

一般按每 2 只消防龙头 9m^3/h 计算。特殊情况下，则按 14.5m^3/h 计算。

(8) 车间总用水量

车间总用水量并不是上述各分项用水量的总和，而应该考虑到分项的同时使用率。准确的计算为将上述各项用水量分别画出用水曲线，根据不同时间用水量的总和，计算出最大用水量，编制用水作业表（或图），这样可知道在生产用水高峰时的耗水情况。亦可将各分项用水量的总和乘以同时使用系数，作为车间的总用水量。同时使用系数一般取 0.6～0.8，视实际情况而定。上面介绍的用水量估算方法工作量较大，一般适用于设计新产品时使用，或者作为对经验数据的校核。对于一些经验数据、资料积累较多的行业，可直接引用经验数据和按产品耗水定额估算。

4.4.2.3 用计算方法来估算用水用汽量

食品工厂生产车间的用水用汽量可根据不同的产品、不同原料品种、不同地区，再结合建厂单位的实际情况，在设计时参考上述各表的数据或到相同类型、相同条件的工

厂收集有关水、汽的消耗定额作为设计的依据。但目前我国很多食品工厂缺乏对各产品准确的水、汽消耗定额数据。即便是同一规模、同一工艺的食品，单位成品耗水量往往也不相同。对于规模较大的食品工厂，在进行用水量计算时必须认真计算，保证用水量的准确性。

① 首先弄清题意和计算的目的及要求。例如，要做一个生产过程设计，就要对其中的每一个设备和整个生产过程做详细的用水量计算，计算项目要全面、细致，以便为后一步设备计算提供可靠依据。

② 绘出用水量计算流程示意图。为了使研究的问题形象化和具体化，使计算的目的准确、明了，通常使用框图显示所研究的系统。图形表达的内容应准确、详细。

③ 收集设计基础数据。需收集的数据资料一般应包括：生产规模，年生产天数，原料、辅料和产品的规格、组成及质量等。

④ 确定工艺指标及消耗定额等。设计所需的工艺指标、原料消耗定额及其他经验数据，根据所用生产方法、工艺流程和设备，对照同类生产工厂的实际水平来确定，这必须是先进而又可行的。

⑤ 选定计算基准。计算基准是工艺计算的出发点，正确的选取能使计算过程大为简化且保证结果的准确。因此，应该根据生产过程特点，选定计算基准，食品工厂常用的基准有：a. 以单位时间产品或单位时间原料作为计算基准；b. 以单位质量、单位体积或单位物质的量的产品或原料为计算基准，如肉制品生产用水量计算可以 100kg 原料来计算；c. 以加入设备的一批物料量为计算基准，如啤酒生产可以投入糖化锅、发酵罐的每批次用水量为计算基准。

⑥ 由已知数据根据质量守恒定律进行用水量计算。此计算既适用于整个生产过程，也适用于某一个工序和设备。根据质量守恒定律列出相关数学关联式，并求解。

⑦ 列出计算表。校核并处理计算结果，列出用水量计算表。

在整个用水量计算过程中，对主要计算结果都必须认真校核，以保证计算结果准确无误。一旦发现差错，必须及时重算更正，否则将耽误设计进度。最后，把整理好的计算结果列成用水量计算表。

⑧ 有关估算耗水量的方法及有关公式列举如下。

a. 调制食品和添加汤汁等需水量（W_1/kg）

可根据工艺要求及其产量来计算。

$$W_1 = GZ\rho[1+(10\%\sim15\%)] \tag{4.6}$$

式中 G——班产量，kg；

Z——成品在调制过程中或添加汤汁时所需水量，kg/kg；

ρ——水的密度，kg/m^3。

b. 清洗物料或容器所需水量（W_2）

$$W_2 = \frac{\pi}{4}d^2 vt\rho \tag{4.7}$$

式中 d——设备上进水管的内径，m；

v——水在管道内的流速，m/s；

t——清洗设备使用时间，s；

ρ——水的密度，kg/m^3。

c. 罐头冷却时所需用水量（W_3）

$$W_3=2.303(G_1C_1\lg\frac{T_3-T_1}{T_2-T_1}+G_2C_2\lg\frac{T_3-T_1}{T_4-T_1}),C_2=\frac{G_3C_3+G_4C_4+G_5C_5+G_6C_6}{G_2} \quad (4.8)$$

式中　G_1——罐头内容物的质量，kg；

C_1——罐头内容物比热容，J/(kg·K)；

G_2——杀菌锅、杀菌篮（或车）、罐头容器和锅内水的质量之和，kg；

C_2——杀菌锅、杀菌篮（或车）、罐头容器和锅内水的平均比热容，J/(kg·K)；

G_3——杀菌锅的质量，kg；

C_3——杀菌锅的比热容，J/(kg·K)；

G_4——杀菌篮的质量，kg；

C_4——杀菌篮的比热容，J/(kg·K)；

G_5——罐头容器的质量，kg；

C_5——罐头容器的比热容，J/(kg·K)；

G_6——杀菌锅内水的质量，kg；

C_6——杀菌锅内水的比热容，J/(kg·K)；

T_1——冷却水初温，K；

T_2——内容物最终冷却温度，K；

T_3——罐头杀菌温度，K；

T_4——杀菌锅、杀菌篮、罐头容器最终温度，K。

d. 冷却水消耗强度（W_s）(kg/s)

$$W_s=\frac{W_3}{t} \quad (4.9)$$

式中　W_3——冷却水消耗量，kg；

t——冷却时间，s。

e. 冷凝二次蒸汽所需水量（W_4）(kg/s)

$$W_4=\frac{D(i-i_0)}{C(T_2-T_1)} \quad (4.10)$$

式中　D——二次蒸汽量，kg/s；

i——二次蒸汽热焓，J/kg；

i_0——二次蒸汽冷凝液热焓，J/kg；

C——冷却水比热容，J/（kg·K)；

T_2——冷却水出口温度，K；

T_1——冷却水进口温度，K。

f. 冲洗地坪耗水量（W）

根据实际情况测定，1t 水约可冲地坪 40m^2，食品工厂生产车间每 4h 冲洗 1 次，即每班至少冲洗 2 次，则

$$W=\frac{S}{40}\times 2 \quad (4.11)$$

式中　S——生产车间地坪面积，m^2。

根据生产车间的工艺要求，可算出每班生产过程中的耗水量，再根据班产量即可得到

1t 成品的耗水量，但这样计算并没有反映出在生产用水高峰时的需水量。所以，还必须根据生产编制用水作业表（或图），这样，可知道在生产用水高峰时的耗水情况，以便在后面讨论管径选择时，合理地选择管径。

4.4.3 用电量计算

食品工厂的总用电量是各个部门用电量的总和。生产车间的用电量占大部分，且生产车间的电是采用对产品定额摊派耗电的估算算法。所以，工程设计仅仅是生产车间用电总功率的估算。它是以需要用电的设备及实际工作时间算出每班各种产品的总耗电量和各种产品每小时的总耗电量，在工艺设计时尽量做到各班各产品在用电最集中时的最大耗电量基本平衡。

例如，班产 17.4t 原汁猪肉用电量估算：冻片开片机共 2 台，每台生产能力为 20t/班，需要加工的冻片为 20.88t/班，所以，每台开片机实际的加工量为 10.44t/（班・台）。因为开片机的生产能力为 20t/班，那么每台每小时的生产能力为$\frac{20\text{t}}{8\text{h}}=2.5\text{t/h}$，就可以算出每台开片机的实际开机时间为：

$$\frac{10.44\text{t}}{2.5\text{t/h}}\approx 4.2(\text{h})$$

开片机电动机的额定功率为 0.6kW，2 台的总耗电量约为 0.6×2×4.2=5.04（kW・h），每班以 8h 计，平均每小时的总耗电量约为 0.63kW・h。

将生产原汁猪肉的所有电设备均按上述计算列出表格清单，将所有设备耗电量的总和被班产量除，即估算该产品的耗电定额。因为车间计算工艺耗电平衡时把其他因素排除在外估算，所以车间生产耗电在全厂耗电设计变压器时仅是一个参考性数据，也即是估算。参阅表 4-20。

表 4-20 原汁猪肉设备耗电估算表

序号	设备名称/台	设备数量/台	每台设备生产能力/(t/班)	每台设备实际生产能力/(t/班)	每台设备每班实际工作时间/h	电动机数量/台	电动机额定功率/kW	设备总耗电量/(kW・h)	设备平均每小时耗电量/(kW・h)
1									
2									
3	开片机	2	20	10.44	4.2	2	0.6	5.04	0.63
总计									

其他食品工厂的主要用电设备耗电量、车间生产耗电量的估算也可采用上述方法估算，并按最大产品产量和耗电单耗高的产品计算，以便于核算全厂性耗电的总估算不出漏洞。

部分罐头的耗电定额可参考表 4-21。

表 4-21 部分罐头耗电定额参考表

产品	耗电量/(kW・h)	产品	耗电量/(kW・h)
各类罐头每吨平均单耗	80～100	蘑菇罐头每吨平均单耗	55
青豆罐头每吨平均单耗	70	番茄酱罐头每吨平均单耗	250

4.4.4 用汽量计算

4.4.4.1 用汽量计算的意义

用汽量计算的目的在于定量研究生产过程，通过用汽量计算了解生产过程蒸汽消耗的定额指标，以便进行生产成本核算和管理，为过程设计和操作提供最佳化依据。通过用汽量计算，了解生产过程能耗定额指标。应用蒸汽等热量消耗指标，可对工艺设计的多种方案进行比较，以选定先进的生产工艺；或对已投产的生产系统提出改造或革新，分析生产过程的经济合理性、先进性，并找出生产上存在的问题。用汽量计算的数据是设备类型选择及确定其尺寸、台数的依据，有助于工艺流程和设备的改进，以达到节约能源、降低生产成本的目的。

4.4.4.2 用汽量计算的方法和步骤

食品生产工艺、设备或规模不同，生产过程用汽量也随之改变，有时差异很大。即便是同一规模且工艺也相同的食品厂，单位成品耗汽量往往也大不相同。所以在工艺流程设计时，必须妥善安排，合理用汽。用汽量计算的方法包括按单位产品耗汽量定额来估算和用气量计算两种方法。

对于规模小的食品工厂，在进行用汽量计算时可采用“单位产品耗汽量定额”估算法，可分为三个步骤，即按每吨产品耗汽量来估算、按主要设备的用汽量来估算以及按食品工厂生产规模来拟定给汽能力。对于规模较大的食品工厂设计时，在进行用汽量计算时必须采用计算的方法，以保证用汽量的准确性。具体的方法和步骤如下。

(1) 画出单元设备的物料流向及变化的示意图

(2) 分析物料流向及变化，写出热量计算式

$$\sum Q_{入}=\sum Q_{出}+\sum Q_{损} \tag{4.12}$$

式中 $\sum Q_{入}$——输入的热量总和，kJ；

$\sum Q_{出}$——输出的热量总和，kJ；

$\sum Q_{损}$——损失的热量总和，kJ。

通常，

$$\sum Q_{入}=Q_1+Q_2+Q_3 \tag{4.13}$$

$$\sum Q_{出}=Q_4+Q_5+Q_6+Q_7 \tag{4.14}$$

$$\sum Q_{损}=Q_8 \tag{4.15}$$

式中 Q_1——物料带入的热量，kJ；

Q_2——由加热剂（或冷却剂）传给设备和所处理的物料的热量，kJ；

Q_3——过程的热效应，包括生物反应热、搅拌热等，kJ；

Q_4——物料带出的热量，kJ；

Q_5——加热设备耗热量，kJ；

Q_6——加热物料需要的热量，kJ；

Q_7——气体或蒸汽带出的热量，kJ；

Q_8——设备向环境散出的热量，kJ。

值得注意的是，对具体的单元设备，上述的 $Q_1 \sim Q_8$ 各项热量不一定都存在，故进行热量计算时，必须根据具体情况进行具体分析。

汽量的估算要按主要设备的用汽量来估算以及按食品工厂生产规模来拟定给汽能力。

(3) 收集数据

为了使热量计算顺利进行，确保计算结果无误并节约时间，首先要收集数据，如物料量、工艺条件以及必需的物性数据等。这些有用的数据可以从专门手册中查阅，或取自工厂实际生产数据，或根据试验研究结果选定。

(4) 确定合适的计算基准

在热量计算中，取不同的基准温度，按照热量计算式所得的结果就不同。所以必须选准一个设计温度，且每一物料的进出口基准温度必须一致。通常取 0℃ 为基准温度可简化计算。此外，为使计算方便、准确，可灵活选取适当的基准，如按 100kg 原料或成品、每小时或每批次处理量等作基准进行计算。

(5) 进行具体的热量计算

① 物料带入的热量 Q_1 和带出热量 Q_4，可按下式计算，即：

$$Q=\sum m_1ct \tag{4.16}$$

式中 m_1——物料质量，kg；

c——物料比热容，kJ/（kg·K）；

t——物料进入或离开设备的温度，℃。

② 过程热效应 Q_3。过程的热效应主要有合成热 Q_B、搅拌热 Q_S 和状态热（例如汽化热、溶解热、结晶热等，常根据具体情况具体选择考虑），即

$$Q_3=Q_B+Q_S \tag{4.17}$$

式中 Q_B——热（呼吸热），kJ，视不同条件、环境进行计算；

Q_S——搅拌热，$Q_S=3600P\eta$，kJ。其中 P 为搅拌功率，kW，η 为搅拌过程功热转化率，通常 $\eta=92\%$。

③ 加热设备耗热量 Q_5。为了简化计算，忽略设备不同部分的温度差异，则：

$$Q_5=m_2c_2(t_2-t_1) \tag{4.18}$$

式中 m_2——设备总质量，kg；

c_2——设备材料比热容，kJ/（kg·K）；

t_1，t_2——设备加热前后的平均温度，℃。

④ 气体或蒸汽带出的热量 Q_7：

$$Q_7=\sum m_3(c_3t+r) \tag{4.19}$$

式中 m_3——离开设备的气体物料（如空气、CO_2 等）量，kg；

c_3——液态物料由 0℃升温至蒸发温度的平均比热容，kJ/(kg·K)；

t——气态物料温度，℃；

r——蒸发潜热，kJ/kg。

⑤ 设备向环境散热 Q_8。为了简化计算，假定设备壁面的温度是相同的，则：

$$Q_8=A\lambda_T(t_w-t_a)\tau \tag{4.20}$$

式中 A——设备总表面积，m^2；

λ_T——壁面对空气的联合热导率，W/(m·℃)，1W=1J/s，λ_T 的计算：a. 空气自然对流时，$\lambda_T=8+0.05t_w$；b. 强制对流时，$\lambda_T=5.3+3.6v$（空气流速，$v=5$m/s），或 $Q_8=6.7\lambda_T^{0.78}$（$v>5$m/s）；

t_w——壁面温度，℃；

t_a——环境空气温度，℃；

τ——操作过程时间，s。

⑥ 加热物料需要的热量 Q_6

$$Q_6=m_1c(t_2-t_1) \tag{4.21}$$

式中 m_1——物料质量，kg；

c——物料比热容，kJ/（kg·K）；

t_1，t_2——物料加热前后的温度，℃。

⑦ 加热（或冷却）介质传入（或带出）的热量 Q_2。对于热量计算的设计任务，Q_2 是待求量，也称为有效热负荷。如果计算出的 Q_2 为正值，则过程需加热；若 Q_2 为负值，则过程需从操作系统移出热量，即需冷却。

最后，根据 Q_2 来确定加热（或冷却）介质及其用量。

⑧ 在进行用汽量计算时值得注意的几个问题：

a. 确定热量计算系统所涉及的所有热量或可能转化成热量的其他能量不要遗漏。但对计算影响很小的项目可以忽略不计，以简化计算。

b. 确定物料计算的基准、热量计算的基准温度和其他能量基准。有相变时，必须确定相变基准，不要忽略相变热。

c. 正确选择与计算热力学数据。

d. 在有相关条件约束，物料量和能量参数（如温度）有直接影响时，宜将物料计算和热量计算联合进行，才能获得准确结果。

食品工厂中主要的载热体是饱和水蒸气，有时也有热油、空气和水，而饱和水蒸气容易取得，输送方便，对压力、温度与蒸汽量的控制都较容易，同时，饱和蒸汽无毒，且具有较大的凝结潜热，对金属无显著的腐蚀性，价格便宜，可直接和食品接触等优点。所以，食品工厂广泛采用饱和水蒸气作为载热体。对蒸汽量的消耗、加热面积的大小、加热过程的时间以及加热设备的生产能力，都应通过最大负载时热量衡算来确定。每台设备在加热过程中所消耗的热量应等于加热产品的设备所消耗的热量，生产过程的热效应（固体溶解、结晶熔解、溶液蒸发等）以及借对流和辐射损失到周围介质中去的热量之总和。

$$Q=Q_1+Q_2+Q_3+\cdots\cdots+Q_n(\mathrm{J}) \tag{4.22}$$

如果生产过程的热效应不很显著时，例如，无反应的流体混合、气体的分离、溶液的稀释等，则在计算时可以忽略不计。

(6) 各工序用汽量总和

按生产工艺要求，凡需要用汽的工序或设备都要进行用汽量的计算，各工序用汽量的总和就是所需要估算的耗汽量，算得的耗汽量与实际之间也存在一定差异，其差异大小则与企业的管理水平和工人素质有关。下面将物料升温、固体（晶体）熔解或液体凝固（结晶）、溶剂蒸发、热损失、蒸汽消耗量等的计算公式，叙述如下。

① 物料升温所耗热量计算：

$$Q_1=GC(T_2-T_1) \tag{4.23}$$

式中 Q_1——物料升温所需热量，J；

G——物料质量，kg；

C——物料比热容，J/（kg·K）；

T_2——物料终温，K；

T_1——物料初温，K。

不含脂肪的蔬菜及水果的比热容可按下式计算：

$$C=(100-0.65n)/100 \tag{4.24}$$

式中 n——干物质含量的百分数，%。

② 固体（晶体）熔化变为液体或液体凝固变为固体（晶体）时，其热量 Q_2（J）消耗计算：

$$Q_2=Gq \tag{4.25}$$

式中　G——固体（或晶体）的质量，kg；

q——熔解热或凝固热（结晶热），J/kg。

部分物料在冰点以上的比热容见表 4-22。

表 4-22　部分物料在冰点以上的比热容

物料名称	比热容/[kJ/(kg·K)]	物料名称	比热容/[kJ/(kg·K)]	物料名称	比热容/[kJ/(kg·K)]
草莓	3.851	黄瓜	4.060	兔肉	3.349
香蕉	3.349	玉米	3.307	肝	3.056
樱桃	3.642	花生米	2.009	家禽	3.349
葡萄	3.600	洋葱	3.767	鲜鱼	2.930
柠檬	3.851	青豆	3.307	黑鱼	3.181
桃、橙、梨	3.851	马铃薯	3.433	龙虾	3.391
杏	3.684	菠菜	3.935	蟋蟀	3.516
西瓜	4.060	番茄	3.977	奶油	1.381
含糖果汁	2.679	猪肉	2.42～2.637	牛油	2.512
果酱	2.009	腌肉	2.135	鲜蛋	3.181
果干	1.758	熏肉	1.25～1.800	鲜奶	3.767
蘑菇、花椰菜	3.893	火腿	2.428～2.637	糖	1.256
南瓜	3.851	猪油	2.260	玻璃罐	0.502
胡萝卜	3.767	牛肉	2.93～3.516	铁器	0.481
苹果	3.642	羊肉	2.84～3.181	芹菜	3.977
柑橘	3.767	鸡肉	3.307	茄子	3.935
柿子	3.516	干酪	2.093	甘薯	3.140
甘蓝	3.935	蛋粉	1.047	啤酒	3.851

凝固热与熔解热的 q 值相同，计算时熔解热取正值，凝固热取负值。

③ 溶剂蒸发时，其热量消耗 Q_3(J) 计算：

$$Q_3=W\gamma \tag{4.26}$$

式中　γ——汽化潜热，J/kg；

W——蒸发了的溶剂的质量，kg，可按下式计算：

a. 在浓度改变时：

$$W=G(1-n/m) \tag{4.27}$$

式中　G——物料质量，kg；

n——开始时干物质含量的百分数；

m——终点时干物质含量的百分数。

b. 溶剂从湿物体表面自由蒸发时：

$$W(\text{kg})=KF(p-\varphi p_1)\tau \tag{4.28}$$

式中，K 为与液体性质及空气运动速度有关的相对系数，kg/(m^2·s·mmHg)（见表 4-23）；F 为蒸发表面积，m^2；p_1 为在周围空气的温度下，液体的饱和蒸汽压力，mmHg；p 为在蒸发温度下，液体的饱和蒸汽压力，mmHg；φ 为空气的相对温度，一般为 0.7；τ 为蒸发时间，s。

表 4-23　当 V 改变时的 K 值

V/(m/s)	0.5	1.0	1.5	2.0
K/[kg/(m^2·s·mmHg)]	0.036	0.083	0.114	0.145

4.4.5　耗冷量计算

目前，有很多食品厂尤其是冷冻食品厂都建有配套的冷藏和冻藏库，用于对食品原料、辅料、半成品或成品的保藏。因此，应结合具体生产工艺要求，进行耗冷量的计算，为选定制冷系统以及其使用设备的型号、规格等提供依据。

4.4.5.1 食品冷却过程中的传热问题

食品的冷却本质上是一种热交换过程，即让易腐食品的热量传递给周围的低温介质，在尽可能短的时间内（一般数小时），使食品温度降低到高于食品冻结点的某一预定温度，以便及时地抑制食品内的生物生化反应和微生物的生长繁殖。食品在冷却过程中的热交换，主要包括传导传热和对流传热。

(1) 传导传热

食品冷却时，热量从内部向表面的传递就是传导传热。食品内部有许多不同温度的面，热量从温度高的一面向温度低的一面传递。单位时间内以热传导方式传递的热量用 Q(W) 表示。

$$Q=\frac{\lambda A(t_1-t_2)}{x} \tag{4.29}$$

式中 λ——食品的热导系数，W/（m·K）；

A——传热面积，m^2；

t_1、t_2——两个面各自的温度，K；

x——两个面之间的距离，m。

(2) 对流传热

对流传热是流体和固体表面接触时互相间的热交换过程。食品冷却时，热量从食品表面向冷风或冷水传递就属于对流传热。单位时间内从食品表面传递给冷却介质的热量用 Q(W) 表示。

$$Q=\alpha A(t_s-t_r) \tag{4.30}$$

式中 α——对流传热系数，W/（m^2·K）；

A——食品的冷却表面积，m^2；

t_s——食品的表面温度，K；

t_r——冷却介质的温度，K。

从上式可以看出，对流放热的热量与对流传热系数、传热面积、食品表面与冷却介质的温差成正比。

由于导热系数是食品的物性参数，其值一般可以由实验确定，并受多种因素影响，可从有关手册或参考书中查到。

4.4.5.2 食品材料的热物理数据

(1) 查表法

目前通过查表法获得的食品材料的热物理数据是通过实验测得的结果。这些数据虽然有些离散度很大，但如果不是特别精确的计算，直接查表获得的数据计算是非常简便的方法。

(2) 估算法

在进行传热计算时需要用到许多热物理数据（如密度、比热容、导热系数等），而由于食品种类繁多，可能无法直接通过查表法查到这些热物理数据，这种情况下，可以通过一些经验公式对其进行估算。食品材料的热物理性质估算法是根据食品的组分、各组分的热物理性质进行估算的结果。因为食品的热物理性质与其含水量、组分、温度，以及食品的结构、水和组分的结合情况等有关，所以估算结果可能存在较大的偏差，但该方法在工程上仍然有着重要的应用。

4.4.5.3 食品冷却耗冷量

食品冷却耗冷量可以通过比热法或焓差法进行计算。

(1) 比热法

$$Q=GC\Delta t \tag{4.31}$$

式中 C——比热容，J/(kg·K)；

G——表示食品的质量，kg；

Δt——表示食品的初始温度与冻结点温度之差，K。

(2) 焓差法

焓表示食品所含热量的多少，单位J/kg，用字母 H 表示。焓是物质的内存属性，是一个状态函数，虽然焓的绝对值不能直接测定，但可以通过设定某个温度下（如－20℃）的焓值为相对零点，就可以计算某个组分状态参数发生变化后的焓变 ΔH，从而计算出耗冷量。

$$Q=G\Delta H \tag{4.32}$$

焓差法计算简单，很常用。

4.4.5.4 食品冻结耗冷量

(1) 比热法

① 从初温冷却至冰点时的放热量 q_1(J/kg)：显热，相对潜热较小。

$$q_1=C_1\Delta t \tag{4.33}$$

式中 C_1——冻结前食品的比热容，J/(kg·K)。

② 冻结过程中形成冰时放出的潜热：融冰潜热，也叫相变热，冰的相变热是80J/kg，这部分的热量较大，一般占全部放热量的60%～70%。

$$q_2(\text{J/kg})=W\omega r \tag{4.34}$$

式中 W——食品最初含水率，%；

ω——食品中水的冻结率，%；

r——水的冻结潜热，一般取值为 3.35×10^5J/kg。

③ 冻结完成后产品从冰点继续降到终温所放出热量：

$$q_3(\text{J/kg})=C_2\Delta t \tag{4.35}$$

式中 C_2——冻结后食品的比热容，J/(kg·K)。

④ 冻结时所放出的总热量：

$$Q=G(q_1+q_2+q_3) \tag{4.36}$$

(2) 焓差法

$$Q=G(H_{和}-H_{初})=G\Delta H \tag{4.37}$$

【例】10t 牛肉由5℃降至－20℃，求冻结耗冷量 Q。

解法一：比热法

牛肉的冰点约为－2℃，牛肉从5℃降至－20℃要经历以下三个阶段：

① 从5℃降至冰点－2℃的冷却耗冷；

② 冻结耗冷；

③ 从－2℃降至－20℃的耗冷。

$q_1=C_1\Delta t=2.9\times7=20.3$ (kJ/kg)

$q_2=W\omega r=0.7\times0.95\times335\approx222.78$ (kJ/kg)

$q_3 = C_2 \Delta t = 1.46 \times 18 = 26.28$ (kJ/kg)

$Q = G(q_1 + q_2 + q_3) = 10 \times 10^3 \times 20.3 + 222.78 + 26.28) \approx 2.69 \times 10^6$ (kJ)

解法二：焓差法

从相关手册上查得，5℃时的牛肉的焓约为270kJ/kg，−20℃的焓值为0，则：

$$Q = G\Delta H = 10 \times 10^3 \times (270 - 0) = 2.7 \times 10^6 \text{(kJ)}$$

4.5 设备的选型

物料衡算是设备选型的根据，而设备选型则要符合工艺的要求。设备选型是保证产品质量的关键，又是工艺设计的基础，并且为动力配电，水、汽用量计算提供依据。设计时，应根据每一个品种、单位时间（小时或分钟）产量的物料平衡情况和设备的用途及生产能力确定所需设备的类型和台数。若有几种产品都需要共同的设备，在不同时间使用时，应按处理量最大的品种所需要的台数来确定。对生产中的关键设备，除按实际生产能力所需的台数配备外，还应考虑有备用设备。一般后道工序设备的生产能力要略大于前道工序，以防物料积压。

4.5.1 设备选型的原则

4.5.1.1 食品工厂设备选型依据

食品工厂生产设备大体可分4个类型：计量和储存设备、定型专用设备、通用机械设备和非标准专业设备。《食品卫生通则》（CAC/RCP1—1969）以及《食品安全国家标准 食品生产通用卫生规范》（GB 14881—2013）中对食品工厂设备选择的规定，是设备选择必须遵循的行业性法规。在选择设备时，要按照下列原则进行。

① 满足工艺要求，保证产品的质量和产量。

② 一般大型食品工厂应选用较先进的、机械化程度高的设备；中型厂则看具体条件，一些主要产品可选用机械化、连续化程度较高的设备；小型厂则选用较简单的设备。

③ 所选设备能充分利用原料，能耗少，效率高，体积小，维修方便，劳动强度低，并能一机多用。

④ 所选设备应符合食品卫生要求，易清洗装拆，与食品接触的材料要抗腐蚀，不致对食品造成污染。

⑤ 设备结构合理，材料性能可适应各种工作条件（如温度、湿度、压力和酸碱度等）。

⑥ 在温度、压力、真空度、浓度、时间、速度、流量、液位、计数和程序等方面有合理的控制系统，并尽量采用自动控制方式。

⑦ 直接与食品接触的设备和容器（不是指一次性容器和包装）的设计与制作应保证在需要时可以进行充分的清理、消毒及养护，以使食品免遭污染。设备和容器应根据其用途，用无毒的材料制成，必要时还应是耐用的和可移动的或者是可拆装的，以满足养护、清洁、消毒、监控的需要，例如方便虫害检查等。

⑧ 除上述总体要求外，在设计用来烹煮、加热处理、冷却、贮存和冷冻食品的设备时，应从食品的安全性和适宜性出发，使设计的设备能够在必要时尽可能迅速达到所要求的温度，并有效地保持这种状态。

⑨ 设备的设置应根据工艺要求，布局合理。上下工序衔接要紧凑。各种管道、管线尽

可能集中走向。冷水管不宜在生产线和设备包装台的上方通过，防止冷凝水滴入食品。其他管线和阀门也不应设计在暴露原料和成品的上方。

⑩ 安装应符合工艺卫生要求，与屋顶（天花板、墙壁）等应有足够的距离，设备一般应用脚架固定，与地面有一定的距离。部分应有防水、防尘罩，以便于清洗和消毒。

⑪ 各类液体输送管道应避免死角或盲端，设排污阀或排污口，便于清洗、消毒，防堵。

4.5.1.2 设备选型的任务及一般原则

设备选型的任务是在工艺计算的基础上，确定车间内所有工艺设备的台数、型号和主要尺寸，为下一步施工图设计以及其他非工艺设计项目提供足够的有关条件，为设备的制造、订购等提供必要的资料。在设备选型时，要对各种生产工艺和流程所需的主要设备和辅助设备的型号、规格、数量、来源和价格进行深入研究，比较各设备方案对建设规模的满足程度，对产品质量和生产工艺要求的保证程度，对设备使用寿命、物料消耗指标、操作要求、备品备件保证程度，安装试车技术服务以及所需的设备投资等。应当选择提供某项生产工艺技术和达到既定的生产能力所需的、最佳的和高效能的设备和机器类型。

设备选型的一般原则如下：

①保证工艺过程实施的安全可靠；②经济上合理，技术上先进；③投资省，耗材料少，加工方便，采购容易；④运行费用低，水电汽消耗少；⑤操作清洗方便，耐用易维修，备品配件供应可减轻工人劳动强度，实施自动化；⑥结构紧凑，尽量采用经过实践考验证明性能确实优良的设备；⑦考虑生产波动与设备平衡，留有一定裕量；⑧考虑设备故障检修的费用。

4.5.2 设备生产能力的计算

4.5.2.1 设备计算及选型的一般原则

食品工厂的生产设备总体上可以分为两类：标准设备或定型设备，非标准设备或非定型设备。标准设备是专业设备厂家成批成系列生产的设备，根据工艺要求，计算并选择某种型号的设备，直接列表，以便订货。非标准设备是需要专门设计和制作的特殊设备，非标准设备计算和选型就是根据工艺要求，通过工艺计算，提出设备的形式、材料、尺寸和其他一些要求，再由设备专业进行机械设计，由设备制造厂制造。

设备计算和选型的一般原则如下：

① 合理性。即设备必须满足工艺一般要求，设备既与工艺流程、生产规模、工艺操作条件、工艺控制水平相适应，又能充分发挥设备的能力。

② 先进性。要求设备的运转可靠性、自控水平、生产能力、转化率、效率要尽可能达到先进水平。

③ 安全性。要求安全可靠、操作稳定、弹性好、无事故隐患，对工艺和建筑、地基、厂房等无苛刻要求；工人在操作时，劳动强度低，尽量避免高温、高压、高空作业，尽量不用有毒有害的设备附件、附料。

④ 经济性。设备易于加工、维修、更新，没有特殊的维护要求，运行费用低。引用先进设备，亦应反复对比报价，参考设备性能，考虑是否易于被国内消化吸收和改进利用，避免盲目性。

设备计算和选型的依据是物料衡算和热量衡算。设备选型又是工艺设计和设备布置的基础，还为配电、水和汽用量计算提供依据。设备选型的好坏对保证产品质量、生产稳定运行都至关重要，需认真设计。

4.5.2.2 设备生产能力（杀菌锅）计算公式案例

(1) 每台杀菌锅操作周期所需的时间 T

$$T=t_1+t_2+t_3+t_4+t_5 \quad (4.38)$$

式中 t_1——装锅时间，一般取 5min；

t_2——升温时间，min；

t_3——恒温时间，min；

t_4——降温时间，min；

t_5——出锅时间，一般取 5min。

(2) 每台杀菌锅内装罐头的数量 n

$$n(\text{罐})=K\times a\times z\times\frac{d_1^2}{d_2^2} \quad (4.39)$$

式中 K——装载系数，随罐头的罐型不同而不同，常用罐型的 K 值可取 0.55～0.60；

a——杀菌篮高度与罐头高度之比值；

z——杀菌锅内杀菌篮的数目；

d_1——杀菌篮外径，m；

d_2——罐头外径，m。

(3) 每台杀菌锅的生产能力 G

$$G(\text{罐/h})=60\,\frac{n}{T} \quad (4.40)$$

(4) 1h 内杀菌 x 罐所需的杀菌锅数量 N

$$N(\text{台})=\frac{x}{G} \quad (4.41)$$

(5) 制作杀菌工段操作图表

① 先计算装锅时间 t：

$$t(\text{min})=60\,\frac{n}{x} \quad (4.42)$$

② 计算一个杀菌操作周期时间 T 和杀菌锅所需的数量 N，则可制订操作表。

【例】设第一个锅 8：00 开始装锅，则第二锅是 8：00＋t 后装锅，第三锅是 8：00＋$2t$ 后装锅，以此类推，直至第 N 锅。第一个锅杀菌后出锅完毕的时间是 8：00＋T，第二个锅杀菌后出锅完毕的时间是 8：00＋（$T+t$），第三个锅杀菌后出锅完毕的时间是 8：00＋（$T+t+t$），以此类推，直至第 N 锅。这样即可制订出杀菌工段的操作图表。

解：如果根据计算需要 6 个杀菌锅，每个杀菌锅的装锅间隔时间 $t=26$min，杀菌式为 $\frac{25-90-25}{116℃}$(℃)，第一个杀菌锅在 8：00 开始装锅，则其操作安排见表 4-24。

表 4-24 杀菌工段的操作安排

过程	杀菌锅号表						
	1	2	3	4	5	6	7
装锅开始	8:00	8:26	8:52	9:18	9:44	10:10	10:36
装锅结束	8:05	8:31	8:57	9:23	9:49	10:15	10:41

续表

过程	杀菌锅号表						
	1	2	3	4	5	6	7
升温结束	8:30	8:56	9:22	9:48	10:14	10:40	11:06
杀菌结束	10:00	10:26	10:52	11:18	11:44	12:10	12:36
降温冷却结束	10:25	10:51	11:17	11:43	12:09	12:35	13:01
出锅结束	10:30	10:56	11:22	11:48	12:14	12:40	13:06

由表可知，1号杀菌锅于8：00开始装锅到杀菌全过程结束时是10：30，操作周期时间为150min。第二个周期开始是10：36，周期间隔时间为6min，第六号锅装锅结束时间是10：15，而1号锅出锅开始时间是10：25，即装锅和出锅时间最少相差10min，时间不冲突。

4.5.3 食品工厂设备的选用

4.5.3.1 液体输送设备的选型

(1) 液体输送设备

在液体输送设备中，常用的有流送槽、真空吸料装置和泵等。

① 流送槽是属于水力输送物料的装置，用于把原料从堆放场所送到清洗机或预煮机中，适用于番茄、蘑菇、菠萝和其他块茎类原料的输送。

② 真空吸料装置是一种简易的流体输送装置。只要工厂内有真空系统，除了可以对流体进行短距离输送及提升一定的高度以外，如果原有输送装置是密闭的，还可以直接利用这些设备进行真空吸料，不需要增添其他设备。

③ 在食品工厂常用的泵有离心泵、螺杆泵、齿轮泵等。

泵是实现供排水要求的主要设备，是主要的液体输送设备。

(2) 选型要求

泵在选型时应符合下列要求。

① 应满足泵站设计流量、设计扬程及不同时期供排水的要求，同时要求在整个运行范围内，机组安全、稳定，并且具有最高的平均效率。

② 在平均扬程时，水泵应在高效区运行；在最高和最低扬程时，水泵应能安全、稳定运行。排水泵站的主泵，在确保安全运行的前提下，其设计流量宜按最大单位流量计算。

③ 由多泥沙水源取水时，应计入泥沙含量、粒径对水泵性能的影响；水源介质有腐蚀性时，水泵叶轮及过流部件应有防腐措施。

④ 应优先选用国家推荐的系列产品和经过鉴定的产品，采用国外先进产品时，应有充分论证。

⑤ 具有多种泵型可供选择时，应综合分析水力性能，考虑运行调度的灵活性、可靠性、机组及其辅助设备造价、工程投资和运行费用以及主机组事故可能造成的损失等因素，择优确定。

⑥ 便于运行管理和检修。

(3) 选型步骤

泵的选型步骤如下。

① 确定排灌保证率。

② 绘制泵站排灌流量及扬程变化过程图。

③ 计算泵站设计扬程和设计流量。

④ 从水泵综合性能图或表中，查出符合设计扬程要求的几种不同型号的水泵。

⑤ 根据选型原则，确定最适宜的水泵（包括型号和台数）。

4.5.3.2 气体输送设备的选型

首先列出基本数据，通常包括：

① 气体的名称特性，湿含量，是否易燃易爆及是否有毒性等；

② 气体中含固形物、菌体量；

③ 操作条件，如温度、进出口压力、流量等；

④ 设备所在地的环境及对机电的要求等。

然后确定生产能力及压头。选择最大生产能力，并取适当安全系数；按要求分别计算通过设备和管道等的阻力并考虑增加 1.05～1.1 倍的安全系数；根据生产特点，计算出的生产能力、压头以及实际经验或中试经验，查询产品目录或手册，选出具体型号并记录该设备在标准条件下的性能参数，配用机电辅助设备等资料。对已查到的设备，要列出性能参数，并核对能否满足生产要求。在此基础上，确定安装尺寸，计算轴功率，确定冷却剂耗量，选定电机并确定备用台数，填写设备规格表。

最后将订货依据和选择设备过程的数据汇总。

4.5.3.3 固体输送设备的选型

常用的固体输送设备分为机械输送设备和流体输送设备两种。其中，机械输送设备包括带式输送机、斗式输送机和螺旋输送机；流体输送设备包括埋刮板输送机、气流输送设备、液体输送设备等。

固体输送设备由于其用途和功能不同，又分为带式输送机、斗式输送机、螺旋输送机、气力输送和液力输送等。

① 带式输送机是食品工厂中应用最广的一种连续输送机械，它常用于块状、颗粒状等物料及整件物料进行水平方向或倾斜方向运送。同时，还可用于拣选工作台、清洗和预处理操作台等，在罐头工厂一般常用在原料预处理、拣选、装填各工段以及成品包装仓库等。

② 斗式输送机在食品工厂连续化生产中，用于需要在不同高度来装运物料，将物料由该台机械运送到另一台机械上，或由地面运送到楼上等。

③ 螺旋输送机适用于需要密闭运输的物料，如粒状和颗粒状物料。

4.5.3.4 干燥设备的选型

① 适用性：干燥装置首先必须能适用于特定物料，且满足物料干燥的基本使用要求，包括能很好地处理物料（给进、输送、流态化、分散、传热排出等），并能满足处理量、脱水量、产品质量等方面的基本要求。

② 干燥速率高：仅就干燥速率看，对流干燥时物料高度分散在热空气中，临界含水率低，干燥速度快，而且同是对流干燥，干燥方法不同临界含水率也不同，干燥速率也不同。

③ 耗能低：不同干燥方法耗能指标不同，一般传导式干燥的热效率理论上可达 100%，对流式干燥只能达 70%左右。

④ 节省投资：完成同样功能的干燥装置，加热设备有的其造价相差悬殊，应选择性价比合适者使用。

⑤ 运行成本低：设备折旧费、耗能人工费、维修费、备件费等运行费用要尽量低廉。

⑥ 优先选择结构简单、备品备件供应充足、加热设备可靠性高、寿命长的干燥装置。

⑦ 符合环保要求，工作条件好，安全性高。

4.5.4 食品工厂设备的安装与调试

4.5.4.1 设备安装调试的任务及一般原则

① 安装前要进行技术交底，组织施工人员认真学习设备的有关技术资料，了解设备性能和安全要求及施工中应注意的事项。生产设备及其零部件的设计、加工、使用、安全卫生要求应符合《生产设备安全卫生设计总则》(GB 5083—1999) 的规定。

② 设备相对于地面墙壁和其他设备的布置，设备管道的配置和固定，设备和排污系统的连接，不应对卫生清洁工作的进行和检查形成障碍，也不应对产品安全卫生构成威胁。

③ 输送有别于生产的介质（如液压油、冷媒等）的管道支架的配置连接的部位，应能避免因工作过程中偶发故障或泄漏而对产品造成污染，也不应妨碍设备清洁卫生工作的进行。

④ 设备或安装中采用的绝热材料不应对大气和产品构成污染。在生产车间或间接和生产车间相接触而有可能对产品卫生构成威胁时，严禁在任何表面或夹层内采用玻璃纤维和矿渣棉作为绝热材料。

⑤ 设备安装过程中应按照机械设备安装验收有关要求，做好设备安装找平，保证安装稳固，减轻震动，避免变性，保证加工精度，防止不合理的磨损。

⑥ 安装过程中，装配连接、电气线路等项目的施工要按照规范执行。

⑦ 安装工序中如果有恒温、防震、防尘、防潮、防火等特殊要求时，应采取措施，条件具备后方能进行该项工程的施工。

4.5.4.2 设备安装调试的一般步骤

(1) 开箱验收

新设备到货后，由设备管理部门会同购置部门、使用部门（或接收部门）进行开箱验收，检查设备在运输过程中有无损坏、丢失，附件、随机备件、专用工具、技术资料等是否与合同、装箱单相符，并填写设备开箱验收单，存入设备档案，若有缺损及不合格现象应立即向有关单位交涉处理，索取或索赔。

(2) 设备安装施工

按照工艺技术部绘制的设备工艺平面布置图及安装施工图、基础图、设备轮廓尺寸以及相互间距等要求划线定位，组织基础施工及设备搬运就位。在设计设备工艺平面布置图时，对设备定位要考虑以下因素。

① 应适应工艺流程的需要。

② 应方便工件的存放、运输和现场的清理。

③ 设备及其附属装置的外尺寸、运动部件的极限位置及安全距离。

④ 应满足设备安装、维修、操作安全的要求。

⑤ 厂房与设备工作应匹配，包括门的宽度、高度，厂房的宽度、高度等。

(3) 设备试运转

设备试运转一般可分为空转试验、负荷试验、精度试验三种。

① 空转试验：在无负荷运转状态下，考核设备安装精度的保持性、设备的稳固性，以

及传动、操纵、控制、润滑、液压等系统是否正常、灵敏可靠等。一定时间的空负荷运转是新设备投入使用前必须进行磨合的一个不可缺少的步骤。

② 负荷试验：实验设备在数个标准负荷工况下进行试验，在有些情况下可结合生产进行试验。在负荷试验中应按规范检查轴承的温升，考核液压系统、传动、操纵、控制、安全等装置工作是否达到出厂的标准，是否正常、安全、可靠。不同负荷状态下的试运转，也是新设备进行磨合所必须进行的工作，磨合实验进行的质量如何，对于设备使用寿命影响极大。

③ 精度试验：一般应在负荷试验后按说明书的规定进行，既要检查设备本身的几何精度，也要检查其工作（加工产品）的精度。

(4) 设备试运行后的工作

首先断开设备的总电路和动力源，然后做好下列设备检查、记录工作。

① 做好磨合后对设备的清洗、润滑、紧固，更换或检修故障零部件并进行调试，使设备进入最佳使用状态。

② 做好并整理设备几何精度、加工精度的检查记录和其他机能的试验记录。

③ 整理设备试运转中的情况（包括故障排除）记录。

④ 对于无法调整和消除的问题，分析原因，从设备设计、制造、运输、保管、安装等方面进行归纳。

⑤ 对设备试运转做出评定结论，处理意见，办理移交生产的手续，并注明参加试运转的人员和日期。

(5) 设备安装工程的验收与移交使用

① 设备基础的施工验收由修建部门质量检查员会同土建施工员进行验收，填写施工验收单。基础的施工质量必须符合基础图和技术要求。

② 设备安装工程的最后验收，在设备调试合格后进行。有设备管理部门和工艺技术部门会同其他部门，在安装、检查、安全、使用等各方面有关人员共同参加下进行验收，作出鉴定，填写安装施工质量、精度检验、安全性能、试车运转记录等凭证和验收移交单，设备管理部门和使用部门签字方可竣工。

③ 设备验收合格后办理移交手续。设备开箱验收单（或设备安装移交验收单）、设备运转试验记录单由参加验收的各方人员签字后，随设备带来的技术文件，由设备管理部门纳入设备档案管理；随设备的配件、备品，应填写备件入库单，送交设备仓库入库保管。安全管理部门应就安装时出现的严重的安全问题进行建档。

④ 设备移交完毕，由设备管理部门签署设备投产通知书，并将副本分别交设备管理部门、使用单位、财务部门、生产管理部门，作为存档、通知开始使用、固定资产管理凭证、考核工程计划的依据。

4.6 劳动力安排

4.6.1 劳动力计算的目的与意义

劳动定员是指企业在投产后，全面达到设计指标和正常操作管理水平的标志。将劳动定员数与计划产量相比较，可得出“劳动生产率”，这是技术经济分析的一个重要指标，也是进行生产成本计算中的一个重要的组成部分。

劳动力计算在食品工厂设计中主要用于工厂定员定编、生活设施（如工厂更衣室、食堂、厕所、办公室、托儿所等）的面积计算和生活用水、用汽量的计算，产品产量、定额指标的制订及工资福利估算，保证设备的合理使用和人员的合理配置。

4.6.2 劳动定员的依据及组成

4.6.2.1 劳动定员的依据

①国家相关的法律、法规和各项规章制度；②工厂和车间的生产计划（包括产品品种和产量）；③生产运营复杂程度与自动化水平；④劳动定额、产量定额、设备维护定额及服务定额等；⑤工作制度（如连续或间接生产、每日班次）；⑥出勤率（是指全年扣除法定节假日、病假、事假等因素以外的有效工作日和工作时间）。

4.6.2.2 劳动定员的组成

工厂职工按其工作岗位和职责的不同分为两大类，各类职工再分为不同的岗位与工种，具体分为生产人员和非生产人员。生产人员包括基本工人和辅助工人，前者如岗位生产工人，后者如动力、维修、化验和运输人员等；非生产人员包括管理人员和服务人员，前者如技术人员，后者如行政人员和后勤人员中的警卫、卫生、炊事、清杂人员等（见表4-25）。

表4-25　劳动定员分类表

<table>
<tr><td rowspan="5">职工</td><td rowspan="2">生产人员</td><td>基本工人</td><td>岗位生产工人</td></tr>
<tr><td>辅助工人</td><td>动力、维修、化验、运输人员等</td></tr>
<tr><td rowspan="3">非生产人员</td><td>管理人员</td><td>技术人员</td></tr>
<tr><td rowspan="2">服务人员</td><td>行政人员</td></tr>
<tr><td>后勤人员（警卫、卫生、炊事、清杂人员等）</td></tr>
</table>

在具体劳动定员时，应根据企业性质、规模、生产组织结构等进行责任制、岗位制的确定，在明确定员的类别组成后，可按表4-26和表4-27的要求进行定员。

表4-26　车间定员表

<table>
<tr><td rowspan="2">序号</td><td rowspan="2">工种名称</td><td colspan="2">生产工人</td><td colspan="2">辅助工人</td><td rowspan="2">管理人员</td><td rowspan="2">操作班数</td><td rowspan="2">轮休人员</td><td rowspan="2">合计</td></tr>
<tr><td>每班定员</td><td>技术等级</td><td>每班定员</td><td>技术等级</td></tr>
<tr><td></td><td></td><td></td><td></td><td></td><td></td><td></td><td></td><td></td><td></td></tr>
<tr><td></td><td></td><td></td><td></td><td></td><td></td><td></td><td></td><td></td><td></td></tr>
<tr><td></td><td></td><td></td><td></td><td></td><td></td><td></td><td></td><td></td><td></td></tr>
<tr><td></td><td></td><td></td><td></td><td></td><td></td><td></td><td></td><td></td><td></td></tr>
<tr><td colspan="2">合计</td><td colspan="2"></td><td colspan="2"></td><td></td><td></td><td></td><td></td></tr>
</table>

表4-27　全厂定员表

<table>
<tr><td rowspan="2">序号</td><td rowspan="2">部门</td><td rowspan="2">职务</td><td colspan="6">人数</td><td rowspan="2">备注</td></tr>
<tr><td>管理人员</td><td>技术人员</td><td>生产人员</td><td>辅助生产人员</td><td>后勤人员</td><td>合计</td></tr>
<tr><td>1</td><td>厂部科室</td><td></td><td></td><td></td><td></td><td></td><td></td><td></td><td></td></tr>
<tr><td>2</td><td>生产车间</td><td></td><td></td><td></td><td></td><td></td><td></td><td></td><td></td></tr>
</table>

续表

序号	部门	职务	人数						备注
			管理人员	技术人员	生产人员	辅助生产人员	后勤人员	合计	
3	辅助车间								
4	后勤服务								
5	其他								
6	合计								
7	占全员的比例								
8	临时工								
	季节工								

4.6.3 劳动力的计算

食品工厂需按良好生产操作规范（good manufacturing practice，GMP）、危害分析与关键控制点（hazard analysis and critical control point，HACCP）、质量安全（quality safety，QS）的要求进行组织生产，对劳动力的要求也越来越高，同时由于受原料供应和市场需求等因素的影响，食品工厂生产呈现出极强的季节性；食品生产卫生条件要求较高，生产工艺复杂，对食品工厂的劳动力需求带来一定的影响。在食品工厂设计中若劳动力定员过少，会使投产后生活设施不足，工人超负荷工作，进而影响生产的正常进行；定员过多，会造成资源的浪费，加大生产成本的投入。在实践中，劳动力数量既不能单靠经验估算，也不能将各工序岗位人数简单累加。随着科学技术发展和自动化生产线的应用，食品生产自动化程度得到大幅提高，这不仅提升了产品质量，也缩短了产品生产周期。自动化在食品工厂生产中的地位逐渐凸显，自动化程度决定着食品工厂的生产能力。由于还有许多技术难关未解决，当前大多数食品工厂的车间生产是由机器生产和手工作业共同完成的。按照生产旺季的产品方案，兼顾生产淡季，以主要工艺设备（如方便面生产中的油炸机、饮料生产中的充填机）的生产能力为基础进行计算。

4.6.3.1 各生产工序的劳动力计算

按照生产工序的自动化程度高低分两种情况计算。

(1) 自动化程度较低的生产工序

对于自动化程度较低的生产工序，即基本以手工作业为主的工序，根据生产单位质量品种所需劳动工日来计算，若用 P_1 表示每班所需工人数，则：

$$P_1(\text{人/班})=\text{劳动生产率}(\text{人/产品})\times\text{班产量}(\text{产品/班}) \tag{4.43}$$

大多数食品工厂同类生产工序手工作业劳动生产率是相近的，手工作业常见于食品工厂的初加工生产工序，如水果去核、去皮，肉类的剔骨、去皮、分割、切肉等。此外，若采用人工作业生产成本较低时，也经常选用该种生产方式。

(2) 自动化程度较高的生产工序

对于自动化程度较高的工序，即以机器生产为主的工序，根据每台设备所需的劳动工日来计算，若用 P_2 表示每班所需人数，则：

$$P_2(\text{人/班})=\sum K_iM_i(\text{人/班}) \tag{4.44}$$

式中，M_i 为 i 种设备每班所需人数。K_i 为相关系数，其值小于等于 1，影响相关系数大小的因素主要有同类设备数量，相邻设备距离远近及操作难度、强度及环境等。

4.6.3.2 生产车间的劳动力计算

在实际生产中，常常是以上两种工序并存。若用 P 表示车间的总劳动力数量（单位为人），则：

$$P=3S(P_1+P_2+P_3) \tag{4.45}$$

式中 3——在旺季时实行3班制生产；

S——修正系数，其值≤1；

P_3——辅助生产人员总数，如生产管理人员、材料采购及保管人员、运输人员、检验人员等，具体计算方法可查阅相关资料来确定。

男女比例由工作岗位的性质决定。强度大、环境差、技术含量较高的工种以男性为主，女性能够胜任的工种则尽量使用女工。此外，能够采用临时工的岗位，应以临时工为主，以便可以加大淡、旺季劳动力的调节空间。

4.6.4 劳动力安排计算案例

以利乐TBA/8生产车间的劳动力计算为例。

4.6.4.1 确定工艺流程

由食品工厂的工艺设计可知其工艺流程如下（图4-20）。

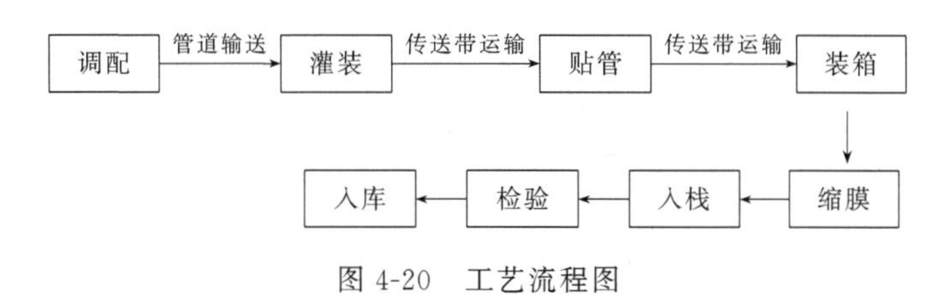

图4-20 工艺流程图

4.6.4.2 确定设备的生产能力及操作要求

由设备选型资料可知利乐TBA/8车间设备的生产能力及操作要求，如表4-28所示。

表4-28 利乐TBA/8车间设备清单

设备名称	生产能力/(包/h)	数量/台	操作人员素质要求	每台所需人数/人
无菌灌装机	6000	4	本科以上学历	1
贴管机	7500	4	技术工人	1
缩膜机	1100	1	技术工人	1

4.6.4.3 确定工序生产方式

由相关资料可知利乐TBA/8车间生产工序和生产方式，如表4-29所示。

表4-29 利乐TBA/8车间生产工序和生产方式

工序名称	生产方式
调配	由调配车间调制好调配液经管道自动送入无菌包装机
灌装	采用利乐无菌包装机生产，然后由传送带自动送入贴管机

续表

工序名称	生产方式
贴管	由贴管机自动贴管后经传送带自动送到装箱处
装箱	人工装箱后送入缩膜机进行缩膜
缩膜	由缩膜机自动缩膜
入栈	由人工将缩膜好的每箱饮料在栈板分层摆放
检验	由检验员对已摆好的每栈板饮料进行检验
入库	由运输设备搬运入库

4.6.4.4 计算班产量

根据产品方案可知班产量，但这是一个平均值，而劳动力的需求应按最大班产量来计算，这样才能使生产需求和人员供应达到动态平衡。利乐 TBA/8 生产车间班产量主要是由无菌包装机所决定的。若每班工作 8h，则：班产量＝4（台）×6000（包/h）×8（h/班）＝192000（包/班）＝8000（箱/班）（注：1 箱＝24 包）。

4.6.4.5 各生产工序劳动力计算

利乐 TBA/8 生产车间各工序劳动力计算，见表 4-30。

表 4-30 利乐 TBA/8 生产车间各生产工序劳动力计算

工序名称	计算依据	人数	性别	文化素质	主要职责
包装	相关系数 $K_{包装}=1$	4	男	本科以上	无菌包装机的操作、保养及车间设备的维修
贴管	相关系数 $K_{贴管}=0.5$	4	女	中专以上	贴管机的操作、保养
装箱	劳动生产率为 0.001 人/箱	8	女	普通工人	手工装箱
缩膜	相关系数 $K_{缩膜}=1$	1	女	中专以上	缩膜机的操作、保养
入栈	劳动生产率为 0.0003 人/箱	3	男	普通工人	手工搬运产品至栈板并摆放好
检验	劳动生产率为 0.0002 人/箱	2	女	本科以上	检验产品是否合格
入库	每台叉车需 1 人	1	女	中专以上	运输产品入库

4.6.4.6 生产车间劳动力计算

$P_1=P_{装箱}+P_{入栈}=8+3=11$；$P_2=K_{包装}M_{包装}+K_{贴管}M_{贴管}+K_{缩膜}M_{缩膜}=4\times1+4\times0.5+1\times1=7$(人/班)；另外因车间管理和随时调配的需要，需要增加 3 名机动人员，均为男性，本科以上学历，能够参与车间管理和填补每种岗位的空缺。故 $P_3=P_{检验}+P_{入库}+P_{机动}=2+1+3=6$（人/班）。考虑到车间生产在员工休息时不停机，修正系统 S 取 1。在生产旺季时每天实行 3 班生产，因此车间的劳动力总数 $P=3S(P_1+P_2+P_3)=3\times1\times(11+7+6)=72$（人/d）。其中男员工 30 人，女员工为 42 人，临时工 33 人，正式工 39 人，本科以上学历的员工为 27 人。食品工厂劳动生产率的高低，主要取决于原料的新鲜度、原料的成熟度、人工操作的熟练程度以及设备的机械化程度等，制订产品方案时就应注意到这一点。所以，在设计中确定每一个产品的劳动生产率指标时，尽可能地用生产条件相仿的老厂。另外，在编排产品方案时，尽可能地用班产量来调节劳动力，使每班所需工人人数基本相同。对于季节性强的产品，在高峰期允许使用临时工，为保证高峰期的正常生产，生产骨干应为基本工人。在平时正常生产时，基本工人应该是平衡的。

下面提供罐头食品工厂生产操作的劳动力定额，见表 4-31。

表 4-31 罐头食品工厂生产操作的劳动力定额

生产工序	单位	数量	生产工序	单位	数量
猪肉拔毛	kg/h	265	擦罐	箱/h	490
剔骨	kg/h	213	实罐装箱	箱/h	20
分段	kg/h	346	捆箱	箱/h	75
去皮	kg/h	277	钉木箱	箱/h	60
切肉	kg/h	284	贴商标	罐/h	1200
洗空罐	罐/h	900	刷箱	箱/h	150
肉类罐头	kg/h	571	切鸡腿	kg/h	378
橘子去皮去络	kg/h	16	鸡拔毛	kg/h	14.5
橘子去核	kg/h	12	鸡切大块	kg/h	150
橘子装罐	罐/h	1200	鸡切小块	kg/h	90
苹果去皮	kg/h	10	鸡装罐	箱/h	210
苹果切块	kg/h	60	桃子去核	kg/h	30
苹果去核	kg/h	20	苹果装罐	箱/h	500

4.7 管路设计

4.7.1 管路设计的概述

管路系统是食品工厂生产过程中必不可少的部分，各种物料及气体都要用管路来输送。同时，食品工厂中设备与设备间的相互连接，也要依靠管路组成一条连续化生产线，管路系统是组成生产线的血脉。管路设计是食品工厂设计中的一个重要组成部分。管路设计是否先进合理，不仅关系到建设指标，还关系到正常的生产及厂房车间布置的美观和良好的通风采光。因此，对于乳品厂、饮料厂、啤酒厂等成套设备，在进行工艺设计时，特别是在施工图设计阶段，工作量最大、时间耗费最多的是管路设计。也就是说，管路计算和管道安装具有重要的意义。

4.7.2 工艺管路设计的计算及水泵的选择

4.7.2.1 管路设计的计算

(1) 确定管径 *D*

① 计算法

有下列计算公式

$$Q=Fv=\frac{\pi}{4}D^2v$$

$$D=\sqrt{\frac{4Q}{\pi v}}\approx 1.128\sqrt{\frac{Q}{v}} \tag{4.46}$$

式中 D——管道设计断面处的计算内径，m；

Q——通过管道设计断面的水流量，m^2/s；

F——管道设计断面的面积，m^2；

v——管道设计断面处的水流平均速度，m/s。

对于 Dg300 的钢管和铸铁管，考虑新管用旧后的锈蚀、沉垢等情况，应加 1mm 作为管内径，而后再查管子的规格，选用最相近的管子。

在设计时，选用的流速 v 过小，则需较大的管径，管材用量多，投资费用大；若设计时选用的流速 v 较大，则管道的压头损失太大，动力消耗大，浪费能源。因此，在确定管径时，应选取适当的流速。根据长期工业实践的经验，找到了不同介质较为合适的常用流速，见表 4-32 所示。

表 4-32　管道输送常用流速

介质名称	型号	流速/(m/s)	介质名称	型号	流速/(m/s)
给水、冷冻水	Dg15～50	0.5～1.0	饱和蒸汽	Dg15～20	10～15
	Dg50 以上	0.8～2.0		Dg25～32	15～20
	蛇盘管	<0.1		Dg40	20～25
自流凝结水	Dg15～18	0.1～0.3		Dg50～80	20～30
压缩空气	小于 Dg50	100～150		Dg100～150	25～30
煤气	Dg25～50	≤4.0	真空	Dg15～40	<8.0
	Dg70～100	≤6.0		Dg50～100	<10
低压冷凝水	Dg15～20	≤0.5	车间风管	干管	8～12
	Dg25～32	≤0.7		支管	2～8
	Dg40～50	≤1.0	车间排水	暗沟	0.6～4.0
	Dg70～80	≤1.6		明沟	0.4～2.0

② 查表法

根据给水钢管（水、煤气管）水力计算表（表 4-33），其中有 $Q_{(qv)}$、Dg、v、i 这 4 个参数，只要知道其中任意 3 个数值，就可从表中查到剩下的另外需求的参数。该表按清水、水温为 10℃、垢层厚度为 0.5mm 的情况算得。水的黏滞性与水的温度有负相关的关系，故 i 与水温也为负相关。但因自来水温与 10℃相差不大，故一般均可不考虑这项微小的影响。

表 4-33　给水钢管（水、煤气管）水力计算表

$Q_{(qv)}$	Dg15		Dg20		Dg25		Dg32		Dg40		Dg50		Dg70		Dg80		Dg100	
	v	i	v	i	v	i	v	i	v	i	v	i	v	i	v	i	v	i
0.05	0.29	28.4																
0.07	0.41	51.8	0.22	11.1														
0.10	0.58	98.5	0.31	20.8														
0.12	0.70	137	0.37	28.8	0.23	8.59												
0.14	0.82	182	0.43	38	0.26	11.3												
0.16	0.94	234	0.50	48.5	0.30	14.2												
0.18	1.05	291	0.56	60.1	0.34	17.6												
0.20	1.17	354	0.62	72.7	0.38	21.3	0.21		5.22									
0.25	1.46	551	0.78	109	0.47	31.8	0.26	7.70	0.20	3.92								
0.30	1.76	793	0.93	153	0.56	44.2	0.32	10.7	0.24	5.43								
0.35			1.09	204	0.66	58.6	0.37	14.1	0.28	7.08								
0.40			1.24	263	0.75	74.8	0.42	17.9	0.32	8.98								
0.45			1.40	233	0.85	93.2	0.47	22.1	0.36	11.1	0.21	3.12						
0.50			1.55	411	0.94	113	0.53	26.7	0.40	13.4	0.23	3.74						

续表

$Q_{(qv)}$	Dg15		Dg20		Dg25		Dg32		Dg40		Dg50		Dg70		Dg80		Dg100	
	v	i	v	i	v	i	v	i	v	i	v	i	v	i	v	i	v	i
0.55			1.71	497	1.04	135	0.58	31.8	0.44	15.9	0.26	4.44						
0.60			1.86	591	1.13	159	0.63	37.2	0.48	18.4	0.28	5.16						
0.65			2.02	694	1.22	185	0.68	43.1	0.52	21.5	0.21	5.97						
0.70					1.32	214	0.74	49.5	0.56	24.6	0.33	6.83	0.20	1.99				
0.75					1.41	246	0.79	56.2	0.60	28.3	0.35	7.70	0.21	2.26				
0.80					1.51	279	0.84	63.2	0.64	31.4	0.28	8.52	0.23	2.53				
0.85					1.60	316	0.90	70.7	0.68	35.1	0.40	9.62	0.24	2.81				
0.90					1.69	254	0.95	78.7	0.72	39.0	0.42	10.7	0.25	3.11				
0.95					1.79	394	1.00	86.9	0.76	43.1	0.45	11.8	0.27	3.42				
1.00					1.88	437	1.05	95.7	0.80	47.2	0.47	12.9	0.28	3.76	0.20	1.64		
1.10					2.07	528	1.16	114	0.87	56.4	0.52	15.3	0.31	4.44	0.22	1.95		
1.20							1.27	135	0.95	66.3	0.56	18	0.34	5.13	0.24	2.27		
1.30							1.37	159	1.03	76.9	0.61	20.8	0.27	5.99	0.26	2.61		
1.40							1.48	184	1.11	88.4	0.66	23.7	0.40	6.83	0.28	2.97		
1.50							1.58	211	1.19	101	0.71	27	0.42	7.72	0.30	3.36		
1.60							1.69	240	1.27	114	0.75	30.4	0.45	8.70	0.32	3.76		
1.70							1.79	271	1.35	129	0.80	34.0	0.48	9.69	0.34	4.19		
1.80							1.90	304	1.43	144	0.85	37.8	0.51	10.7	0.36	4.66		
1.90							2.00	339	1.51	161	0.89	41.8	0.54	11.9	0.38	5.13		
2.0									1.59	178	0.94	46.0	0.57	13	0.40	5.62	0.23	1.47
2.2									1.75	216	1.04	54.9	0.62	15.5	0.44	6.66	0.25	1.72
2.4									1.91	256	1.12	64.5	0.68	18.2	0.48	7.79	0.28	2.0
2.6									2.07	301	1.22	74.9	0.74	21	0.52	9.03	0.30	2.31
2.8											1.32	86.9	0.79	24.1	0.56	10.2	0.32	2.63
3.0											1.41	99.8	0.80	27.4	0.60	11.7	0.35	2.98
3.5											1.65	136	0.99	36.5	0.70	15.5	0.40	3.93
4.0											1.88	977	1.13	46.8	0.81	19.8	0.46	5.01
4.5											2.12	224	1.28	58.6	0.91	24.6	0.58	7.49
5.0											2.35	277	1.42	72.3	1.01	30	0.58	7.49
5.5											2.59	335	1.56	87.5	0.11	35.8	0.63	8.92
6.0													1.70	104	1.21	42.1	0.69	10.5
6.5													1.84	122	1.31	49.4	0.75	12.1
7.0													1.99	142	1.41	57.3	0.81	13.9
7.5													2.13	163	1.51	65.7	0.87	15.8
8.0													2.27	185	1.61	74.8	0.92	17.8
8.5													2.41	209	1.71	84.4	0.98	19.9
9.0													5.55	234	1.81	94.6	1.04	22.1
9.5															1.91	105	1.10	24.5
10.0															2.01	117	1.15	26.9
10.5															2.11	129	1.21	29.5
11.0															2.21	141	1.27	32.4
11.5															2.22	155	1.33	35.4
12.0															2.42	168	1.39	38.5
12.5															2.52	183	1.44	41.8
13.0																	1.50	45.2
14.0																	1.62	52.4
15.0																	1.73	60.2
16.0																	1.85	68.5
17.0																	1.96	77.3
20.0																	2.31	107

(2) 阻力计算

① 沿程水头损失 h_1

水在沿着管子计算内径 D 和单位长度水头损失 i（又叫水力坡度）不变的匀直管段全程流动时，为克服阻力而损失的水头，叫沿程水头损失 h_1（m）。

当 $v \geqslant 1.2$m/s 时

$$h_1 = iL = (0.00107\frac{v^2}{D^{1.3}})L \tag{4.47}$$

或

$$h_1 = (0.001736\frac{Q^2}{D^{5.3}})L \tag{4.48}$$

式中 i——单位管长的水头损失，mm/m；

Q——流量，m^3/m；

L——管长，m；

v——流速，m/s；

D——管子的计算内径，m。

当 $v < 1.2$m/s 时

$$h_1 = iL = [0.000912(1+\frac{0.867}{v})^{0.3}\frac{v^2}{D^{1.3}}]L \tag{4.49}$$

或

$$h_1 = K[0.001756\frac{Q^2}{D^{5.3}}]L \tag{4.50}$$

式中：Q、i、L、v、D 含义同上式，K 为修正系数（见表 4-34）。

表 4-34 当 $v < 1.2$m/s 时的修正系数 K 值

v/(m/s)	0.20	0.25	0.30	0.35	0.40	0.45	0.50	0.55	0.60
K	1.41	1.33	1.28	1.24	1.20	1.175	1.15	1.13	1.115
v/(m/s)	0.65	0.70	0.75	0.80	0.85	0.90	1.0	1.1	≥1.20
K	1.10	1.085	1.07	1.06	1.05	1.04	1.03	1.015	1.00

② 局部水头损失 h_2

水流经过断面面积或方向发生改变从而引起速度发生突变的地方（如阀门、缩节、弯头等）时，所损失的水头，叫局部水头损失 h_2（m）。它可用局部阻力系数来计算，这叫精确计算法，亦可用沿程水头损失乘上一个经验系数的方法，这叫概略算法。概略算法较简便，在工程计算中用得较多。

a. 精确计算法

计算公式为

$$h_2 = \sum\zeta\frac{v^2}{2g} \tag{4.51}$$

式中 ζ——局部阻力系数（见表 4-35）；

v——流速，m/s；

g——重力加速度，$9.81m/s^2$。

表 4-35　局部阻力系数

接头配件、附件名称	阻力系数	接头配件、附件名称	阻力系数
三通	2.0	阀门(直径 50mm)	0.47
合流三通	3.0	阀门(直径 70mm)	0.27
分流三通	1.5	阀门(直径 100mm)	0.18
顺流三通	0.05～0.1	阀门(直径 150mm)	0.08
带镶边的管子入口	0.5	普通球阀	3.9
带圆嵌边的管子入口	0.25	开肩式旋转龙头	1.0
入水箱的管子入口	1.0	逆止器	1.3～1.7
扩张大小头	0.073～0.91(v 按大管计算)	突然扩大	0～81
收缩大小头	0.24(v 按小管计算)	突然缩小	0～0.5
90°普通弯头	0.08		

b. 概略算法（常用）

计算公式为

(a) 生活给水管网

$$h_2=(20\%\sim30\%)h_1 \tag{4.52}$$

式中　h_1——沿程水头损失，m。

(b) 生产给水管网

$$h_2=20\%h_1 \tag{4.53}$$

(c) 消防给水管网

$$h_2=10\%h_1 \tag{4.54}$$

(d) 生活、生产、消防合用管网

$$h_2=20\%h_1 \tag{4.55}$$

(3) 总水头损失 H_2 (m)

水在流动过程中，用于克服阻力而消耗的（机械）能，称为总水头损失。

① 精确计算法

公式为

$$H_2=h_1+h_2=iL+\sum\zeta\frac{v^2}{2g} \tag{4.56}$$

② 概略算法

公式为

$$H_2=h_1+h_2=h_1+(0.1\sim0.3)h_1=(1.1\sim1.3)h_1 \tag{4.57}$$

4.7.2.2　水泵的选择

水泵的选择是根据流量 Q 和扬程 H 两个参数进行的。

(1) 确定 Q 值

① 无水箱。无水箱时，设计采用秒流量 Q。

② 有水箱。有水箱时，采用最大小时流量计算。

(2) 确定扬程 H

计算公式为

$$H=H_1+H_2+H_3+H_4 \tag{4.58}$$

式中　H_1——几何扬程（从吸水池最低水位至输水终点的净几何高差），m；

H_2——阻力扬程（为克服全部吸水、压水、输水管道和配件之总阻力所耗的水头），m；

H_3——设备扬程（即输水终点必需的流出水头），m；

H_4——扬程余量（一般采用 2～3m），m。

4.7.2.3 管路膨胀与补偿

管路在输送热介质液体（如蒸汽、冷凝水、过热水等）时要受到热膨胀，对此应考虑管路的热伸长量的补偿问题。管路受热伸长量可按下式计算：

$$\Delta L=\alpha L(t_1-t_2) \tag{4.59}$$

式中 ΔL——热伸长量，m；

α——材料的线膨胀系数（见表 4-36）；

L——管路长度，m；

t_1——输送介质的温度，K；

t_2——管路安装时空气的温度，K。

表 4-36 各种材料的线膨胀系数

管子材料	α 值/[m/(m·K)]	管子材料	α 值/[m/(m·K)]
镍钢	13.1×10^{-6}	铁	12.35×10^{-6}
镍铬钢	11.7×10^{-6}	铜	15.96×10^{-6}
碳素钢	11.7×10^{-6}	铸铁	11×10^{-6}
不锈钢	10.3×10^{-6}	青铜	18×10^{-6}
铝	8.4×10^{-6}	聚氯乙烯	7×10^{-6}

从计算公式可以看出，管路的热伸长量 ΔL 与管长、温度差的大小成正比关系。在直管中的弯管处可以自行补偿一部分伸长的变形，但对比较长的管路往往是不够的，所以须设置补偿器来进行补偿。如果达不到合理的补偿，则管路的热伸长量会产生很大的内应力，甚至使管架或管路变形损坏。常见的补偿器有Ⅱ型、Ω 型、波型、填料型等几种（如表 4-37），其中波型补偿器使用在管径较大的管路中，Ⅱ型和 Ω 型补偿器制作比较方便，在蒸汽管路中采用较为普遍，而填料型大多用于铸铁管路和其他脆性材料的管路。

表 4-37 补偿器

Ⅱ型	Ω 型	波型	填料型

4.7.2.4 管路的保温与标志

（1）管路的保温

管路保温的目的是使管内介质在输送过程中，不冷却、不升温，也就是不受外界温度的影响而改变介质的状态。管路保温采用保温材料包裹管外壁的方法。保温材料常采用导热性差的材料，常用的有毛毡、石棉、玻璃棉、矿渣棉、珠光砂、其他石棉水泥制品等。管路保温层的厚度要根据管路介质热损失的允许值（蒸汽管道每米热损失许可范围见表 4-38）和保温材料的导热性能（表 4-39 和表 4-40），通过计算来确定。

表 4-38 蒸汽管道每米热损失许可范围 单位：J/(m·s·K)

型号	管内介质与周围介质的温度差				
	45K	75K	125K	175K	225K
Dg25	0.570	0.488	0.473	0.465	0.459

续表

型号	管内介质与周围介质的温度差				
	45K	75K	125K	175K	225K
Dg32	0.671	0.558	0.521	0.505	0.497
Dg40	0.750	0.621	0.568	0.544	0.528
Dg50	0.775	0.698	0.605	0.565	0.543
Dg70	0.916	0.775	0.651	0.633	0.594
Dg100	1.163	0.930	0.791	0.733	0.698
Dg125	1.291	1.008	0.861	0.798	0.750
Dg150	1.419	1.163	0.930	0.864	0.827

表 4-39　部分保温材料的导热系数　　单位：J/(m·s·K)

名称	导热系数	名称	导热系数
聚氯乙烯	0.163	软木	0.041～0.064
聚苯乙烯	0.081	锅炉煤渣	0.186～0.302
低压聚乙烯	0.291	石棉板	0.116
高压聚乙烯	0.254	石棉水泥	0.349
松木	0.070～0.105		

表 4-40　管道保温厚度选择　　单位：mm

保温材料的导热系数/[J/(m·s·K)]	蒸汽温度/K	管道直径(Dg)			
		50	70～100	125～200	250～300
0.087	373	40	50	60	70
0.093	473	50	60	70	80
0.105	573	60	70	80	90

注：在 263～283K 范围内一般管径的冷冻水（盐水）管保温采用 50mm 厚聚乙烯泡沫塑料双合管。

在保温层的施工中，必须使被保温的管路周围充分填满，保温层要均匀、完整、牢固。保温层的外面还应采用石棉水泥抹面，防止保温层开裂。在有些要求较高的管路中，保温层外面还需缠绕玻璃布或加铁皮外壳，以免保温层受雨水侵蚀而影响保温效果。

(2) 管路的标志

食品工厂生产车间需要的管道较多，一般有水、蒸汽、真空、压缩气和各种流体、物料等管道。为了区分各种管道，往往在管道外壁或保温层外面涂有各种不同颜色油漆的标志。这些标志既可以保护管路外壁不受大气环境的影响而腐蚀，又可用来区别管路的类别，可以清楚地知道管路输送的是什么介质，这就是管路的标志。这样，既有利于生产中的工艺检查，又可避免管路检修中的错乱和混淆。现将管路涂色标志列于表 4-41。

表 4-41　管路涂色标志

序号	介质名称	涂色	管道注字名称	注字颜色
1	工业水	绿	上水	白
2	井水	绿	井水	白
3	生活水	绿	生活水	白
4	过滤水	绿	过滤水	白
5	循环上水	绿	循环上水	白
6	循环下水	绿	循环回水	白
7	软化水	绿	软化水	白
8	清净下水	绿	净下水	白
9	热循环水(上)	暗红	热水(上)	白

续表

序号	介质名称	涂色	管道注字名称	注字颜色
10	热循环回水	暗红	热水(回)	白
11	消防水	绿	消防水	红
12	消防泡沫	红	消防泡沫	白
13	冷冻水(上)	淡绿	冷冻水	红
14	冷冻回水	淡绿	冷冻回水	红
15	冷冻盐水(上)	淡绿	冷冻盐水(上)	红
16	冷冻盐水(回)	淡绿	冷冻盐水(回)	红
17	低压蒸汽＜1.3MPa	红	低压蒸汽	白
18	中压蒸汽 1.3MPa～＜4.0MPa	红	中压蒸汽	白
19	高压蒸汽＞4.0MPa～12.0MPa	红	高压蒸汽	白
20	过热蒸汽	暗红	过热蒸汽	白
21	蒸汽回水冷凝液	暗红	蒸汽冷凝液(回)	绿
22	废弃的蒸汽冷凝液	暗红	蒸汽冷凝液(废)	黑
23	空气(工艺用压缩空气)	深蓝	压缩空气	白
24	仪表用空气	深蓝	仪表空气	白
25	真空	白	真空	天蓝
26	氨气	黄	氨	黑
27	液氨	黄	液氨	黑
28	煤气灯可燃气体	紫	煤气(可燃气体)	白
29	可燃液体(油类)	银白	油类(可燃气体)	黑
30	物料管道	红	按管道介质注字	黄

4.7.2.5 管路布置

(1) 管路设计资料

在进行管路设计时，应具有以下资料：①工艺流程图；②车间设备平面布置图和立面布置图；③重点设备总图，并表明流体进出口位置及管径；④物料计算和热量计算（包括管路计算）资料；⑤工厂所在地地质资料（主要是地下水和冻结深度等）；⑥地区气候条件；⑦厂房建筑结构；⑧其他（如水源、锅炉房蒸汽压力、水压力等）。

(2) 管路说明书

管路设计应完成下列图纸和说明书：①管路配置图，包括管路平面图和重点设备管路立面图、管路透视图；②管路支架及特殊管件制造图；③施工说明，其内容为施工中应注意的问题、各种管路的坡度、保温的要求。

(3) 管路布置图

管路布置图也叫管路配置图，是表示车间内外设备，机器间管道的连接和阀件、管件、控制仪表等安装情况的图样。施工单位根据管道布置图进行管道、管道附件及控制仪表等的安装。

管路布置图可根据车间平面布置图及设备图来进行设计绘制，它包括管路平面图、管路立面图和管路透视图。在食品工厂设计中一般只绘制管路平面图和透视图。管路布置图的设计程序是根据车间平面布置图，先绘制管路平面图，而后再绘制管路透视图。厂房若是多层建筑，须按层次（如一楼、二楼、三楼等）或按不同标高分别绘制平面图和透视图，必要时再绘制立面图，有时立面图还需分若干个剖视图来表示。剖切位置在平面图上用罗马字明显表示出来。而后用Ⅰ-Ⅰ剖面、Ⅱ-Ⅱ剖面等绘制立面图。图样比例可用 1∶20、1∶25、1∶50、1∶100、1∶200 等。

设备和建筑物用细实线画出简单的外形或结构，而管线不管粗细，均用粗实线的单线绘制，也有将较大直径的管道用双线表示，其线型的粗细与设备轮廓线相同。管线中管道配件及控制仪表，应按规定符号表示。管路平面图上的设备编号，应与车间平面布置图相一致。在图上还应标明建筑物地面或楼面的标高、建筑物的跨度和总长、柱的中心距、管道内的介质及介质压力、管道规格、管道标高、管道与建筑物之间在水平方向的尺寸、管道间的中心距、管件和计量仪器的具体安装位置等主要尺寸。有些尺寸可在施工说明书上加以说明。尺寸标注方式：水平方向的尺寸引注尺寸线，单位为 mm；高度尺寸可用标高符号或引出线标注，单位为 m。

① 管道布置图的基本画法

a. 不相重合的平行管线的画法。见图 4-21。

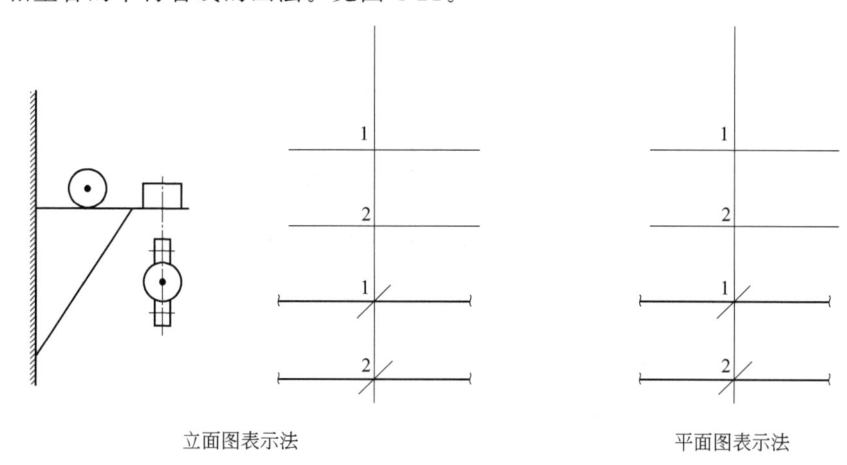

图 4-21 不相重合的平行管线画法

b. 重叠管路的画法。上下重合（或前后重合）的平行管线，在投影重合的情况下一般有两种表示方法：一种是在管线中间断出一部分，中间一段表示下面看不见的管子，而两边长的代表上面的管子，这种表示方法已很少使用，因为假设有 4～5 根甚至更多的管子重合在一起，那就不容易清楚地表示；另一种是重合部分只画一根管线，而用引出线自上而下或由近而远地将各重合管线标注出来。后一种表示方法较为方便明确，故在食品工厂设计中用得较多（图 4-22）。

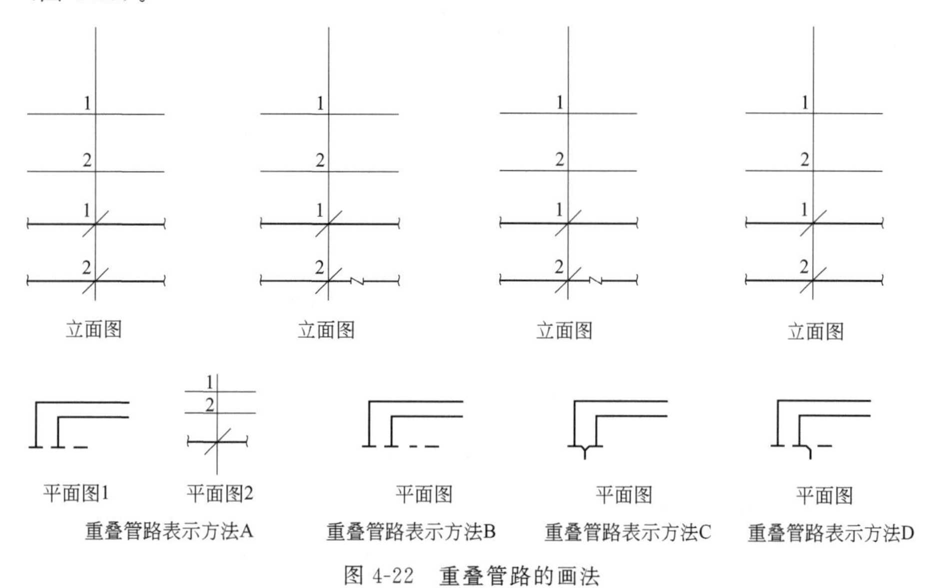

图 4-22 重叠管路的画法

c. 立体相交管路的画法。离视线近的能全部看见的画成实线，而离视线远的则在相交部位断开（图 4-23）。

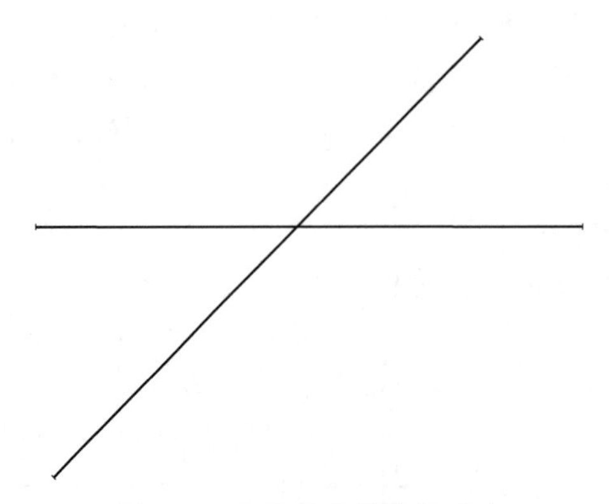

图 4-23　立体相交管路的画法

d. 管件画法。90°弯头向上、弯头向下、三通向上、三通向下的画法见表 4-42。

表 4-42　管件符号

管件名称	符号	管件名称	符号
90°弯头		疏水器	
40°弯头		油分离器	
正三通		滤尘	
异径接头		喷射器	
内外螺纹接头		注水器	
连接螺纹		冷却器	
活接头		离心水泵	
丝堵		温度控制器	
管帽		温度计	
弧形伸缩器		压力表	
方形伸缩器		自动记录压力表	
放水龙头		流量表	
实验龙头		自动记录流量表	
水分离器		文氏管流量表	

② 管路图的标注方法及含义

在管路图中的各条管道都应标注出管道中的介质及其压力、管道的规格和标高，这样便于管路的安装施工。

现将管路的标注以图 4-24 为例，其中“3”表示介质压力大小，其单位为 kgf/cm^2，本例中“3”代表介质压力为 $3kgf/cm^2$（2.94×10^5Pa）；“S”代表管道中的介质为水（S 是水的代号）；“Dg50”表示公称直径为 50mm 的管子，“＋4.00”表示管子的标高为正 4m。所以，本例管路标准的含义为：公称直径为 50mm 的管路中，通过 $3kgf/cm^2$（2.94×10^5Pa）压力的自来水，离标高为“0”的地秤的安装高度为 4m。

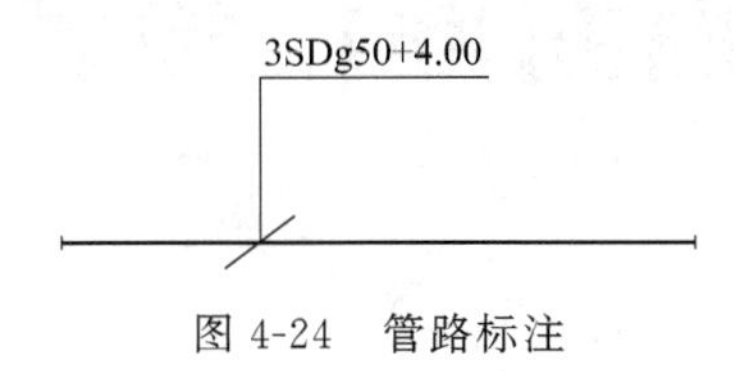

图 4-24　管路标注

有了管路布置图的基本画法和标注方法，就可以把我们的设计思想、设计意图通过图纸的形式表示出来，由施工人员进行施工安装。

第5章 辅助部门设计

食品工厂中除生产车间（物料加工所在的场所）以外的其他部门或设施，都可称为辅助部门。就其所占的空间大小来说，它们往往占着整个工厂的大部分。对食品工厂来说，仅有生产车间是无法生产的，还必须有足够的辅助设施，这些辅助设施可分为生产性辅助设施、动力性辅助设施和生活性辅助设施三大类。

(1) 生产性辅助设施

原材料的接收和暂存，原料、半成品和成品检验，产品、工艺条件的研究和新产品的试制，机械设备和电气仪器的维修，车间内外和厂内外的运输，原辅材料及包装材料的贮存，成品的包装和贮存，等等。

(2) 动力性辅助设施

给水排水设施，锅炉房或供热站，供电和仪表自控设施，采暖、空调及通风设施，制冷站，废水处理站。

(3) 生活性辅助设施

办公楼、食堂、更衣室、厕所、浴室、医务室、托儿所（哺乳室）、绿化园地、职工活动室、宿舍等。

以上三大部分属于工厂设计中需要考虑的基本内容。此外，尚有职工家属宿舍、子弟学校、技校、职工医院等，一般作为社会文化福利设施，可不在食品工厂设计这一范畴内，但也可考虑在食品工厂设计中。以上三大类辅助部门的设计，依其工程性质和工作量大小来决定专业分工。通常第一类辅助设施主要由工艺设计人员考虑，第二类辅助设施则分别是由相应的专业设计各自承担，第三类辅助设施主要由土建设计人员考虑。因此，本章作为工艺设计的继续，着重叙述生产性辅助设施。

5.1 原料接收部门

原料接收是食品工厂生产的第一个环节，直接影响后面的生产工序。其装备主要包括原料接收站及其相关设备。原料接收站中同时设有计量、验收、预处理或暂存等设施。原料接收站内的计量装置的设置目的是提供真实的物料质量数据，为生产管理和成本核算提供依据。

原料验收装置的设置目的是收取合格的原料，对不同质量的原料进行大致分级。当工厂在收购食品原料后不能立即运到厂内加工储存的情况下，需要预处理或暂存，一般可采用择地堆放的方法暂存。此时必须有防晒、防冻、防雨和防腐烂等措施，确保原料不变质。

原料接收站必须有一个适宜的卸货、验收、计量、及时处理、车辆回转和容器堆放的场地，并配备相应的计量装置（如地磅、电子秤）、容器和及时处理的配套设备（如冷藏装置）。原料接收站还应考虑不同原料、不同等级分别存放的场地或仓库。

多数原料接收站设在厂内，利用厂内的原料仓库，而不需暂储在别处，并且可利用厂内化验室设备对原料质量及时进行检验，确保原料质量能满足生产要求，也可设在厂外，或者直接设在产地。不论设在厂内或厂外，原料接收站都需要有适宜的卸货、验收、计量、及时处理、车辆回转和容器堆放的场地，并配备相应的计量装置、容器和及时处理配套设备（如冷藏装置）。

由于食品原料品种繁多，性状各异，它们对原料接收站的要求各不相同。但无论哪一类原料，对原料的基本要求是一致的：原料应新鲜、清洁、符合加工工艺要求；应未受微生物、化学物质和放射性物质的污染；一些原料需要定点种植、管理、采收，建立经权威部门认证验收的生产基地（如无公害食品、有机食品、绿色食品原料基地），以保证加工原料的安全性。

5.1.1 果蔬原料接收部门

果蔬原料，除需进行常规安全性验收、计量之外，还应视物料的具体性质，在原料接收站配备相应的预处理装置。对肉质娇嫩、新鲜度要求较高的浆果类水果，如杨梅、葡萄、草莓等，原料接收站应具备避免果实日晒雨淋、保鲜、进出货方便的条件，而且使原料尽可能减少停留时间，尽快进入下一道生产工序。由于蘑菇采收后要求立即护色，此蘑菇接收站一般设于厂外，护色液的制备需专用容器，蘑菇的漂洗要设置足够数量的漂洗池；芦笋采收进厂后应一直保持其避光和湿润状态，如不能及时进车间加工，应将其迅速冷却至4～8℃，并保证从采收到冷却的时间不超过4h，以此来考虑其原料接收站的地理位置；青豆（或刀豆）要求及时进入车间或冷风库或在阴凉的常温库内薄层散堆，当天用完；番茄原料由于季节性强，到货集中，生产量大，需要有较大的堆放场地，若条件不许可，也可在厂区指定地点或路边设垛，上覆油布防雨淋日晒。预处理完毕后，应尽快进行下一道生产工序，以确保产品的质量。

5.1.2 肉类原料接收部门

食品工厂使用的肉类原料绝大多数来源于屠宰厂，并且是经专门检验合格的原料，不得使用非正规屠宰加工厂或没有经专门检验合格的原料。因此，不论是冻肉还是新鲜肉，来厂后首先检查有无检验合格证，然后再经地磅计量验收后进入冷库储存。

5.1.3 收奶站

乳品工厂的收奶站一般设在奶源比较集中的地方，也可设在厂内。奶源距离以10～20km以内为好。原料乳应在收奶站迅速冷却至4℃左右，同时，新收的原料乳应在12h内运送到厂。如果收奶站设在厂内，原料乳应迅速冷却，及时加工。

5.2 检测单元

检测单元的任务可按检验对象和项目来划分。按检验对象划分为：原料检验、半成品检验、成品检验、镀锡薄板及涂料的检验、其他包装各种添加剂检验、水质检验及环境监测等；按检验项目可划分为：原辅料检验、半成品检验、成品检验、环境监测等。

5.3 仓库

5.3.1 食品工厂仓库对土建的要求

(1) 果蔬原料库

果蔬原料如果是短期储藏一般用常温库，可采用简易平房，仓库的门应方便车辆的进出。如果是较长时间的储藏，则采用冷风库。冷风库的温度视物料而定，耐藏性好的可以在冰点以上附近，库内的相对湿度以85%～90%为宜（有条件的厂对果蔬原料还可以采用气调储藏、辐射保鲜、真空冷却保鲜等）。应考虑到果蔬原料比较松散娇嫩，不宜受过多的装卸。果蔬原料的储存期短，进出库频繁，故冷风库一般建成单层平房，或设在多层冷库的底层。

(2) 肉禽原料库

肉禽原料的冷藏库温度为-18～-15℃，相对湿度为5%～10%，库内采用排管制冷，避免使用冷风机，以防物料干缩。

5.3.2 仓库在总平面布置中的位置

仓库在全厂建筑面积中占了相当大的比重，那么它们在总平面中的位置就要经过仔细考虑。诚然，生产车间是全厂的核心，仓库的位置只能是紧紧围绕这个核心合理安排。但是，作为生产的主体流程来说，原料仓库、包装材料库及成品仓库显然也属于总体流程的有机部分。

工艺设计人员在考虑工艺布局的合理性和流畅性时，绝不能只考虑生产车间内部，还应把着眼点扩大到全厂总体上来。既要保证厂容厂貌，又要确保物流通畅，有利于工厂的远期发展。因此，在进行工艺布局时，一定要通盘全局考虑。考虑的原则前面已介绍，但在进行工厂设计时，往往还必须视具体情况而定。比如，原料仓库在厂前区好还是别的区好，人流、货流挤压在一起是否太杂，原料的进厂和卸货是否会影响到厂容、卫生和厂前区的宁静等，诸如此类的因素需权衡比较。

5.3.3 现代化仓库管理

现代社会中，市场经济环境下，仓库是市场与现代企业之间商品流通的重要转移和仓储的必需基础设施。仓库作为食品工厂的重要组成部分，除了必须具有满足生产要求的库房面积和库房结构外，还必须实施现代化的仓库管理，充分利用仓库空间，保证仓库作业优化，以适应现代物流的要求。

现代化的仓库管理系统是以商品条形码技术为核心，充分应用无线网络通信技术、地理信息系统和无线手持电脑终端，结合 C/S 和 B/S 体系结构，建立的自动化实时仓库管理系统。

5.4 维修车间

5.4.1 机修车间

5.4.1.1 机修车间的任务

食品工厂的设备有：定型专业设备、非标准专业设备和通用设备。机修车间的任务是制造非标准专业设备和维修保养所用设备。维修工作量最大的是专业设备和非标准设备的制造与维修保养。由于非标准设备制造比较粗糙，工作环境潮湿，腐蚀性大，故每年都需要彻底维修。此外，空罐及有关模具的制造、通用设备易损件的加工等，工作量也很大。所以，食品厂一般都配备相当的机修力量。

5.4.1.2 机修车间的组成

中小型食品厂一般只设一级机修，负责全厂的维修业务。大型厂可设厂部机修和车间保全两级机构。厂部机修负责非标准设备的制造和较复杂设备的维修，车间保全则负责本车间设备的日常维护。

机修车间的组成因不同食品厂、不同专业而有所差异。如啤酒厂机械设备较多，而且非标准设备较多，因此，其机修力量要求较高。不仅厂部有较大型的机修车间，负责非标准设备的制造和较复杂设备的维修，各生产车间还有小的机修车间和机修班组，负责本车间设备的日常维护。而白酒厂目前大都还维持在手工操作上，机械设备较少，其全厂只需设一个机修车间或班组即可。

机修车间一般由钳工、机工、锻工、板焊、热处理、管工、木工等工段或工组构成。机修车间一般不设铸工段，铸件一般由外协作加工，或作为附属部分而设在厂区外。在某些大型食品厂，当加工铸件不能在当地协作解决且加工件较多时，可考虑设置铸工段。另外机修车间还包括木工间和五金仓库等。

在机加工工段，应将同类机床布置在一起。机床之间，机床与柱壁之间都应保持一定的距离，以保证操作维修方便及操作安全。在车间布置时，应将高温作业工段和有强烈振动的工段（如铸工、锻工、热处理等工段）与其他工段分开，放置在厂区较偏僻的角落。机工工段最好布置在单独的厂房中，若与钳工、板焊等其他工段放在同一建筑物中，应采用隔墙隔开，其余工段应尽量合并在同一建筑物中。布置时应注意各工段的协调性，并在车间前面留出一些空地。

机修车间在厂区的位置应与生产车间保持适当的距离，使它们既不互相影响而又互相联系方便。锻压设备则应安置在厂区的偏僻角落，要考虑噪声对厂区的影响，但更主要的是噪声对周围环境不能有影响，尤其是居民区附近，这是必须要考虑的问题。

5.4.2 电的维修车间

电的维修主要是对食品企业生产和生活用电设备和电路的维护、检修和保养，食品工厂电的维修由电工组完成，其工作场地一般设在用电设备较为集中的生产区内，但不能设在人员通道和易燃、可燃物品旁。有些企业电维修部门就设在配电房，有些企业电维修部门和机修部门共同归属一个部门。电的维修工具及仪表主要有：试电笔、手电钻、电烙铁、喷灯、拉具、冲击电钻、螺丝刀、铁钳、扳手、万用表、摇表、钳形电流表和转速表等。

5.4.3 其他维修车间

(1) 仪表及自动控制系统维修

现代化生产企业，自动化程度高，仪表和自动控制系统的维修也是重要的工作，因此，一些工厂设立仪表维修班，但大部分企业该工作由电的维修人员兼任。

(2) 管道维修

管路是食品工厂设备连接的主要组成部分，乳品厂、饮料厂等企业管道几乎遍布全厂每一部分，因此，一些企业设立管道班组，负责全厂管道的维修、保养工作。

5.5 食品工厂卫生

民以食为天，食以安为先。食品卫生安全直接关系到人民群众的健康、工厂经济效益，也是全球面临的公共卫生问题。食品卫生是指为防止食品在生产、收获、加工、运输、贮藏、销售等各个环节被有害物质污染，保证食品有益于人体健康所采取的各项卫生措施。食品卫生是食品安全的必要条件，食品安全是食品卫生的充分条件。

随着人民群众对食品质量和食品安全意识的增强，食品卫生和食品安全也越来越受到重视。为防止食品在生产、加工、销售环节受到污染，保证食品卫生安全，食品生产加工过程中食品生产设施的卫生要求受到严格把控。因此，现代食品工厂设计的过程中需要贯穿食品安全与卫生设计、生产管理理念与规范，以利于食品生产过程中的安全卫生管理，保证产品的质量。在工厂设计时，一定要在厂址选择、厂房布局和车间布置及相应的辅助设施设计等方面，严格按照国家食品安全法、良好操作规范（GMP)、危害分析与关键控制点（HACCP)、食品生产许可（SC)、食品生产许可审查细则等有关规定的要求，进行全面考虑与执行。

自我国加入世界贸易组织（WTO）及“一带一路”建设的快速推进，我国的食品进出口贸易额逐年增加。这就要求设计人员在进行工厂设计时的理念、设计规范要和国际上通行的设计规则、标准接轨。目前我国的国家标准（GB 1488—2013)《食品安全国家标准　食品生产通用卫生规范》、(GB/T 27341—2009)《危害分析与关键控制点（HACCP）体系　食品生产企业通用要求》、食品生产许可（SC)、食品生产许可审查细则等已发布并开始实施。因此，在进行新的食品工厂设计时，一定要严格按照国际、国家颁发的最新的卫生安全标准、规范执行。

5.5.1 食品工厂设计卫生规范

5.5.1.1 生产环境对食品卫生的影响

食品生产环境的卫生状况直接影响食品的质量。良好的生产环境能有效地保证食品的质量。因此，食品在生产过程中不仅要有良好的车间卫生条件，同时也要具有良好卫生状况的生产厂区和良好的周围卫生环境。食品的生产环境包括水土壤、空气。在食品工厂中，主要是控制食品生产过程的人员、水、空气、原料、食品添加物、工具、设备及包装材料的卫生质量。

5.5.1.2 食品工厂卫生规范

为保证食品质量、安全与卫生，便于食品质量的监督，人们广泛采用和推广各种食品药品生产过程管理标准，以加强食品安全与卫生。我国把对产品的生产经营条件，包括原料生产及运输、工厂厂址选址、工厂设计、厂房建筑、生产设备、生产工艺流程等一系列生产经营条件进行卫生学评价的标准体系，称为良好操作规范（good manufacturing practices，GMP），作为对新建、改建、扩建食品工厂进行卫生学审查的标准和依据。

随着食品的国际化流通以及对食品安全标准越来越高的要求，开展食品安全的 GMP 管理、HACCP（危害分析与关键点控制）管理、卫生标准操作程序（sanitation standard operating procedure，SSOP）管理、ISO9000（ISO/TC176）质量管理体系、ISO1400 环境管理体系、QHSAS18000 职业健康管理、食品质量安全（QS）管理、食品生产许可（SC）管理，以保证食品的安全性。我国在引入 GMP、HACCP、SSOP、ISO9000（国际标准组织）、ISO1400、QHSAS18000 管理体系的同时，于 2013 年组建了国家食品药品监督管理总局，修订了新的《食品安全国家标准　食品生产通用卫生规范》（GB 14881—2013）并于 2014 年执行。国家市场监督管理总局于 2019 年 12 月 23 日颁布了《食品生产许可管理办法》，使食品的 QS 生产许可走向了 CS 生产许可。这是为了解决食品加工过程中遇到的安全、卫生问题，也为食品生产过程的安全卫生管理提供了更为有效的管理方法。这也对食品工厂的卫生设计提出了新的要求，在食品工厂设计、建设过程中，食品工厂、车间的环境卫生设计必须满足新标准的要求。

(1) 食品卫生标准

食品卫生标准是对食品中与人类健康相关的质量要素及其评价方法所做出的规定。食品卫生标准是由国家批准颁发的单项物品卫生法规，它是食品卫生监督员在执行监督任务中判定食品、食品添加剂及食品用相关产品（包括食品容器、包装材料、食品用工具、设备、洗涤剂、消毒剂及其他与食品卫生有关的物品）是否符合食品卫生法的主要依据。食品卫生标准所规定的指标、项目也反映了食品卫生监督员的主要工作范围。

(2) 食品卫生法规

食品卫生法规是随着人们对食品安全卫生认识的增强而持续完善的，因此食品工厂卫生设计必须符合国家和地方的食品卫生法规。

(3) 食品卫生法规对食品工厂设计的要求

为了防止食品在生产加工过程中受到污染，食品工厂的建设，必须从厂址选择、总平面布置、车间布置、施工要求到相应的辅助设施等，都按照国家《食品安全法》、《工业企业设计卫生标准》（GBZ 1—2010）、《食品安全国家标准　食品生产通用卫生规范》、《食品生产许可证审查细则》进行周密的考虑，并在生产过程中严格执行国家颁布的各项食品卫生法规和相关食品卫生条例，以保证食品的卫生、安全、质量。出口产品生产企业除符合我国的相关法规外，还需要符合国际相关食品卫生规范与条例。

5.5.2 食品工厂 GMP 与 HACCP 管理

5.5.2.1 食品工厂 GMP 管理

GMP，称为良好操作规范，是为保障食品药品质量安全而制定的贯穿食品药品生产全过程的技术措施，也是一种食品药品质量保证体系。该规范以企业为核心，从建厂设计到产品开发、产品加工、产品销售、产品回收等，以质量和卫生为主线，全面细致地确定各种管理方案。GMP最初是由美国坦普尔大学6名教授编写制订的，起初用于制药企业的产品质量管理，后来逐步扩展到食品领域。于20世纪60～70年代在欧美地区流行，逐步以法令形式加以颁布，波及世界28个国家。早在第一次世界大战期间，美国食品工业的不良状况和药品生产的欺骗行径，促使美国诞生了《食品、药品和化妆品法》，开始了世界上第一个食品药品的质量监督，由此还建立了世界上第一个食品药品管理机构——美国食品与药品管理局（FDA）。1963年FDA颁布了世界上第一部药品的良好操作规范GMP，并于次年开始实施。1969年世界卫生组织（WHO）要求各会员国家政府制定实施药品GMP制度。在药品GMP取得良好成效之后，GMP很快就被应用到食品卫生质量管理中，并逐步发展形成了食品GMP。1969年，美国公布了《食品制造、加工、包装储存的现行良好操作规范》，建成FGMP（GMP）基本法。同年，FDA制定的《食品良好生产工艺通则》（CGMP），为所有企业共同遵守的法规。

自美国实施GMP以来，日本、加拿大、新加坡、德国、澳大利亚等国也积极推行食品GMP质量管理体系，并建立了有关法律法规。从20世纪70年代开始，国际上兴起卫生注册制度，德国、英国等一些欧洲国家开始对我国相关出口肉类食品加工企业实行注册制度。为了保证我国出口食品质量和卫生，满足进口国卫生注册制度的规定，根据国际食品贸易发展的需要，1984年，原国家商检局制定了类似GMP的卫生法规《出口食品厂、库卫生最低要求》，该规范于1994年11月修改为《出口食品厂、库卫生要求》。1994年，我国卫生部参照采用FAO/WHO食品法典委员会CAC/RCP Rev. 2—1985《食品卫生通则》，并结合我国国情，制定了国家标准《食品企业通用卫生规范》（GB 14881—1994），以此国标作为我国食品GMP的总则，并制定了《保健食品良好生产规范》《膨化食品良好生产规范》等19类食品加工企业的卫生规范，形成了我国食品GMP体系。随后几年，国家有关部门又制定和颁布了《食品安全国家标准　乳制品良好生产规范》（GB 12693—2010）、《食品安全国家标准　饮料生产卫生规范》（GB 12695—2016）、《肉类制品企业良好操作规范》（GB/T 20940—2007）等9个良好操作规范。

2013年国家卫生与计划生育委员会对《食品企业通用卫生规范》（GB 14881—1994）进行了修正。修改了标准名称和结构，增加了术语和定义，强调了对原料、加工、产品贮存和运输等食品生产全过程的食品安全控制要求，并制订了控制生物、化学、物理污染的主要措施；修改了生产设备有关内容，从防止生物、化学、物理污染的角度对生产设备布局、材质和设计提出了要求；增加了原料采购、验收、运输和贮存的相关要求；增加了产品追溯与召回的具体要求；增加了记录和文件的管理要求。增加了附录A“食品加工环境微生物监控程序指南”。于2013年5月24日发布了新标准，更名为《食品安全国家标准　食品生产通用卫生规范》，编号GB 14881—2013，成为我国现行的食品卫生规范。

食品企业可以利用GMP质量安全管理体系管理车间。根据我国《医药工业洁净厂房设计标准》（GB 50457—2019）中规定，洁净室和洁净区应以微粒和微生物为主要控制对象，同时对其环境温度、湿度、新鲜空气量、压差、照度、噪声等参数作出了规定。环境空气中不应有不愉快气味以及有碍产品质量和人体健康的气体。生产工艺对温度和湿度无特殊要求时，以穿着洁净工作服不产生不舒服感为宜。空气洁净度100级、10000级区域一般控制温度为20～24℃，相对湿度为45%～60%。100000级区域一般控制温度为18～28℃，相对湿度为50%～65%。

5.5.2.2 食品工厂 HACCP 管理

HACCP 为危害分析与关键控制点，是一个对食品安全显著危害加以识别、评估，以及控制的体系。HACCP 是由美国太空总署（NASA）和美国 Pillsbury 公司共同为保证太空食品安全而建立的保证体系发展而成的。1966 年 Pillsbury 公司 Howard Bauman 博士首先提出 HACCP 概念，1971 年美国食品保护协会公布了 HACCP 梗概，1973 年 Pillsbury 公司用以培训美国食品与药品管理局（FDA）人员，1985 年美国科学院（NAS）肯定 HACCP，1988 年 HACCP 专著出版，1989 年美国国家食品微生物学标准咨询委员会（NACMCF）批准 HACCP 标准版本。1993 年，国际食品法典委员会（CAC）推荐 HACCP 系统为目前保障食品安全最经济有效的途径。

HACCP 是以科学为基础，通过系统性地确定具体危害及其控制措施，以保证食品安全性的系统，其特点是着眼于预防而不是依靠终产品的检验来保证食品的安全，可有效减少损失。应用系统论方法全面控制整个生产过程，通过建立严格档案制度，使生产商、销售商、消费者、政府部门能对产品进行溯源，分清责任，从而确保最终的食品安全。任何一个 HACCP 系统均能适应设备设计的革新、加工工艺或技术的发展变化，是适用于各类食品企业的简便、易行、合理、有效的控制体系。

HACCP 管理体系在世界各国广泛推行并已有相当成效，目前 HACCP 体系推广应用较好的国家有美国、加拿大、欧盟成员国、新西兰、澳大利亚、马来西亚、泰国、日本、巴西等。开展 HACCP 体系的领域包括：饮用牛乳、奶油、发酵乳、乳酸饮料、奶酪、冰激凌、生面条类、豆腐、鱼肉火腿、炸肉、蛋制品、沙拉类、脱水菜、调味品、蛋黄酱、盒饭、冻虾、罐头、牛肉食品、清凉饮料、腊肠、机械分割肉、盐干肉、冻蔬菜、蜂蜜、高酸食品、肉禽类、水果汁、动物饲料等。

以 HACCP 为基础的食品安全体系是以 7 个原理为基础的，主要包括：①危害分析，危害识别和危害评估；②关键控制点确定；③建立关键限值；④关键控制点的监控；⑤纠偏行动；⑥建立验证程序；⑦建立记录保持程序。HACCP 计划的有效实施，与 7 个原理的共同作用是分不开的；HACCP 的 7 个原理不是孤立的，而是一个有机的整体。

HACCP 能有效执行的基本要素是对生产企业政府和学术界人员进行 HACCP 原理和应用培训，并增加管理者和消费者的意识。原料生产者、生产企业、贸易集团、消费组织和主管机构之间的合作是至关重要的，生产企业和主管机关之间应保持相互间的连续对话，并为实践中应用 HACCP 营造良好氛围。

5.5.2.3 GMP 管理与 HACCP 管理的关系

我国于 2011 年开始施行的现行《出口食品生产企业安全卫生要求》应视为中国出口食品的 GMP，在《出口食品生产企业安全卫生要求》和《食品生产企业危害分析与关键控制点（HACCP）管理体系认证管理规定》中已有明确规定。如《出口食品生产企业安全卫生要求》第四条规定：列入必须实施危害分析与关键控制点（HACCP）体系验证的出口食品生产企业范围的出口食品生产企业，应按照国际食品法典委员会《HACCP 体系及其应用准则》的要求建立和实施 HACCP 体系。

一般来说，生产过程中的每个控制点都有助于确保食品安全，但只有那些对产品安全非常重要需要实施全面控制的点才能称之为关键控制点。而其他许多控制点仅仅是良好操作规范 GMP 中的部分。通常认为根据 GMP 生产的食品是安全的。如果达不到这样的效果，就不能将这种操作规范称为“良好”了。多数情况下，食品之所以会导致食源性疾病，是因为生产偏离了 GMP 要求，或没有及时发现生产中的事故。也就是说，如何检测和控制食品生产的各个方面是 GMP 的内容之一，而 HACCP 则着重强调了保证食品安全的关键控制点 GMP 是保证 HACCP 体系有效实施的基本条件，HACCP 体系是确保 GMP 贯彻执行的有效管理方法。两者相辅相成，能更有效地保证食品的安全。因此，在食品 GMP 制定过程中，必须应用 HACCP 技术对产品的生产进行全过程的调查分析，增加规范的科学性，体现该系统的应用在企业自身管理和卫生监督与监测工作上的优势，确保食品安全卫生。

5.6 生活设施设计

本节所讲的全场性的生活设施包括工厂管理机构、食堂、更衣室、浴室、厕所、托儿所、医务室等设施。对某些新设计的食品工厂来说，这些设施中的某些可能是多余的，但作为工艺设计师应全面了解并掌握这些基本数据。

5.6.1 更衣室

为适应卫生要求，食品工厂的更衣室宜分散，附设在各生产车间或部门内靠近人员进出口处。

更衣室内应设个人单独使用的三层更衣柜，衣柜尺寸 500mm×400mm×1800mm，以分别存放衣物鞋帽等。更衣室使用面积按固定工人总人数及 0.5～0.6m^2/人计。对需要二次更衣的车间，更衣间面积应加倍设计计算。

5.6.2 浴室

从食品卫生角度来说，从事直接生产食品的工人上班前应先淋浴。据此，浴室多应设在生产车间内与更衣室、厕所等形成一体，特别是生产肉类产品、乳制品、冷饮制品、蛋制品等车间的浴室，应与车间的人员进口处相邻接，厂区也需设置浴室。浴室淋浴器的数量按各浴室使用最大班人数的 6%～9%计，浴室建筑面积按每个淋浴器 5～6m^2 估算。

5.6.3 厕所

食品工厂内较大型的车间，特别是车间的楼房，应考虑在车间内设厕所，以利于生产工人的方便卫生。

厕所便池蹲便数量应按最大班人数计，男厕所每 40～50 人设一个，女厕所每 30～35 人设一个，厕所建筑面积按 2.5～3m^2/蹲位估算。

5.6.4 医务室

为保证食品工厂的卫生和安全，医务室需要负责公司内员工常见病的诊治及健康宣讲，为企业员工做好健康监护、初级保健工作，提高员工发生工伤时的急救处理。食品工厂在 2000 人以上应有候诊室 3 间、医疗室 4～5 间、其他诊室 2～3 间，总面积为 80～130m^2。1000～2000 人应有候诊室 2 间、医疗室 3 间、其他诊室 1～2 间，总面积为 60～90m^2。而 300～1000 人应有候诊室 1 间、医疗室 1 间、其他诊室 1 间，总面积为 30～40m^2。

第6章 公用工程

6.1 概述

6.1.1 公用工程的主要内容

公用系统，主要是指与食品工厂的各个车间、工段以及各部门有着密切关系，且为这些部门所共有的一类动力辅助设施的总称。对食品工厂而言，这类公用设施一般包括供水及排水系统、供电系统、供汽系统、制冷系统、供暖及通风系统等。在食品工厂设计中，这些系统需要分别由专业工种的设计人员承担。当然，不一定每个整体项目设计都包括上述系统，还需要根据工厂规模、食品工厂生产的产品类型以及本单位经济状况而确定。对任何食品厂而言，都必须包括供水及排水、供电、供汽三项共用系统。小型食品厂一般不设投资和经常性费用高的制冷系统。对于供暖及通风系统则根据当地的气象情况而定。

6.1.2 公用工程的区域划分

公用工程根据专业性质的不同可划分为给排水、供电和自控、供汽、采暖与通风、制冷等；根据区域位置的不同可划分为厂外工程、厂区工程和车间内工程。

6.1.2.1 厂外工程

给排水、供电等工程中水源、外电源的落实和管线的铺设，涉及的外界因素较多，如与供电局、城市建设局、市政工程局、环保局、自来水公司、消防处、卫生防疫站、环境监测站以及农业部门等都有一定关系。与这些部门的联系，最好先由筹建单位进行一段时间的工作，初步达成供水、供电、环保等意向性协议，在这些问题初步落实之后，再开展设计工作。

由于厂外工程属于市政工程性质，一般由当地专门的市政设计或施工部门负责设计比较切合当地实际，专业设计院一般不承担厂外工程的设计。

厂外工程的费用比较高，在决定厂址时，要考虑到这一因素。如果水源、电源离所选定的厂址较远，则要增加较大的投资，显得不合理，食品工厂一般都属于中小型企业，其厂外管线的长度最好能控制在 2～3km 范围内。

6.1.2.2 厂区工程

厂区工程是指在厂区范围内、生产车间以外的公用设施，包括给排水系统中的水池、水塔、水泵房、冷却塔、外管线、消防设施、供电系统中的变配电所、厂区外线及路灯照明，供热系统的锅炉房、烟囱、煤厂及蒸汽外管线，制冷系统的冷冻机房及外管线，环保工程的污水处理站及外管线等。这些工程的设计一般由负责整体项目的专业设计院有关设计工程部门分别承担。

6.1.2.3 车间内工程

车间内工程主要是指有关设备及管线的安装工程，如风机、水泵、空调机组、电气设备及制冷设备的安装，包括水管、汽管、冷冻管、风管、电线、照明等。其中水管和汽管由于和生产设备关系十分密切，它们的设计一般由工艺设计人员担任，其他仍归属专业工种承担。

6.1.3 公用工程的一般要求

食品工厂的公用系统因为直接与食品生产密切相关，所以必须符合如下设计要求。

(1) 满足生产需要

这一点很重要，也比较复杂。因为食品生产很突出的一个特点是季节的不均匀性，公用设备的负荷随季节变化非常明显。因此，要求公用设备的容量对负荷的变化要有足够的适应性。如何才能具备这些适应性，不同的公用设备有不同的原则，例如，对供水系统，只有按高峰季节各产品的小时需要总量来确定它的设计能力，才认为是具备了足够的适应性。如果供水量满足不了高峰季节的生产需要，往往造成原料的积压或延长加工时间，从而给工厂带来巨大的损失，这种损失可能是无法弥补的。至于供水能力较大，在淡季时是否造成浪费，这一点并不很重要，因为水的计费只跟实际消耗量有关，淡季少用可少付费。对供电和供汽设施，如要具有适应负荷变化的特性，则需要考虑组合式结构。所谓组合式，是指不要搞单一的变压器或单一的锅炉，要设置多台变压器或锅炉，以便有不同的能力组合，适应不同的负荷。如何决定合理的组合，最好要根据全年的季节变化画出负荷曲线，以求得最佳的组合。

(2) 符合卫生要求

食品生产中，原材料或半成品不可避免地要和水、蒸汽等直接或间接接触，因此，要求生产用水的水质必须符合《生活饮用水卫生标准》(GB 5749—2022)。直接用于食品的蒸汽不应含有危害健康或污染食品的物质。氨制冷剂对食品卫生是有害的，氨蒸发系统应严防泄漏。

公用设施在厂区的位置是影响工厂环境卫生的重要因素，如锅炉的型号、烟囱的高度、运煤和出灰的通道、污水处理站的位置、污水处理的工艺流程等，是否选择得当，都与工厂的卫生环境有密切关系，其具体要求详见有关章节。

(3) 运行可靠、费用经济

所谓运行可靠，是指供应的数量和质量要有可靠而稳定的参数，例如水的数量固然要保障，水的质量更为重要。在工厂自己制水的系统中，原水的水质往往随季节的变化有较大的波动，一般秋冬季水质较好，春夏季水质较差，洪水期水质更差。也有的地方，水源流量小，秋冬枯水期污染物质的浓度增大，水质反比春夏季差。这就要根据具体情况，采取各种相应措施，使最后送到生产车间的水质始终符合食品生产的水质要求。又如供电，有些地方电网供电可能经常出现局部停电现象，将影响到生产的正常秩序。这就应该考虑是否采取双电源供电或选择自备电源（工厂自行发电），以摆脱被动局面。

公用系统工程的专业性较强，各有其内在深度。本章仅从工艺设计人员需要了解和掌握的有关公用工程设计的基本原理及基本规范的角度，对公用工程的设计做简单的介绍。

6.2 给排水设计

食品厂给水工程的任务在于经济合理、安全可靠地供应全厂区用水，满足工艺、设备对水量、水质及水压的要求，而与此同时，食品厂排水工程的任务是收集处理生产和生活使用过程中产生的废水和污水，使其符合国家的水质排放标准，并及时排放；同时还要有组织地及时排出天然降雨及冰雪融化水，以保证工厂生产的正常进行。

6.2.1 设计内容及所需的基础资料

6.2.1.1 设计目的和任务

生物发酵工厂与给排水系统的关系非常紧密，在生产过程中除需要大量用水外，还对水的质量、温度、数量有较严格的要求。例如，啤酒生产的工艺用水，直接参与到产品中去，要求水的硬度较低，偏酸性或中性并符合饮用水标准；而冷却用水一般要求水温低、硬度低；洗涤用水则要求清洁卫生等。生物发酵工厂的废水量较大，有些是清洁废水，如冷却水，应考虑循环使用和回收热量后再排出；有些废水是严重污染的，应进行相应的处理后再排放。因此，给水、排水设计的目的和任务，一是经济合理、安全可靠地供给符合生物发酵生产工艺要求的生产用水、生活用水和消防用水，满足工艺、设备、生活对水量、水质及水压的要求；二是收集和处理工业废水、生活污水，使其符合国家的水质排放标准并及时排出，同时还要有组织地及时排出天然降雨及冰雪融化水，以保证工厂生产的正常进行。

6.2.1.2 设计内容

食品工厂整体项目的给排水系统设计内容通常包括以下几个方面。

① 取水及净化工程。

② 厂区及生活区的给排水管网。

③ 车间内外给排水管网。

④ 室内卫生工程。

⑤ 冷却循环水系统。

⑥ 消防系统。

⑦ 污水处理系统。

6.2.1.3 设计依据

在进行给排水系统设计时要收集并依据以下资料进行。

① 各用水部门对水量、水质、水温的要求及负荷的时间曲线。

② 建厂所在地的气象、水文、地质资料。当采用地下水为给水水源时，应根据水源地地下水开采现状，了解已有地下取水构筑物的运行情况和运行参数、地下水长期观测资料等，并根据水文地质条件选择合理取水构筑物形式，了解单井、渗渠、泉室的供水能力（出水量以枯水季节为准）及水质全分析报告。

③ 当采用地表水为给水水源时，应了解水源地地表水的水文地质资料，如河床断面、年流量、最高洪水位、常水位、枯水位及地表水的水质全分析报告，特别是取水河湖的详细水文资料（包括原水水质分析报告）。

④ 当采用城市自来水供水时应了解厂区周围市政自来水网的形式、给水管数量、管径、水压情况及有关的协议或拟接进厂区的市政自来水管网状况。

⑤ 厂区和厂区周围地质、地形资料（包括外沿的引水排水路线）。

⑥ 当地废水排放和公安消防的有关规定。

⑦ 当地管材供应情况。

6.2.2 食品工厂对水质及水源要求

6.2.2.1 用水分类

水是生命的源泉，是社会发展和人类进步需要的重要物质，是生态环境系统中最活跃和影响最广泛的因素，是工农牧副业生产不可取代的重要资源。在食品工厂特别是饮料工厂中，水是重要的原料之一，水质的优劣直接影响产品的质量。食品工厂的用水大致可分为：

① 产品用水：产品用水又因产品品种的不同而各有区别。根据其不同的用途可分为两类：直接作为产品的产品用水，如矿泉水、饮用纯净水等；作为产品原料的溶解、浸泡、稀释、灌装等的用水，如啤酒生产的糖化投料水，软饮料、果蔬汁、蛋白质饮料的溶糖、配料水，碳酸饮料的糖浆制备、配料、灌装水，柠檬酸提取工段的洗料水，黄酒生产加曲搅拌后的投料水等。以上产品用水水质必须在符合《生活饮用水卫生标准》（GB 5749—2022）的基础上采用不同水质处理的方法来满足产品用水的要求。

② 生产用水：除了产品用水之外，直接用于工艺生产的用水，一般指与生产原料直接接触的水，如原料的清洗和加工，产品的杀菌、冷却，工器具的清洗等，生产用水水质必须符合《生活饮用水卫生标准》GB 5749—2022。

③ 生活用水：生活用水是指食品工厂的管理人员、车间工人的日常生活用水及淋浴用水，其水质必须符合《生活饮用水卫生标准》（GB 5749—2022）。

④ 锅炉用水。

⑤ 冷却循环补充水。

⑥ 绿化、道路的浇洒水及汽车冲洗用水：这部分用水可用厂区生产、生活污水经处理后达标的水（再生水或称为中水）来代替，实现再生水回用是缓解水资源紧缺、保护生态环境、污水资源化的一条有效途径，也是当前水源建设和造福子孙后代的一项长期战略方针，

在现代食品工厂设计中应予以高度重视。

⑦ 未预见水量及管网漏失量。

⑧ 消防用水量：此部分水量仅用于校核管网计算，不属于正常水量。

6.2.2.2 各类用水的水质要求

不同的用途，有不同的水质要求。一般生产用水和生活用水的水质要求符合生活饮用水标准。特殊生产用水是指直接构成某些产品的组分用水和锅炉用水。这些用水对水质有特殊要求，必须在符合《生活饮用水卫生标准》（GB 5749—2022）的基础上给予进一步处理。各类用水的水质标准的某些项目指标见表 6-1。

表 6-1 各类用水水质标准

项目	生活饮用水	清水类罐头用水	饮料用水	锅炉用水
pH	6.5～8.5			>7
总硬度(以$CaCO_3$计)/(mg/L)	<250	<100	<50	<0.1
总碱度/(mg/L)			<50	
铁含量/(mg/L)	<0.3	<0.1	<0.1	
酚类含量/(mg/L)	<0.05	无	无	
氧化物含量/(mg/L)	<250		<80	
余氯含量/(mg/L)	0.5	无		

以上特殊用水，一般由厂自设一套进一步处理系统，处理的方法有精滤、离子交换、电渗析、反渗透等，视具体情况选用。

冷却用水（如制冷系统的冷却用水）和消防用水，在理论上，其水质要求可以低于生活饮用水标准。

6.2.2.3 水源及水源的选择

水源的选用应通过技术经济比较后综合考虑确定，并应符合水量充足可靠，原水质符合要求，取水、输水、净化设施安全，经济和维护方便，具有施工条件的要求。各种水源的优缺点比较见表 6-2。

表 6-2 各种水源优缺点比较

水源类别	优点	缺点
自来水	技术简单，一次性投资省，水质可靠	水价较高，经常性费用大
地下水	可就地直接取水，水质稳定，且不易受外部污染，水温低，且基本恒定。一次性投资不大，常使用费用小	水中矿物质含量和硬度可能过高，甚至有某种有害物质，抽取地下水会引起地面下沉
地面水	水中溶解物少，经常性使用费用低	净水系统管理复杂，构筑物多，一次性投资较大，水质、水温随季节变化较大

食品工厂用地下水作为供水水源时，应有确切的水文地质资料，取水必须按照地下用水最小开采量设计，并应以枯水季节的最小开采量作为地下取水量，设计方案应取得当地有关管理部门的同意。

6.2.3 全厂用水量计算

6.2.3.1 用水量计算的意义

食品生产离不开水，水是食品生产中不可缺少的物料。因为食品生产过程涉及的物理方法和生化反应都必须有水的存在，不管是原料的预处理、加热、杀菌、冷却、培养基的制备、设备和食品生产车间的清洗等都需要大量的水。可以说，没有水就没有食品，食品就无法进行生产。例如，每生产1t肉类罐头，用水量在35t以上；每生产1t啤酒，用水量在10t以上（不包括麦芽生产）；每生产1t软饮料，用水量在7t以上；每生产1t全脂奶粉，用水量在130t以上。

食品生产车间用水量的多少随产品种类而异。如乳品厂的主要用水部分有原料乳的冷却用水、加工工艺用水、管道设备清洗用水、车间清洁卫生用水等。还有如烘焙食品厂用水：配料用水、设备清洗用水、车间的清洁卫生用水等。

在食品加工中，无论是原料的预处理、蒸煮、糖化等过程，都有原料的最佳配比，最佳物料浓度范围，故加水量必须严格控制。例如，酒精生产、麦芽或大米等糊化和糖化的料水比有较严格的定量关系。所以，对于食品生产来说，水的计算是十分重要的，并且与物料衡算、热量衡算等工艺计算以及设备的计算和选型、产品成本，技术经济等均有密切关系。

供水主要为生产用水、生活用水和消防用水。

6.2.3.2 生产用水量

生产用水包括生产工艺用水、锅炉用水和循环冷却用水。

① 生产工艺用水量的估算参见第4章4.4.2小节。

② 锅炉用水量可按下式进行估算：

$$A=K_1K_2Q \tag{6.1}$$

式中 A——锅炉房最大小时用水量，t/h；

K_1——蒸发量系数，一般取1.15；

K_2——锅炉房其他用水系数，一般取1.25～1.35；

Q——锅炉蒸发量，t/h。

③ 循环冷却用水可按下式进行估算：

$$A'=\eta\frac{Q_1}{1000(t_2-t_1)} \tag{6.2}$$

式中 A'——循环冷却用水量，t/h；

η——使用系数，一般取1.1～1.5；

Q_1——冷凝器负荷，kJ/h；

t_1——冷凝器出水温度（即冷却塔进水温度），℃；

t_2——冷凝器进水温度（即冷却塔出水温度），℃。

一般情况下，$t_2\leqslant 36$℃，$t_1\leqslant 32$℃，随地区与季节而异。实际循环冷却用水量还需考虑循环系统蒸发、风吹、渗漏以及排污等损失，一般补充水量可按循环量的5%计。

6.2.4 供水系统

6.2.4.1 概述

供水系统要从工厂生产和方便职工生活出发，力求先进、可行和经济合理。供水系统一般由取水构筑物、净水构筑物、调节构筑物和输配水管网等组成。供水途径一般有自来水供水系统、地下水供水系统和地表水供水系统三种。

6.2.4.2 供水管网的布置

供水管网由输水管和配水管网组成，它分布于整个供水区域。它的作用是将水从净化水厂输送到用水地点，并保证供给足够的水量和水压。管网布置形式基本上可分为枝状管网和环状管网两类。枝状管网就是配水管网的布置呈树枝状向供水区域延伸，管径随所供给用户的减少而逐段变小。这种管网具有管线短、构造简单、投资少、施工快等优点，但供水的可靠性较差，如干管有一处损坏，则后面的全部管道中断供水，同时支管的终端容易造成“死水”而使水质恶化。小型食品厂的供水管网一般采用枝状管网。

干管和支管均呈环状布置形式的管网称为环状管网，它具有供水安全可靠，能连续供水、无死端水、不易变质等优点，但管线总长度大于枝状管网，造价较高。它适用于连续供水要求较高的大中型食品厂。

管网上的水压必须保证每个车间或建筑物的最高层用水的自由水压不小于6～8m，对于水压有特殊要求的工程或设备，可采用局部增压措施。

6.2.5 冷却水循环系统

食品工厂制冷、空调降温、真空蒸发工段等都需要冷却水，为减少供水消耗，常设置冷却水循环系统。降低水温的冷却构筑有冷却池、喷水池、自然通风冷却塔和机械通风冷却塔等。被广泛使用的是机械通风冷却塔。这种冷却塔具有体积小、质量轻、安装使用方便、冷却效果好以及省水（只需补充循环水量5%～10%的新鲜水）等优点。

6.2.6 排水系统

食品工厂的排出水按性质可以分为生产污水、生产废水、生活污水、生活废水和雨水等，一般情况下，食品工厂的排水系统宜采取污水与雨水分流排放系统，即采用两个排水系统分别排放污水与雨水。根据污水处理工艺的选择，有时还要将污水按污染程度再进行细分，清浊分流，分别排至污水处理站，分质进行污水处理。排水量的计算也采用分别计算，最后累加的方法进行。

6.2.6.1 排水量计算

食品工厂的排水量普遍较大，根据国家环境保护法，生产废水和生活污水需经过处理达到排放标准后才能排放。

生产废水和生活污水的排放量可按生产、生活最大小时给水量的85%～90%计算。

雨水量的计算按下式：

$$W=q\phi P \tag{6.3}$$

式中 W——雨水量，kg/s；

q——暴雨强度，kg/（s·m^2），可查阅当地有关气象、水文资料；

ϕ——径流系数，食品工厂一般取0.5～0.6；

P——厂区面积，m^2。

6.2.6.2 排水设计要点

工厂卫生是食品工厂的头等要事，而排水设施和排水效果的好坏又直接关系到工厂卫生面貌的优劣，工艺设计人员对此应足够注意。

① 生产车间的室内排水（包括楼层）宜采用无盖板的明沟，或采用带水封的地漏，明沟要有一定的宽度（200～300mm）、深度（150～400mm）和坡度（>1%），车间地坪的排水坡度宜为1.5%～2.0%。

② 在进入明沟排水管道之前，应设置格栅，以截留固形物，防止管道堵塞，垂直排水管的口径应比计算的大1～2号，以保持排水畅通。

③ 生产车间的对外排水口应加设防鼠装置，宜采用水封窨井，而不用存水弯，以防堵塞。

④ 生产车间内的卫生消毒池、地坑及电梯坑等，均需考虑排水装置。

⑤ 车间的对外排水尽可能考虑清浊分流，其中对含油脂或固体残渣较多的废水（如肉类和水产加工车间），需在车间外，经沉淀池撇油和去污后，再接入厂区下水管。

⑥ 室外排水也应采用清浊分流制，以减少污水处理量。

⑦ 食品工厂的厂区污水排放不得采用明沟，而必须采用埋地暗管，若不能自流排出厂外，要采用排水泵站进行排放。

⑧ 厂区下水管也不宜用渗水材料砌筑，一般采用混凝土管，其管顶埋设深度一般不宜小于0.7m。由于食品工厂废水中含有固体残渣较多，为防止淤塞，设计管道流速应大于0.8m/s，最小管径不宜小于150mm，同时每隔一段距离应设置窨井，以便定期排出固体沉淀污物。排水工程的设计内容包括排水管网、污水处理和利用两部分。

排水管网汇集了各车间排出的生产污水、冷却废水、卫生间污水和生活区排出的生活污水。借重力自流经预制混凝土管引流至厂外城市下水道总管或直接排入河流。雨水也为排水组分中的重要部分之一，统一由厂区道路边明沟集中后，排至厂外总下水道或附近河流。

部分冷却废水可回收循环使用，采用有盖明渠或管道自流至热水池循环使用。

食品工厂用水量大，排出的工业废水量也大。许多废水含固体悬浮物，生化需氧量（BOD）和化学需氧量（COD）很高，将废水（废糟）排入江河会污染水体。现在国家已颁布了《中华人民共和国环境保护法》和《基本建设项目环境保护管理办法》以及相应的环境标准。对于新建工厂必须贯彻把三废治理和综合利用工程与项目同时设计、同时施工、同时投入使用的“三同时”方针。废水处理在新建（扩建）食品工厂的设计中占有相当重要的地位。一定要在发展生产的同时保护环境，为子孙后代造福。目前处理废水的方法有：沉淀法、活性污泥法、生物转盘法、生物接触氧化法以及氧化塘法等。不论采用何种处理方法，排出的工业废水都必须达到国家排放标准。

6.2.7 消防系统

食品工厂的消防用水一般与生产、生活供水管合并，采用合流供水系统。室外消防供水管网应为环形，水量按15L/s考虑。当采用高压供水系统消防时，管道内压力应保证消防用水量达到最大，且水枪布置在任何位置的最高处时水枪充实水柱仍不小于10m。当采用低压供水系统消防时，管道内压力应保证在灭火时不小于10m水柱。室内消火栓的配置应保证两股水柱水量不小于2.5L/s，保证同时到达室内任何部位，充实水柱长度不小于 7m。

6.3 供电系统及自控设计

供电及自动控制工程在食品工厂的总体设计中是个辅助部分，但却是一个重要的、不可缺少的组成部分。对工业企业来说，没有电力供应就没有生产。

6.3.1 供电及自控设计的内容和要求

6.3.1.1 设计内容

供电设计的主要内容有：供电系统，包括负荷、电源、电压、配电线路、变电所位置和变压器选择等；车间电力设备，主要包括电机的选型和电动机功率的确定以及其他电力设施等，照明、信号传输与通讯、自控系统与设备的选择、厂区外线及防雷接地、电气维修工段等。

6.3.1.2 设计要求

工厂的供电是电力系统的一个组成部分，必须符合电力系统的要求，如按电力负荷分级供电等。工厂的供电系统必须满足工厂生产的需要，保证高质量的用电，必须考虑电路的合理利用与节约，供电系统的安全与经济运行，施工与维修方便。

6.3.1.3 供电设计资料

供电设计时，工艺专业应提供的资料有：①厂用电设备清单和用电要求，包括用电设备名称、规格、容量和特殊要求；②选择电源及变压器、电机等的形式，功率、电压的初步意见；③弱电（包括照明、信号、通信等）的要求；④设备、管道布置图，车间土建平、立面图；⑤全厂总平面布置图；⑥自控对象的系统流程图及工艺要求。

此外，进行供电设计时还应掌握供用电协议和有关资料、供电电源及其有关技术数据、供电线路进户方位和方式、量电方式及量电器材划分、供电费用、厂外供电器材供应的划分等。

6.3.2 负荷计算

食品工厂的用电负荷计算一般采用需要系数法，在供电设计中首先由工艺专业提供各个车间工段的用电设备的安装容量，作为电力设计的基础资料。然后供电设计人员把安装容量变成计算负荷，其目的是用以了解全厂用电负荷，根据计算负荷选择供电线路和供电设备（如变压器），并作为向供电部门申请用电的数据，负荷计算时，必须区别设备安装容量及计算负荷。设备安装容量是指铭牌上的标称容量。根据需要系数法算出的负荷，通常是采用 30min 内出现的最大平均负荷（指最大负荷班内）。统计安装容量时，必须注意去除备用容量。

6.3.2.1 车间用电计算

$$P_j = K_c P_e \tag{6.4}$$

$$Q_j = P_j \tan\varphi S_j = \sqrt{P_j^2 + Q_j^2} = \frac{P_j}{\cos\varphi} \tag{6.5}$$

式中 P_j——车间最大负荷班内，半小时平均负荷中最大有功功率，kW；

Q_j——车间最大负荷班内，半小时平均负荷中最大无功功率，kW；

S_j——车间最大负荷班内，半小时平均负荷中最大视在功率，kW；

K_c——需要系数（见表 6-3）；

P_e——车间用电设备安装容量（扣除备用设备），kW；

$\cos\varphi$——负荷功率因数（见表 6-3）；

$\tan\varphi$——正切值，也称计算系数（见表 6-3）。

表 6-3 食品工厂用电技术数据

车间或部门		需要系数K_c	$\cos\varphi$	$\tan\varphi$
乳制品车间		0.6～0.65	0.75～0.8	0.75
实罐车间		0.5～0.6	0.7	1.0
番茄酱车间		0.65	0.8	1.75
空罐车间	一般	0.3～0.4	0.5	—
	自动线	0.5～0.45	—	0.33
	电热	0.9	0.95～1.0	0.88～0.75
冷冻机房		0.5～0.6	0.75～0.8	1.0
冷库		0.4	0.7	0.75～1.0
锅炉房		0.65	0.8	0.75
照明		0.8	0.6	0.33

6.3.2.2 全厂用电计算

$$P_{j\Sigma} = K_\Sigma \times \Sigma P_j \tag{6.6}$$

$$Q_{j\Sigma} = K_\Sigma \times \Sigma Q_j \tag{6.7}$$

$$S_{j\Sigma} = \sqrt{(P_{j\Sigma})^2 + (Q_{j\Sigma})^2} = \frac{P_{j\Sigma}}{\cos\varphi} \tag{6.8}$$

式中 K_Σ——全厂最大负荷同时系数（一般为 0.7～0.8）；

$\cos\varphi$——全厂自然功率因数（一般为 0.7～0.75）；

$Q_{j\Sigma}$——全厂总无功负荷，kW；

$P_{j\Sigma}$——全厂总有功负荷，kW；

$S_{j\Sigma}$——全厂总视在负荷，kW。

6.3.3 厂区外线

供电的厂区外线一般采用低压架空线，也有采用低压电缆的，线路的布置应保证路程最短，不迂回供电，与道路和构筑物交叉最少。架空导线一般采用 LJ 形铝绞线。建筑物密集的厂区布线应采用绝缘线。电杆一般采用水泥杆，杆距 30m 左右，每杆装路灯一盏。

6.3.4 车间配电

食品生产车间多数环境潮湿，温度较高，有的还有酸、碱、盐等腐蚀介质，是典型的湿热带型电气条件。因此，食品生产车间的电气设备应按湿热带条件选择。车间总配电装置最好设在一单独小间内，分配电装置和启动控制设备应防水汽、防腐蚀，并尽可能集中于车间的某一部分。原料和产品经常变化的车间还要多留供电点，以备设备的调换或移动，机械化生产线则设专用的自动控制箱。

6.3.5 建筑防雷和电气安全

6.3.5.1 防雷

为防止雷害，保证正常生产，应对有关建筑物、设备及供电线路进行防雷保护。有效的措施是敷设防雷装置。防雷装置有避雷针、阀式避雷器与羊角间隙避雷器等。避雷针一般用于避免直接雷击，避雷器用于避免高电位的引入。

食品工厂防雷保护范围有：

变电所：主要保护变压器及配电装置，一为防止直接雷击而装高避雷针，二为防止雷电波的侵袭而装设阀式避雷器。

建筑物：高度在12m以上的建筑物，要考虑在屋顶装设避雷针。食品工厂除酒精蒸馏车间、酒精仓库、汽油库等属于易爆炸的第二类防雷建筑外，其他建筑如烟囱、水塔和多层厂房车间等均属第三类防雷建筑。第二类建筑防雷装置的流散电阻不应超过10Ω。第三类建筑防雷装置的流散电阻可以为20～30Ω。

厂区架空线路：主要是为了防止高电位引入的雷害，可在架空线进出的变配电所的母线上安装阀式避雷器。对于低压架空线路可在引入线的电杆上将其瓷瓶铁脚接地。

6.3.5.2 接地

为了保证电气设备能正常、安全运行，必须设有接地装置。按作用不同接地装置可分为工作接地、保护接地、重复接地和接零。

工作接地是在正常或事故情况下，为了保护电气设备可靠地运行，而必须在电力系统中某一点（通常是中点）进行接地，这称为工作接地。

保护接地是指为防止因绝缘损坏使人员有触电的危险，而将与电气设备正常带电部分相绝缘的金属外壳或构架，同接地之间做良好的连接的一种接地形式。

重复接地，是将零线上的一点或多点与地再次做金属连接。

接零是将与带电部分相绝缘的电气设备的金属外壳或构架与中性点直接接地的系统中的零线相互连接。

食品工厂的变压器一般是采用三相四线制，中性点直接接地的供电系统，故全厂电气设备的接地按接零考虑。

若将全厂防雷接地、工作接地互相连在一起组成全厂统一接地装置时，其综合接地电阻应小于1Ω。

电气设备的工作接地、保持接地和保护接零的接地电阻应不大于4Ω。三类建筑防雷的接地装置可以共用。自来水管路或钢筋混凝土基础也可作为接地装置。

6.3.6 控制室的设计

控制室是操作人员借助仪表和其他自动化工具对生产过程实行集中监视、控制的核心操作的岗位，同时也是进行技术管理和实行生产调度的场所，因此，控制室的设计，不仅要为仪表及其他自动化工具正常可靠运行创造条件，而且还必须为操作人员的工作创造一个适宜的环境。

(1) 控制室位置的选择

控制室位置的选择很重要，地点要适中。一般应选在工艺设备的中心地带，与操作岗位易取得联系。在一般情况下，以面对装置为宜，最好坐南朝北，尽量避免日晒，控制室周围不宜有造成室内地面振动、振幅为 0.1mm（双振幅）/频率为 25Hz 以上的连续周期性振源。当使用电子式仪表时，控制室附近应避免存有强电磁场干扰。安装电子计算机的控制室，还应满足电子计算机对室内环境温度、湿度、卫生等条件的要求。

(2) 控制室与其他辅助房间

控制室不宜与变压器室、鼓风机室、压缩机室、化学药品库相邻。当与办公室、操作工值班室、生活间、工具间相邻时，应以墙隔开，中间不要开门，不要相互串通。

(3) 控制室内平面布置

控制室内平面布置形式，即仪表盘的排列形式，应该按照生产操作和安装检修要求，结合工艺生产特点、装置的自动化水平和土建设计等条件确定。控制室的区域划分为盘前区和盘后区。

盘后区：仪表盘和后墙捆起来的面积为盘后区，盘后区净宽不得小于 950mm。

盘前区：盘面、操作台、前墙、门、窗所围起来的区域为盘前区。不设操作台时，盘面到前墙（窗）净距不小于 2000mm。如果设置操作台，盘前区净距可以按以下原则确定：按人的水平视角界限为 120°，理想范围为 60°，垂直方向视角为 60°，理想范围为 30°考虑，再根据我国成年男人平均身高 1600～1700mm，女人平均身高 1560mm 的情况，操作人员要监视 3000mm 的盘面和盘上离地面 800mm 左右高的设备，操作台与仪表盘间的距离以取 2500～3000mm 较为合适。在考虑盘前区面积时，还应注意一般在操作台与仪表盘间不宜有与本部位操作无关人员来往通过。

6.4 供汽系统

6.4.1 食品工厂的用汽要求

蒸汽是食品工厂动力供应的重要组成部分。食品工厂的用汽部门主要是生产车间，包括原料处理、配料、热加工、发酵、灭菌等。另外还有辅助生产车间如浴室、洗衣房、食堂等。

产品在生成过程中对蒸汽品质的要求是低压饱和蒸汽，蒸汽压力除了以蒸汽作为热源的热风干燥、真空熬糖、高温油炸等要求 0.8～1.0MPa 外，其他用汽压力大多在 0.7MPa 以下。因此使用时需经过减压装置，以确保用汽安全。

用汽量计算的目的在于定量研究生产过程，为过程设计和操作提供最佳化依据。通过用汽量计算，了解生产过程能耗定额指标。应用蒸汽等热量消耗指标，可对工艺设计的多种方案进行比较，以选定先进的生产工艺，或对已投产的生产系统提出改造或革新，分析生产过程的经济合理性、先进性，并找出生产上存在的问题。用汽量计算的数据是设备类型选择及确定其尺寸、台数的依据。用汽量计算也是组织和管理、生产、经济核算和最优化的基础。用汽量计算的结果有助于工艺流程和设备的改进，以达到节约能源、降低生产成本的目的。

6.4.2 锅炉设备的分类与选择

6.4.2.1 蒸汽锅炉的分类

(1) 按用途分类

① 动力锅炉。所产生的蒸汽供汽轮机作动力，以带动发电机发电，其工作参数（压力、温度）较高。

② 工业锅炉。所产生的蒸汽主要供应工艺加热用，多为中、小型锅炉。

③ 取暖锅炉。所产生的蒸汽或热水供冬季取暖和一般生活上用，只生产低压蒸汽或热水。

(2) 按蒸汽参数分类

① 低压锅炉。表压力在 1.47MPa 以下。

② 中压锅炉。表压力在 1.47～5.88MPa 之间。

③ 高压锅炉。表压力在 5.88MPa 以上。

(3) 按蒸发量分类

① 小型锅炉。蒸发量在 20t/h 以下。

② 中型锅炉。蒸发量在 20～75t/h 之间。

③ 大型锅炉。蒸发量在 75t/h 以上。

食品工厂采用的锅炉一般为低压小型工业锅炉。

(4) 按锅炉炉体分

可分为火管锅炉、水管锅炉、水火管混合式锅炉三类。火管锅炉热效率低，一般已不采用，采用水管锅炉为多。

6.4.2.2 锅炉设备选择

食品工厂的季节性较强，用汽负荷波动较大，食品工厂的锅炉台数不宜少于 2 台，并尽可能采用相同型号的锅炉。

(1) 选择锅炉房容量的原则

食品工厂的生产用汽，对于连续式生产流程，用汽负荷波动范围较小。对于间歇式生产流程，用汽负荷波动范围较大。在选择锅炉时，若高峰负荷持续时间很长，可按最高负荷时的用汽量选择。如果高峰负荷持续的时间很短，可按每天平均负荷的用汽量选择锅炉的容量。

在实际生产中，在工艺的安排上尽量通过工艺的调整避免最大负荷和最小负荷相差太大。采用平均负荷的用汽量来选择锅炉的容量。

(2) 锅炉房容量的确定

根据生产、采暖通风，生活需要的热负荷，计算出锅炉的最大热负荷，作为确定锅炉房规模大小之用，称之为最大计算热负荷。

$$Q=K_0(K_1Q_1+K_2Q_2+K_3Q_3+K_4Q_4) \tag{6.9}$$

式中 Q——最大计算热负荷，t/h；

K_0——管网热损失及锅炉房自用蒸汽系统；

K_1——采暖热负荷同时使用系数；

K_2——通风热负荷同时使用系数；

K_3——生产热负荷同时使用系数；

K_4——生活热负荷同时使用系数；

Q_1——采暖最大热负荷，t/h；

Q_2——通风最大热负荷，t/h；

Q_3——生产最大热负荷，t/h；

Q_4——生活最大热负荷，t/h。

锅炉房自用汽（包括汽泵、给水加热、排污、蒸汽吹灰等用汽）一般为全部最大用汽量的3%～7%（不包括热力除氧）。

厂区热力网的散热及漏损，一般为全部最大用汽量的5%～10%。

$$Q=1.15\times(0.8Q_c+Q_s+Q_z+Q_g) \tag{6.10}$$

式中 Q——锅炉额定容量，t/h；

Q_c——生产用最大蒸汽耗量，t/h；

Q_s——生活用最大蒸汽耗量，t/h；

Q_z——锅炉房自用蒸汽耗量，t/h；

Q_g——管网热损失，t/h（取5%～10%）。

(3) 锅炉的选型

锅炉的型号要根据食品厂的要求与特点和全厂及锅炉的热负荷来确定。型号必须满足负荷的需要。所用的蒸汽、工作压力和温度也应符合食品厂的要求，选用的锅炉应有较高的热效率和较低的燃料消耗、基建和管理费用，并能够经济有效地适应热负荷的变化需要。

食品工厂的工业锅炉目前都采用水管式锅炉，水管式锅炉热效率高，省燃料。水管锅炉的选型及台数确定，需综合考虑下列各点：

① 锅炉类型的选择，除满足蒸汽量和压力要求外，还要考虑工厂所在地供应的燃料种类，即根据厂所用燃料的特点来选择锅炉的类型。

② 同一锅炉房中，应尽量选择型号、容量、参数相同的锅炉。

③ 全部锅炉在额定蒸发量下运行时，应满足全厂实际最大用汽量和热负荷的变化。

④ 新建锅炉房安装的锅炉台数应根据热负荷调度锅炉的检修和扩建可能而定。采用机械加煤的锅炉，一般不超过4台。采用手工加煤的锅炉，一般不超过3台。对于连续生产的工厂，一般设置备用锅炉1台。

6.4.3 锅炉房在厂区的位置

烧煤锅炉烟囱排出的气体中含有大量的灰尘和煤屑。这些尘屑排入大气后，因速度减慢而散落下来，造成环境污染。同时，煤堆场也容易给环境带来污染。所以从工厂卫生的角度考虑，锅炉房在厂区的位置应选在对生产车间影响最小的地方，具体要满足以下要求。

① 力求靠近负荷大和热负荷集中的地区，以缩短供热干线，降低热损失，保证安全和经济地供汽。

② 便于燃料的贮运和灰渣的排除。

③ 应符合工业企业设计卫生标准的要求，避免和减少烟尘、有害气体对周围环境的影响。应设在全年主导风向的下风方向。

④ 锅炉房应位于供热地区标高较低的位置，以便于回收凝结水，但锅炉房的地面标高

应至少高出洪水位 500mm 以上。

⑤ 锅炉房朝向应考虑有较好的自然通风和采光条件。

⑥ 应便于排水和供电，且有较好的地质条件。

⑦ 应考虑将来发展规划，留有扩建余地。

6.4.4 烟囱及烟道除尘

锅炉烟囱的高度应按《锅炉大气污染物排放标准》(GB 13271—2014) 确定。其中燃煤锅炉的最小高度在规范中有明确规定。燃油、燃气锅炉烟囱高度必须由环境评估确定，但不小于 8m。烟囱高度尽量采用标准值，以便于土建设计。

烟囱出口直径的确定：烟囱烟气出口流速不宜小于 2.5～3m/s，四型烟囱的出口内程一般不小于 0.8m。直径较小时，可以做成方形烟囱，烟囱内不受限制。烟囱出口烟气流速在全负荷情况 F 为 10～20m/s。烟囱出口直径可按表 6-4 的推荐值选用。

表 6-4 烟气出口直径推荐值

锅炉总容量/(t/h)	<0.8	12	16	20	30	40
烟囱出口直径/m	0.8	0.8	1.0	1.0	1.2	1.4

烟囱的材料以砖砌为多，它取材容易、造价较低、使用期限长、不需经常维修。但若高度超过 50m 或在 7 级以上的地震区，最好采用钢筋混凝土烟囱。《中华人民共和国大气污染防治法》规定，向大气排放粉尘的排污单位，必须采取除尘措施。锅炉烟气中带有飞灰及部分未燃尽的燃料和二氧化硫，这不但给锅炉机组受热面及引风机造成磨损，而且增加大气环境污染。为此，在锅炉出口与引风机之间应装设烟囱气体除尘装置。一般情况下，可采用锅炉厂配套供应的除尘器。但要注意，当采用显式除尘器时，应避免产生废水而导致公害转移的现象。

6.4.5 煤和灰渣的贮运

煤场的存煤量可按 25～30d 的煤耗量考虑，粗略估算每 1t 煤可产 6t 蒸汽，煤场一般为露天煤场，也可建一部分干煤棚。

煤场的转运设备可根据锅炉房的规模选用人工翻斗手推车、铲车、皮带输送机将运输工具上的煤卸至贮煤场以及将煤送至锅炉房的上煤系统。

锅炉在 2 台以下时，用人工手推车将灰渣运至渣场，多台锅炉时，可用框链出渣机、刮板出渣机、耐热胶带输送机将灰渣运至渣场。

6.5 采暖与通风系统

采暖通风的目的是改善工人的劳动条件和工作环境，满足某些产品的工艺要求或作为一种生产手段，防止建筑物发霉，改善工厂卫生。

采暖与通风设计的主要内容有：车间或生活室的冬季采暖、夏季空调或降温，某些食品生产过程中的保温（罐头成品的保温库）或干燥（脱水蔬菜的烘房），某些设备或车间的排气与通风以及某些物料的风力输送等。

采暖与通风设计的内容包括：车间与生活辅助室的冬季采暖，某些食品生产过程中的干燥（如脱水蔬菜等的烘房）或保温（罐头成品的保温库），车间的夏季空调降温，设备或工段的排气和通风以及某些物料的风力输送等。采暖与通风工程实施的目的，有的是为了改善工人的劳动条件和工作环境，有的是为了满足某些制品的工艺条件或作为一种生产手段，有的是为了防止建筑物的发霉，改善工厂卫生。总之，采暖与通风工程的服务对象既涉及人，也涉及产品、设备和厂房。

6.5.1 防暑

食品工厂设计时考虑夏季防暑降温是必要的，特别是处于南方地区的更应该精心考虑。进行防暑设计时一般应注意如下几方面问题：

① 工艺流程的设计宜使操作人员远离热源，同时根据其具体条件采取必要的隔热降温措施。

② 厂房的朝向，应根据夏季主导风向对厂房能形成穿堂风或能增加自然通风的风压作用确定。厂房的迎风面与夏季主导风向应成60°～90°夹角，最小为45°角。

③ 热源应尽量布置在车间的外面：采用热压为主的自然通风时，热源尽量布置在天窗的下面；采用穿堂风为主的自然通风时，热源应尽量布置在夏季主导风向的下风侧；热源布置应便于采用各种有效的隔热措施和降温措施。

④ 车间应设有避风的天窗，天窗和侧窗应便于开关和清扫。

⑤ 当室外实际出现的气温等于本地区夏季通风室外计算温度时，车间内作业地带的空气温度应符合下列要求：散热量小于23W/（m^3·h）的车间不得超过室外温度3℃；散热量为23～116W/（m^3·h）的车间不得超过室外温度5℃；散热量大于116W/（m^3·h）的车间不得超过室外温度7℃。

⑥ 车间作业地点夏季空气温度，应按车间内外温差计算。其室内外温差的限度，应根据实际出现的本地区夏季通风室外计算温度确定，不得超过表6-5的规定。

表6-5 车间内工作地点的夏季空气温度规定

夏季通风室外计算温度/℃	22℃及以下	23	24	25	26	27	28	29～32	33℃及以上
工作地点与室外温差/℃	10	9	8	7	6	5	4	3	2

⑦ 作业地点气温≥37℃时应采取局部降温和综合防暑措施，并应减少接触时间。

⑧ 高温作业车间应设有工间休息室，休息室内气温不应高于室外气温；设有空调的休息室内气温应保持在25～27℃。特殊高温作业，如高温车间天车驾驶室、车间内的监控室、操作室等应有良好的隔热措施。

6.5.2 空气净化

6.5.2.1 空气洁净度等级的确定

洁净室内有多种工序时，应根据各工序不同的要求，采用不同的空气洁净度等级。食品工业洁净厂房设计或洁净区划分可以参考《洁净厂房设计规范》（GB 50073—2013）进行，也可参考医药工业洁净级别和洁净区的划分标准，医药行业空气洁净度划分为四个等级，空气洁净度参见表6-6。

表 6-6 医药工业洁净厂房空气洁净度

洁净度级别	尘粒最大允许数/(个/m³)		微生物最大允许数	
	≥0.5μm	≥5μm	附有菌/(个/m³)	沉降菌/(个/皿)
100 级(ISO class5)	3500	0 (29)	5	1
10000 级(ISO class7)	340000	2000 (2930)	100	3
100000 级(ISO class8)	3500000	20000 (29300)	500	10
300000 级(ISO class8.3)	10500000	60000 (293000)	—	15

在满足生产工艺要求前提下，首先应采用低洁净等级的洁净室或局部空气净化，其次可采用局部工作区空气净化和低等级全室空气净化相结合或采用全面空气净化。

6.5.2.2 洁净室设计的综合要求

在工艺流程布置合理、紧凑，避免人流混杂的前提下，为提高净化效果，凡有空气洁净度要求的房间，宜按下列要求布局。

① 空气洁净度高的房间或区域，宜布置在人员最少到达的地方，并宜靠近空调机房。

② 不同洁净级别的房间或区域，宜按空气洁净度的高低由里向外布置。

③ 空气洁净度相同的房间或区域，宜相对集中。

④ 洁净室内要求空气洁净度高的工序，应布置在上风侧，易产生污染的工艺设备应布置在靠近回风口位置。

⑤ 不同空气洁净度房间之间相互联系，要有防止污染措施，如气闸室、缓冲间或传递窗（柜）。

⑥ 下列情况的空气净化系统，如经处理仍不能避免交叉污染，则不应利用回风：固体物料的粉碎、称量、配料、混合、制粒、压片、包衣、灌装等工序；用有机溶媒精制的原料药精制、干燥工序；工艺过程中产生大量有害物质、挥发性气体的生产工序。

⑦ 对面积较大、洁净度较高、位置集中及消声、振动控制要求严格的洁净室，宜采用集中式空气净化系统，反之，可用分散式空气净化系统。

⑧ 洁净室内产生粉尘和有毒气体的工艺设备，应设局部除尘和排风装置。

⑨ 洁净室内排风系统应有防倒灌或过滤措施，以免室外空气流入。含有易燃易爆物质局部排风系统应有防火、防爆措施。

⑩ 洁净室的温度与湿度，以穿着洁净工作服不产生不舒适感为宜。

6.5.2.3 空气净化处理

各等级空气洁净度的空气净化处理，均应采用初效、中效、高效空气过滤器三级过滤。大于或等于 10000（ISO class7）级空气净化处理，可采用亚高效空气过滤器代替高效空气过滤器。一般没有洁净等级要求的房间，宜采用初效、中效空气过滤器二级过滤处理。

确定集中式或分散式净化空气调节系统时，应综合考虑生产工艺特点和洁净室空气洁净度等级、面积、位置等因素。凡生产工艺连续、洁净室面积较大、位置集中以及噪声控制和振动控制要求严格的洁净室，宜采用集中式净化空气调节系统。

净化空气调节系统设计应合理利用回风，凡工艺过程产生大量有害物质且局部处理不能满足卫生要求，或对其他工序有危害时，则不应利用回风。

空气过滤器的选用、布置和安装方式应符合下列要求：初效空气过滤器不应选用浸油式过滤器；中效空气过滤器宜集中设置在净化空气调节系统的正压段；高效空气过滤器或亚高效空气过滤器宜设置在净化空气调节系统末端，中效、亚高效、高效空气过滤器宜按额定风量选用；阻力、效率相近的高效空气过滤器宜设置在同一洁净室内；高效空气过滤器的安装方式应简便可靠，易于检漏和更换。

送风机可按净化空气调节系统的总送风量和总阻力值进行选择。中效、高效空气过滤器的阻力宜按其初阻力的两倍计算。

净化空气调节系统如需电加热时，应选用管状电加热器，位置应布置在高效空气过滤器的上风侧，并应有防火安全措施。

各种建设类型的空气处理方式应按以下原则确定：新建洁净室可采用集中式净化空气调节系统，但系统不宜过大。洁净室应尽量利用原有净化空气调节系统。如不能满足要求时，再考虑就近新增设净化空气调节系统。改建洁净室如原未设置空气调节系统时，除采用增设集中式净化空气调节系统外，亦可采用就地设置带空气净化功能的净化空气调节机组的方法来满足洁净室的空气洁净度要求。

原有的空调工程改建为洁净室时，可采用在原空调系统内集中增加过滤设备和提高风机压力的办法，也可采用局部净化设备方法。

洁净工作台应按下列原则选用：工艺设备在水平方向对气流阻挡最小时，应选用水平层流工作台；在垂直方向对气流阻挡最小时，应选用垂直层流工作台；当工艺产生有害气体时，应选用排气式工作台；反之，可选用循环式工作台；当工艺对防振要求高时，可选用脱开式工作台；当水平层流工作台对放时，间距不应小于3m。

当10000（ISO class 7）～100000（ISO class 8）级洁净室内适用洁净工作台时，若从工作台流经洁净室的风量相当于该室的换气次数60次/h以上时，可使该洁净室的洁净度在原基础上提高一个级别。

6.6 制冷系统

食品工厂设置制冷工程的主要作用是对原辅料及成品进行储藏保鲜，如延长生产期、保持原辅料及成品新鲜的果蔬高温冷藏库及肉禽鱼类的低温冷藏库。食品在加工过程中的冷却、冷冻、速冻工艺，车间空气调节或降温也需要配备制冷设施。

制冷系统是食品工厂的一个重要组成部分。供冷设计的优劣将直接影响生产的正常进行和产品质量，应受到足够的重视。

食品工厂供冷工程的建立和设置主要是对原辅材料及成品起贮藏保鲜作用，如罐头厂的肉禽、水产等原料，需要做长期低温贮藏。为延长生产期，果蔬原料也需要做大量的短期贮存。乳制品厂的鲜奶、成品消毒奶、成品奶油等，也都要求保存在一定温度的冷库中。同时，某些产品的冷却工段（如速冻）及生产车间的空调，也需要供冷。

供冷设计是由冷冻设计人员负责的。但是，工艺设计人员要按工艺的要求，对供冷设计提出工艺上的具体要求，并为供冷设计人员提供用冷地点、冷负荷、要求温度等具体数字和资料，以作为供冷设计的依据。对中小厂的改建、扩建和技术改造来说，工艺设计人员有时要直接参与供冷设计工作。为此，本节对供冷设计问题做必要的介绍，以供学习或设计时参考。

6.6.1 制冷装置的类型

制冷的方法很多，以机械制冷应用最广。用于制冷的机器称为制冷机。常用的制冷机可分为三种类型：压缩式制冷机、蒸汽喷射式制冷机和吸收式制冷机。

(1) 压缩式制冷机

压缩式制冷机按照工作特点，可分为三种：

① 活塞式压缩制冷机。这类设备用电动机带动，常用制冷剂为氨（NH_3）、氟利昂（F-12、F-22）。其特点是：压力范围广，不随排气量而变，能适应比较宽广的冷量要求；热效率较高，有较高的单位功率制冷量，单位耗电相对较少；无需耗用特殊钢材，加工较容易，造价较低；制造较有经验。装置系统较简单，使用方便。

基于上述原因，活塞式压缩制冷机广泛地应用于各种制冷场合，特别是中小制冷量场合，成为目前国内压缩制冷机中使用面最广、已系列批量生产的一种机型。我国食品工厂普遍采用氨活塞式压缩制冷机。本节有关制冷设备的选择计算，均对氨活塞式压缩机而言。

② 离心式压缩制冷机。一般用电动机或蒸汽机驱动。常用制冷剂为氟利昂或氨。离心式制冷机常与蒸发器、冷凝器组合为一体，设备紧凑、占地面积小、制冷量大（380 万～10000 万 kJ/h），在大型制冷装置中应用最广（如大型建筑的大面积空调、大型冷库等）。

③ 螺杆式压缩制冷机。一般用电动机拖动，常用氟利昂或氨作制冷剂。制冷量范围广、效率高。目前国内已有产品生产，并推广应用。

(2) 蒸汽喷射式制冷机

蒸汽喷射式制冷机是通过消耗热能（蒸汽）来工作的，并多以水为制冷剂，冷冻水温较高。蒸汽喷射泵由喷嘴、混合室、扩压器组成，起着压缩机的作用。蒸汽喷射泵的效率随冷冻水温度而变化，一般情况下，制取 10℃以上的冷水较为经济。溴化锂-水型制冷机，以制取 4℃以上的冷冻水为主。蒸汽喷射式制冷机主要用于空气调节降温之用。

(3) 吸收式制冷机

吸收式制冷机也是通过消耗热能（蒸汽、热水等）来工作的。在吸收式制冷机中常使用两种工质，制冷剂和吸收剂，这是该机的特点。工业上常用氨的水溶液为吸收剂。其工作原理是利用吸收剂的吸收和脱吸作用将冷冻剂蒸汽由低压的蒸发器中取出，而传给高压的冷凝器。消耗的外功不是压缩机的机械功而是加入的热量。吸收式制冷机在食品工厂中尚未见使用。

6.6.2 冷库容量的确定和计算

供冷设计的主要任务是选择合适的制冷剂及制冷系统，并作冷冻站设备布置。制冷剂选择直接关系到制冷量能否满足生产需要，影响工厂投资与产品成本。食品工厂的各类冷库的性质均属于生产性冷库，它的容量主要应围绕生产的需求来确定。确定冷库中各种库房的容量可参考表 6-7。

表 6-7 食品工厂各种库房的容量

库房名称	温度/℃	储备物料	库房容量要求
高温库	0～4	水果、蔬菜	15～20d 需要量

续表

库房名称	温度/℃	储备物料	库房容量要求
低温库	<−18	肉禽、水产	30～40d需要量
冰库	<−10	自制机冰	10～20d的制冰能力
冻结间	<−23	肉禽类副产品	日处理量的50%
腌制间	−4～0	肉料	日处理量的4倍
肉制品库	0～4	西式火腿、红肠	15～20d的产量

在容量确定之后，冷库建筑面积的大小取决于物料品种堆放方式及冷库的建筑形式。计算可按下式进行：

$$A=\frac{m \cdot 1000}{a \cdot \rho \cdot h \cdot n} \tag{6.11}$$

式中 A——冷库建筑面积（不包括穿堂、电梯间等辅助建筑），m^2；

m——计划任务书规定的冷藏量，t；

a——平面系数（有效堆货面积/建筑面积），多库房的小型冷库（稻壳隔热）取0.68～0.72，大库房的冷库（软木、泡沫塑料隔热）取0.76～0.78；

h——冷冻食品的有效堆货高度，m；

n——冷库层数；

ρ——冷冻食品的单位平均密度，kg/m^3。

6.6.3 冷库设计

冷库规划设计的内容和基本要求详见《冷库设计标准》（GB 50072—2021），下面概括性地介绍一些内容，供读者了解。

6.6.3.1 冷库建筑的特点

冷库建筑属于仓储类的工业建筑。因为其功能是提供冷却、冻结及贮藏各类加工产品的空间，所以冷库建筑不同于一般的工业建筑，有其自身的特点。

① 作为冷加工场所，冷库建筑受生产工艺流程和运输条件的制约，并应能满足设备布置的要求。

② 作为一种仓储手段，冷库建筑内既要堆放大量的货物，又要装置或通行各种装卸运输设备，所以要求冷库的结构坚固并具有较大的承载力。为考虑制冷设备的安装，多采用无梁楼板。

③ 为了避免库温波动，确保冷藏期间要求的温度和湿度条件，除了通过制冷方法获得冷量外，还应尽可能减少库内冷量的损耗。为此要在冷库的围护结构（如地坪、屋顶、墙壁等）中合理地设置隔热保温层和隔汽防潮层，同时减少门窗的数量。

④ 冷库建筑的结构物大都处于低温潮湿的环境中，有时还经受着周期性的冻融循环。这就要求冷库建筑材料和各种构件要有足够的强度和抗冻能力。

⑤ 为了防止地基和地坪的冻鼓面导致上部建筑物的变形和破坏，还需采用相应的防冻措施，以保证冷库建筑在低温高湿使用条件下的安全性和耐久性。

6.6.3.2 冷库建筑的基本要求

鉴于冷库建筑的上述特点，在考虑其结构的构造和建筑材料时，应符合以下几点要求。

① 所有的结构及构件，均应根据冷库低温高湿的使用条件采取必要的防潮、防腐和防

锈措施。

② 冷库的库房、穿堂以及冷却水塔、水池，应按高湿度作用的结构物考虑。如采用钢筋混凝土结构时，钢筋的保护层厚度应按规范规定的厚度增加 10mm 以上。

③ 冷库的主体建筑，如采用钢筋混凝土框架结构，外作砖墙围护且墙体和框架分开时，为保护墙体的稳定，框架与墙体应做必要的拉结。

④ 冷库温度伸缩缝应与沉降缝相结合，构造宜采取并列支柱以便于隔热处理。

⑤ 冷库内凡与低温空气接触及有冻融循环的部分，一律采用不低于 425 号的普通硅酸盐水泥，不准采用抗冻性差的水泥；冷库库房和穿堂采用混凝土结构时，混凝土等级应≥C20（其图中 C 表示混凝土，20 表示立方体抗压标准强度为 20MPa）；冻结间的混凝土强度等级应≥C30，上述混凝土的水灰比应>0.6，施工浇捣时应注意密实性和养护工作，以防出现裂缝。

⑥ 冷库主体建筑用砖的强度等级，内墙应≥MU10，外墙应≥MU7.5，内墙用的砌筑砂浆强度应≥M5 水泥砂浆，外墙应用≥M2.5 的混合砂浆。

⑦ 冷库内钢筋混凝土的受力钢筋要尽量先采用 3 号（A3）钢和 16 号锰钢（16Mm）两种钢筋：其焊接用的电焊条，要求用碱性低氢型焊条，焊接 3 号钢用 T426 型焊条，焊接 16 号锰钢用 T506 型焊条。

⑧ 低温库内的柱子、锚系构件都应进行“冷桥”处理。内隔墙必须砌在地坪的钢筋混凝土层面上，不允许穿过隔热层。库房的冷却设备与建筑物相连接的各支吊点应设置在保温层内，以免冷桥的产生或对建筑物的破坏。

⑨ 对于温度较低的库房，当地坪的隔热层不足以防止地坪下的土壤冻结时，要采用架空、埋设通风管、蛇形热油管、电热防冻管等措施。

6.6.3.3 冷库库址的选择原则

选择库址要根据冷库的性质、规模、建设投资、发展规划等条件，结合拟选地点的具体情况，审慎从事，择优确定。为了正确地选择库址，一般应考虑以下基本条件。

① 经济依据。要考虑原材料供应、生产协作、货运、销售市场等方面是否具备建库的有利条件。冷库应根据其使用性质，在产地、货源集中地区或主要消费区选址，力求符合商品的合理流向。在总体布局上，不应布置在城镇中心区及其使用水源的上游，应尽量选在城镇附近。

② 交通运输。必须考虑选址附近具有便利的水陆交通运输条件，以利于货源调入和调出。

③ 区域环境。库址周围应有良好的卫生环境，冷库的卫生防护距离必须符合我国《工业企业设计卫生标准》（GBZ 1—2010）的规定。此外还需了解本地区的水利规划，避免选在大型水库（包括拟建者）的下游及受山洪、内涝或海潮严重威胁的地段。

④ 地形地质。选址时应对库址的地形、地质、洪水位、地下水位等情况进行认真调查或必要的勘测分析。

⑤ 水源。冷库是用水较多的企业，水源是确定库址的重要条件之一。故库址附近必须保证有充裕的水源。

⑥ 电源。冷库供电属于第二类负荷，需要有一个可靠的、电压较稳定的电源。选址时应对当地电源及其线路供电量做详细了解，并应与当地电业部门联系，取得供电证明。

⑦ 其他。要了解附近有无热电厂和其他热源可以利用，附近有无居民点、公用生活设施、中小学，工人上下班交通是否方便等。

第7章 安全生产与环境保护

7.1 安全生产

食品安全生产问题一直是各级政府关注、群众关心的重点问题，任何一个环节疏于管理都有可能造成严重的食品安全事故，危及人民群众的身体健康和生命安全，国家于 2021 年修正了最新的《中华人民共和国安全生产法》。

任何工厂都是将安全生产放在首位的。安全生产，其实质是在生产过程中防止各种事故的发生，确保设备的安全和人民生命安全健康（包括人员安全、设备设施安全及产品质量安全等内容）。安全与生产是一个统一整体，安全是保证生产过程顺利进行的必要前提，能提高生产效率；生产为安全提供必要的更好的物质基础。为防止食品在生产加工过程中出现人员安全、设备设施安全及产品质量安全等事故，在工厂设计时，一定要在厂址选择、总平面布局、工艺设计、设备选型、车间布置、管道布局及相应的辅助设施等方面，严格按照 GMP、HACCP、QS 等的标准规范和有关规定的要求，进行周密的考虑。在设计时考虑不周，造成的先天不足，将严重影响建厂后生产经营。因此，在进行食品工厂设计时，一定要严格按照国际、国家颁布的各项标准、规范执行。食品企业生产所涉及的产品种类繁多，性质复杂，因此存在的安全隐患也复杂多变。

7.1.1 生产过程存在的不安全因素

7.1.1.1 不安全状态

不安全状态是指导致事故发生的物质条件，包括：①防护、保险、信号等装置缺乏或有缺陷；②设备、设施、工具、附件有缺陷；③个人防护用品、用具缺少或有缺陷；④生产场地环境不良。

7.1.1.2 不安全行为

不安全行为是指造成事故的人为因素，包括：①错误操作、忽视安全、忽视警告；②造成安全装置失效；③使用不安全设备；④成品、半成品、材料存放不当；⑤冒险进入危险场所；⑥攀坐平台、护栏、吊车、吊钩等不安全位置；⑦在起重物下作业、停留；⑧机器工作时检修、调整、清扫；⑨有分散注意行为；⑩在必须使用个人防护用品用具的作业场合，忽视其使用；⑪不安全装束；⑫对易燃易爆危险品处理错误。

7.1.2 防火防爆

食品工厂生产环节的很多工艺存在易燃易爆的安全隐患，如油脂生产、油炸工艺、焙烤工艺、白酒生产工艺等。为了防止工厂火灾爆炸事故的发生，必须了解防火防爆的基本知识、相关防范措施。

7.1.2.1 燃烧

燃烧是指可燃物质与氧气或空气进行反应而产生放热发光的现象。燃烧必须同时具备以下三要素才能发生：

① 有可燃物。凡能与空气中的氧或其他氧化剂起反应的物质为可燃物，有固体、液体、气体，如木材、纸盒、谷壳、酒精等。

② 有助燃物。一般是指氧和氧化剂，因为空气中含有21%（体积分数）左右的氧，所以可燃物质燃烧能在空气中持续进行。

③ 火源。在食品工厂中主要是指能引起可燃物质燃烧的热源，包括明火、聚集的日光、电火花、高温灼热体等。

7.1.2.2 爆炸

爆炸是指物质由一种状态迅速地转化为另一种状态并在极短的时间内以机械功的形式放出很大能量的现象，或是气体（蒸汽）在极短的时间内发生剧烈膨胀，压力迅速下降到常压的现象。通常可分为以下两类：

① 化学性爆炸：指物质由于发生化学反应，产生大量的气体和热量而形成的爆炸。这种爆炸不仅破坏性大，还能直接造成火灾。

② 物理性爆炸：通常指锅炉、压力容器内的介质，受热温度升高，气体膨胀，压力急剧升高，超过了设备所能承受的限度而发生爆炸。

7.1.2.3 防火防爆措施

防火防爆必须贯彻“以防为主，防消结合”的方针。

(1) 防范措施

① 建筑防火结构。国家颁布的《建筑设计防火规范（2018年版）》规定，按工业建、构筑物结构材料的耐火性能的大小，共分为四级，见表7-1。生产的火灾危险性应根据生产中使用或产生的物质性质及其数量等因素划分，可分为甲、乙、丙、丁、戊五类，见表7-2。

表7-1 工业建、构筑物耐火程度分级

耐火等级	耐火性
一级	主要建筑构件全部为不燃烧性
二级	主要建筑构件除吊顶为难燃烧性,其他为不燃烧性
三级	屋顶承重构件为可燃性
四级	火墙为不燃烧性,其余为难燃性和可燃性

表 7-2　生产的火灾危险性分类

生产的火灾危险类别	使用或产生下列物质生产的火灾危险性特征
甲	① 闪点小于 28℃的液体 ② 爆炸下限小于 10%的气体 ③ 常温下能自行分解或在空气中氧化能导致迅速自燃或爆炸的物质 ④ 常温下受到水或空气中水蒸气的作用，能产生可燃气体并引起燃烧或爆炸的物质 ⑤ 遇酸、受热、撞击、摩擦、催化以及遇有机物或硫黄等易燃的无机物，极易引起燃烧或爆炸的强氧化剂 ⑥ 受撞击、摩擦或与氧化剂、有机物接触时能引起燃烧或爆炸的物质 ⑦ 在密闭设备内操作温度不小于物质本身自燃点的生产
乙	① 闪点不小于 28℃但小于 60℃的液体 ② 爆炸下限不小于 10%的气体 ③ 不属于甲类的氧化剂 ④ 不属于甲类的易燃固体 ⑤ 助燃气体 ⑥ 能与空气形成爆炸性混合物的浮游状态的粉尘、纤维、闪点不小于 60℃的液体雾滴
丙	① 闪点不小于 60℃的液体 ② 可燃固体
丁	① 对不燃烧物质进行加工，并在高温或熔化状态下经常产生强辐射热、火花或火焰的生产 ② 利用气体、液体、固体作为燃料或将气体、液体进行燃烧作其他用的各种生产 ③ 常温下使用或加工难燃烧物质的生产
戊	常温下使用或加工不燃烧物质的生产

其中甲、乙类属于火灾危险性较大的生产，如酒精、醋酸，必须采用比较耐火的建筑结构，同时建筑物间的防火间距要求也较大。根据以上规定，厂房之间及与乙、丙、丁、戊类仓库的防火间距，应按表 7-3 确定。

表 7-3　厂房之间及与乙、丙、丁、戊类仓库的防火间距　　单位：m

名称			甲类厂房	乙类厂房(仓库)			丙、丁、戊类厂房(仓库)			
			单、多层	单、多层		高层	单、多层			高层
			一、二级	一、二级	三级	一、二级	一、二级	三级	四级	一、二级
甲类厂房	单、多层	一、二级	12	12	14	13	12	14	16	13
乙类厂房(仓库)	单、多层	一、二级	12	10	12	13	10	12	14	13
		三级	14	12	14	15	12	14	16	15
	高层	一、二级	13	13	15	13	13	15	17	13
丙类厂房	单、多层	一、二级	12	10	12	13	10	12	14	13
		三级	14	12	14	15	12	14	16	15
		四级	16	14	16	17	14	16	18	17
	高层	一、二级	13	13	15	13	13	15	17	13
丁、戊类厂房	单、多层	一、二级	12	10	12	12	10	12	14	13
		三级	14	12	14	15	12	14	16	15
		四级	16	14	16	17	14	16	18	17
	高层	一、二级	13	13	15	13	13	15	17	13
室外变、配电站	变压器总油量/t	≥5，≤10					12	15	20	12
		≥10，≤50	25	25	25	25	15	20	25	15
		＞50					20	25	30	20

为了防止烟和火焰由外墙窗口蔓延到上层建筑物内，设计时必须要考虑有利于烟气的扩散，因此，一般规定上下两层窗口之间的距离必须大于 0.9～1m。

② 预防措施。主要是从思想上、组织管理和技术等方面采取预防措施，具体有：

a. 建立健全群众性义务消防组织和防火安全制度；经常开展防火安全宣传及防火安全教育；开展经常性防火安全检查，并根据生产场所的性质，配备适用和足够的消防器材。

b. 认真执行建筑防火设计规范，根据生产的性质，厂房和库房必须符合防火等级要求，厂房、库房应有安全距离，并布置消防用水和消防通道。

c. 合理布置生产工艺。根据产品、原料的火灾危险性质，安排选用符合安全要求的设备和工艺流程；性质不同又相互作用的物品分开存放；具有火灾、爆炸危险的厂房，要采取局部通风或全面通风，降低易燃易爆气体、蒸汽在厂房中的浓度；易燃易爆物质的生产，应在密闭设备中进行；等。

(2) 消防措施

一旦发生火灾事故，要迅速组织灭火，防止火灾的蔓延扩大，以减少损失。扑灭火灾的方法有：窒息法、隔离法、冷却法和中断化学反应（抑制法）。火灾中使用的灭火剂就具有这些不同的作用，可以破坏继续燃烧的条件。常用的灭火剂有水、泡沫、二氧化碳、四氯化碳、卤代烷、干粉、惰性气体等，其是通过各种灭火器设备和器材来施放或喷射。为了扑灭火灾，应根据燃烧物质的性质和火势发展情况，从效能高、使用方便、来源丰富、成本低廉、对人体和物质基本无害几方面考虑，选择适合、足够的灭火剂。

7.1.3 防毒

所谓“毒物”是指在一定条件下，以较少的量进入人体后，能与人体组织发生化学或物理化学作用，影响人体正常生理功能、导致机体发生病理变化的化学物质。毒性物质一般是经过呼吸道、消化道及皮肤接触进入人体的，并呈现不同程度的病变现象。

7.1.3.1 工业毒物

在工业生产中，使用或产生的有毒物质，称作生产性毒物或工业毒物。工业毒物常以气体、蒸气、烟尘、雾等形态存在于生产环境。目前工业毒物的几种分类有：按毒物的化学类属可分为有机毒物和无机毒物；按毒作用性质可分为窒息性、刺激性、麻醉性、全身性等毒物；常见两种分类是按毒物的物理形态分类和常用的综合性分类。

(1) 按物理形态分类

可分为气体、液体、固体，一般常以气体、蒸气、烟尘、雾等形态污染生产环境。

(2) 常用的综合性分类

① 金属、类金属毒物：主要有汞、铅、砷、铬、镉、镍等。

② 刺激性或窒息性气体：主要有氯气、二氧化硫、光气、一氧化碳、硫化氢等。

③ 有机溶剂：苯、二氯乙烷、四氯化碳、汽油、二硫化碳。

④ 苯的硝基、氨基化合物。

⑤ 高分子化合物生产中的毒物。如农药：农药生产从原料到成品多为剧毒或毒性大的物质，如含苯类、含氯类、硝基苯类、硫化氢类、乐果、六六六等。

7.1.3.2 工业中毒的原因

中毒是指有毒物质在体内起化学作用而引起机体组织破坏、生理机能障碍甚至死亡等现象。工业毒物进入人体后，与人体组织发生化学、物理化学和生物化学的作用，并在一定条件下破坏人体的正常生理机能，使人体某些器官和系统发生暂时或永久性的病变，也叫职业中毒。职业中毒可分急性中毒（如一氧化碳中毒），慢性中毒（如铅、汞中毒），亚急性中毒（如二氧化碳中毒）。

常见中毒原因可归纳为以下几方面：

(1) 设备方面问题

① 没有密闭通风排毒设备；

② 密闭通风排毒设备效果不好；

③ 设备检修或抢修不及时；

④ 因设备故障、事故引起的跑、冒、滴、漏等。

(2) 个人防护方面

① 没有个人防护用品；

② 不使用或不当使用个人防护用品；

③ 缺乏安全知识；

④ 过度疲劳或其他不良身体状态；

⑤ 有从事有害作业的禁忌证。

(3) 企业安全管理方面

主要体现在危化品的管理处置方式不当，如危险化学药品的管理制度不完善、化学品贮存或放置不当、化学品转移或运输无标志或标志不清等。

7.1.3.3 工业毒物对人体的危害

工业毒物对人体的危害是多方面的：对神经系统的危害主要是中毒性神经衰弱和其他一些病症，对血液和造血系统的危害主要是引起血细胞减少，对呼吸系统的危害主要是引起支气管炎、肺炎、肺水肿等，还有中毒性肝炎、皮肤损害等。

7.1.3.4 综合防毒措施

为了保护职工在生产活动过程中的安全与健康，防止职业中毒事故的发生，必须从工艺和设备的技术改造、通风排毒、毒物净化、个体防护、管理与法制等方面采取综合措施，才能达到理想的要求，保证职工在生产活动过程中的安全与健康。此外，对职工进行防毒的宣传教育以及企业要定期对从事有毒作业的劳动者进行健康检查，对工业防毒也是非常重要的。

7.1.4 用电安全

电气安全是安全科学技术学科的重要组成部分，电气事故不仅包括触电事故，还包括雷电、静电、电磁场危害，各种电气火灾以及由电气线路和设备的故障等造成的事故。

7.1.4.1 用电安全基本要素

电气绝缘、安全距离、设备及其导体的载流量、明显和准确的标志等是保证用电安全的基本要素。电气绝缘是保证电气设备和供配电线路的良好绝缘状态，是保证人身安全和电气设备无事故运行的最基本要素，可以通过测定其绝缘电阻、耐压强度、泄漏电流和介质损耗等参数加以衡量；安全距离指人体、物质等接近带电设备而不发生危险的安全可靠距离（包括线路安全距离、变配装置安全距离、检修安全距离、操作安全距离等）；安全检查包括设备的绝缘有无损坏、绝缘电阻是否符合要求、设备裸露带电部分是否防护、保护接零和保护接地是否正确可靠、保护装置是否符合要求、制度是否健全等。

7.1.4.2 安全技术措施

一般采取的用电安全技术措施有：保护接地防高压窜入低压保护，保护接零，重复接地保护，采用安全低电压，采用静电消除器，装设备熔断器、脱扣器、热继电器、避雷装置等。此外，各用电单位应根据《电力安全工作规程　发电厂和变电站电气部分》（GB 26860—2011）和《电力工业技术管理法规》等制订各自安全规程。

7.1.5 安全性评价

安全性评价又称危险度评价或风险度评价，是运用系统安全工程的理论方法，从人、机、物、法、环境等五个方面对系统安全性进行评价、预测和度量。其基本点是以生产设备设施为主体，运用现代科学技术知识方法与检测手段，逐一分析度量生产过程中各个环节上人、机、物、法、环境的危险特性，预先研究各种潜在危险因素，为采取技术和管理的治理措施提供可靠的依据。评价常采取现场检查、资料查阅、现场考问、实物检查、仪表检测、调查分析、现场测试分析试验等查评方法。无论是哪种查评方法，都应注重结果的客观性、公正性和可靠性，综合运用合理技术手段的同时遵守相应的原则和程序。

7.1.5.1 安全性评价的原则

① 评价人员的客观性：要防止评价人员的主观因素影响评价数据，同时要坚持对评价结果进行复查。

② 评价指标的综合性：单一指标只能反映局部功能，而综合性指标能反映评价对象各方面的功能。

③ 评价方案的可行性：只有从技术、经济、时间和方法等条件分析都可行，才是较佳方案。

④ 所采用的标准参数资料，应是最新版本，确实能反映人、机、物、环境的危险程度。

⑤ 评价结果应用综合性的单一数字表达。

7.1.5.2 安全性评价的程序

(1) 制订评价计划

可参考同行业中其他企业安全性评价的计划，结合本企业情况，提出一个供讨论的初步方案。方案应是动态的，在评价过程中发现了某些缺陷或漏掉了项目，应及时修改、补充和完善。计划中包括以下项目：①评价任务和目的；②评价的对象和区域；③评价的标准；④评价的程序；⑤评价的负责人和成员；⑥评价的进度；⑦评价的要求；⑧试点建议；⑨安全问题的发现、统计和列表，整改措施的提出；⑩测试方法；⑪整改效果分析；⑫总结报告等。

(2) 安全性评价的步骤

①确认系统的危险性，即找出危险性并加以定量化；②根据危险的允许范围，具体评价危险性及排除危险，消除或降低系统的危险性，使其达到允许范围（图 7-1）。

7.1.5.3 安全性评价技术

安全性评价是方案制订、设计、制造、使用、报废整个过程中的安全保证手段，它一般分为若干个阶段。

① 根据有关法规进行评价；

② 据校验一览表或事故模型与影响分析做定性评价；

③ 有关物质（材料）、工艺过程的危险性定量评价；

④ 对严重程度，实行相应的安全对策；

⑤ 据事故灾害信息重新做出评价；

⑥ 进行全面定性、定量评价。

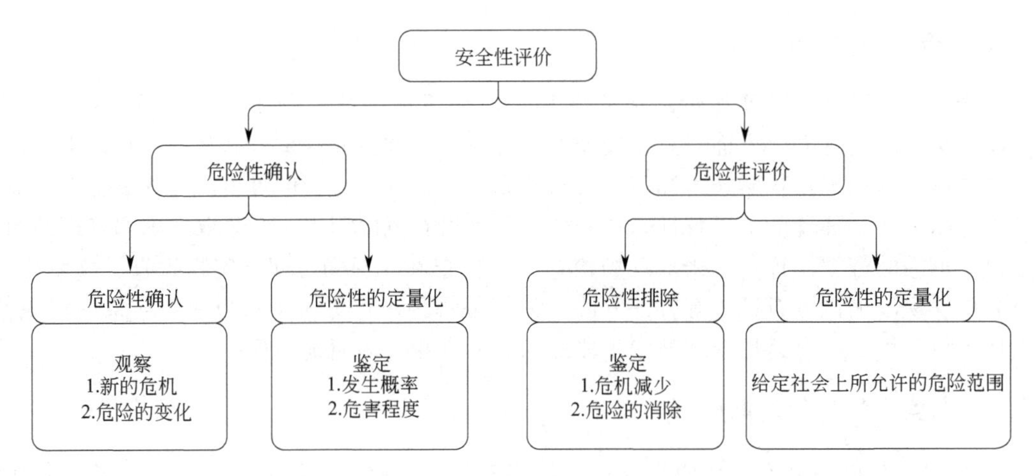

图 7-1　安全性评价流程图

7.2　环境保护

环境科学是研究环境结构、环境状态及其运动变化规律，研究环境与人类社会活动间的关系，并在此基础上寻求正确解决环境问题，确保人类社会与环境之间演化、持续发展的具体途径的科学。人类与环境之间是对立统一的，既相互依存，又相互作用、相互影响，一方面人类的生产和生活活动作用于环境，会对环境产生有利或不利影响，引起环境质量的变化；另一方面环境变化也会直接或间接地影响人类的身心健康和经济发展。可以说人类是环境的产物，又是环境的改造者。由于受到认识能力和科学技术水平的限制，人类在适应和改造环境的过程中，对环境造成破坏和污染，形成的环境问题是当前面临的重要问题之一。《中华人民共和国环境保护法》明确指出："所称环境，是指影响人类生存和发展的各种天然的和经过人工改造的自然因素的总体，包括大气、水、海洋、土地、矿藏、森林、草原、湿地、野生生物、自然遗迹、人文遗迹、自然保护区、风景名胜区、城市和乡村等。"

所谓环境保护，概括地讲，就是运用现代环境科学理论和方法，保护和改善环境质量，保护人类的身心健康，防止机体在环境污染影响下产生遗传变异和退化；合理开发利用自然资源，减少和消除有害物质进入环境；保护自然资源，加强生物多样性保护，维护生物资源的生产能力，使之得以恢复和扩大再生产；促进经济与环境协调和可持续发展，造福人类。环境保护是一项范围广阔，综合性很强，涉及自然科学和社会科学的许多领域，又有自己独特研究对象的工作。保护环境早已成为我国的一项基本国策，自20世纪50年代以来，就不断有关于环境问题的名词出现和频发环境问题事件，其中“三废”问题（即废水、废气、废渣）最为严重。

7.2.1 工业废水处理

大多数食品的生产加工过程中，少量水构成产品直接供消费者食用，此外，各种食物原料的清洗、烫漂、消毒、冷却、容器和设备的清洗都需要大量用水。因此，食品工业排放的废水量是很大的。由于食品工业的原料广泛，产品种类繁多，排出的废水水质、水量差异也很大。废水中含的主要污染物有：漂浮在废水中的固体物质，如茶叶、肉和骨的碎屑、动物的内脏、排泄物、畜毛、植物的废渣和皮等；悬浮在废水中的酒糟、淀粉、油脂、蛋白质、血水、胶体物等；溶解在废水中的糖、酸、盐类等；来自原料挟带的泥沙和动物粪便等；可能存在的致病菌；等。总体来说，可以将水污染分成物理性污染、化学性污染和生物性污染三类，其主要特点是：有机物悬浮物含量高，易腐败，一般无毒性。一些常见的食品工业废水来源及排水水质情况见表7-4。

表7-4 食品工业废水来源及排水水质情况表

加工厂类别	产品名称	原料	主要污染源	排水水质
肉类加工厂	红肠、火腿、咸肉	禽肉、鱼肉、调味料	原料处理设备、水煮设备、冷却水	pH:5.5～7.5 BOD:300～600mg/L SS:100～150mg/L
乳制品厂	奶油、干酪、酸乳酪、冰激凌	牛奶	设备和各种器具清洗排水	pH:6.5～11 BOD:50～400mg/L SS:70～150mg/L
水产品加工厂	鱼贝类加工制品、鱼粉、海产品、肥料	鱼贝类、调味料	原料处理设备、水煮设备、器具清洗排水、除臭设备排水	pH:6.6～8.5 BOD:200～2000mg/L SS:150～1000mg/L
砂糖加工设备	砂糖、糖粒	原糖	过滤设备、冷却设备	pH:6～8 BOD:80～120mg/L SS:70～100mg/L
面包糕点厂	各种面包、糕点、饼干	面粉、糖、酵母	清洗搅拌机、其他各种容器排水	pH:6～8 BOD:200～600mg/L
饮料厂	汽水、果汁	糖、碳酸	设备和各种容器清洗水	pH:6～12 BOD:250～350mg/L SS:100～150mg/L
啤酒厂	啤酒	麦芽、酒花	麦芽清洗设备及冷却水	pH:8～11 BOD:200～800mg/L SS:210～350mg/L

7.2.2 工业废气处理

地球表面环绕着一层很厚的气体，称为环境大气或地球大气，简称大气，是环境的重要组成部分，也是维持生物生命的必要要素。大气质量优劣直接关系到整个生态系统和人类健康，而人类活动与某些自然作用存在，影响着大气中的物质和能量不断地循环与交换，进而直接或间接地影响了大气环境质量。

7.2.2.1 大气污染物

当大气中物质超过洁净空气组成中应有浓度水平时，就存在大气污染，大气污染主要由大气污染物造成，大气污染物是有害的气态污染物进入大气，使大气在成分、气味、颜色和性质等方面发生变化，危害生物生活环境，影响人体健康和动植物的生存。

大气的污染物种类繁多，按不同来源可分为自然污染物和人为污染物（如工厂排放的废气、汽车尾气），这其中人类活动产生的污染物的危害性最大；人为污染物又可分成一次污染物和二次污染物。一次污染物又称原发性污染物，是由人为污染源或自然污染源直接排放到环境中，其物理、化学性状均未发生变化的污染物。二次污染物又称继发性污染物，即排入环境中的一次污染物，在物理、化学或生物因素的作用下发生变化，或与环境中的其他物质发生反应所形成的物理、化学性状与一次污物不同的新污染物。

食品工厂产生的废气具有种类繁多、组成复杂、浓度高、污染面大等特点，典型废气主要是一些含硫化合物、含氮化合物、氟化物、氯化物、碳化物及各种气体，如 SO_2、SO_3、H_2S、NO_2、NO、HF 等，其中二氧化硫和氮氧化物对大气所造成的污染最严重。这些大气污染物使周围的大气和土壤受到污染，进而影响农作物和人类的身体健康，如人体长期接触低浓度二氧化硫，会出现倦怠无力、鼻炎、咽喉炎、支气管炎、嗅觉障碍等，当超过一定浓度时，人会中毒，甚至死亡。因此，食品企业锅炉烟筒高度和排放粉尘量应符合国标《锅炉大气污染物排放标准》（GB 13271—2014）的规定，其他烟尘也应达到排放标准后再排放，以防止污染环境。

7.2.2.2 大气污染物的治理技术

食品工厂生产过程中产生的废弃物可以采用以下技术进行治理：

① 食品工厂生产过程中产生的气溶胶态污染物可利用其质量较大的特点，通过外力的作用将其分离出来，称为除尘；除尘方法根据其原理大致可分机械除尘（重力、离心力）、湿式洗涤除尘（喷水）、过滤式除尘、静电除尘等。处理技术选用主要考虑的因素为尘粒的浓度、直径、腐蚀性等以及排放标准和经济成本等因素。

② 食品工厂生产过程中产生的气态污染物则要充分考虑污染物的物理、化学性质，采用吸收（溶解度）、吸附（分子引力或化学键力）、燃烧（热氧化作用）、催化、冷凝、膜分离、生物净化等方法进行处理。食品工厂常用的技术有燃烧、生物法等，如屠宰场、肉类加工厂等。

7.2.3 固体废弃物处理及综合开发利用

《中华人民共和国固体废物污染环境防治法》明确指出：固体废物，是指在生产、生活和其他活动中产生的丧失原有利用价值或虽未丧失利用价值但被抛弃或放弃的固态、半固态或置于容器中的气态的物品、物质以及法律、行政法规规定纳入固体废物管理的物品、物质。这些废弃物根据固体废物来源的不同可将其分为：工业固体废物、农业固体废物、城市生活垃圾和废水处理污泥等。如若对废弃物处理不当，将导致侵占土地、污染土壤、污染水体、污染大气、影响环境卫生等危害。

7.2.3.1 食品工业固体废弃物的主要来源

① 粮油食品工业固体废弃物：稻壳、麸皮、豆腐渣、植物油料榨油废弃物等。

② 肉与肉制品工业固体废弃物：碎骨、动物内脏、腐败的肉品、变质的动物血液等。

③ 禽蛋加工工业固体废弃物：蛋壳、臭蛋、禽类羽毛、碎骨、禽类内脏等。

④ 水产工业固体废弃物：鱼刺、鱼鳞、鱼内脏、变质鱼肉、贝壳等。

⑤ 水果、蔬菜加工工业固体废弃物：果皮、果梗、果籽、果渣、腐败果、废菜叶、泥沙、杂草等。

⑥ 制糖工业固体废弃物：各种原料榨汁后的残渣。

⑦ 酿造工业固体废弃物：酒糟、麦糟、废弃酵母、醋渣、发酵残渣等。

⑧ 其他工业固体废弃物：茶叶生产固体废弃物、调味料生产固体废弃物、烟草生产固体废弃物等。

7.2.3.2 食品工业固体废弃物常用的处理方法

我国大多数食品加工工业还处于发展过程中，很多企业存在设备技术落后、产品单一、原料利用率低的问题，导致产品生产过程中形成大量固体废弃物，这些废弃物含有大量的未被利用的原料、营养物质，因此采取合理有效的措施对其进行综合开发利用，既能增加环境效益，也能增加企业的经济效益。

(1) 粮油加工工业

油脂生产副产物可以用来提取膳食纤维、蛋白肽、氨基酸、皂苷、低聚糖、黄酮、维生素、大豆磷脂等功能性成分，也可以做动物饲料。稻壳、麸皮、豆腐渣等可做动物饲料。

(2) 果蔬加工工业

① 果籽提取油脂：包括苹果籽油、葡萄籽油、桑葚籽油、杏仁油、猕猴桃籽油等。

② 果渣：果渣生产饲料，提取果胶、多酚、色素等功能性成分，提取香料，进一步发酵生产柠檬酸、酒精等。

(3) 畜禽类加工工业

① 畜禽骨：加工产品包括骨油、骨胶、骨粉、钙制剂。

② 动物皮毛：生产日用生活用品。

(4) 水产加工工业

鱼油、鱼刺、贝壳精细加工钙制剂等。

(5) 酿造工业

发酵工业滤渣栽培菌类、生产动物饲料、提取功能性成分等。

7.2.4 噪声污染

噪声污染和空气污染、水污染，被称为当今世界的三大污染。噪声影响人们的健康、学习、工作和休息，强烈的噪声和振动还会损伤机器设备和建筑物，甚至危及人们的生命。为此，我国颁布了《中华人民共和国环境噪声污染防治法》和《工业企业厂界噪声排放标准》，以约束企业噪声污染防治。食品工业企业由于其工艺特性和设备配置使用等原因，存在着大量的噪声声源和相当程度的噪声污染。

7.2.4.1 食品企业常见的噪声来源

① 风机噪声：风机是食品工业生产广泛使用的一种通用机械，也是食品企业中危害最大的一种噪声设备，其噪声高达100～130dB，食品加工过程中风力输送、原料清洗和分选、物料浓缩和干燥等工艺均离不开风机。

② 空压机噪声：空压机是冷库或食品厂制冷车间的主要设备之一，其噪声在90～110dB，严重危害周围环境，尤其在夜间影响范围达数百米。

③ 电机噪声：电机是食品厂生产中使用最多的动力设备，其噪声主要包括风扇噪声、

机械噪声和电磁噪声，其运行过程中功率愈大噪声愈严重。

④ 泵噪声：泵也是食品工业生产中不可缺少的一种常用设备，泵的噪声主要来自液力系统和机械部件，食品加工过程常见的有油泵、水泵、奶泵、酱体泵、气泵等。

⑤ 其他噪声：在食品企业还常有粉碎机、柴油机、制冷设备、制罐设备、机械加工设备、运输车辆等，会产生不同声级和频率的噪声。

7.2.4.2 噪声防治办法

一般来讲，噪声污染防治优先考虑控制噪声源，其次传播途径控制和接受者保护，此外政府部门及相关单位还应采取行政管理措施并制订技术上可行、经济上合理的控制方案来降低噪声污染。

(1) 噪声源的控制

这是防治噪声污染最有效的方法，食品工厂中噪声污染来源主要是运转的机械设备和交通运输工具。要控制它们产生的噪声：一是通过改进机械设备的结构、提高部件加工精度和装配质量、设计合理的操作方法来降低源强；二是通过吸声、隔声、减振、隔振、安装消声器等技术来将设备做成低噪声整机。在食品工厂设计过程中，可以从机电产品设备设计、制造，工程设计的设备选型，采用新工艺、总体布置和技术改造等方面着手对噪声源加以控制。几种常见的噪声源强度控制措施如下：①采用柔性连接，选用低转数机电产品代替高转数设备；②提高加工精度，注意合理公差配合、减少安装活动间隙；③限制风机、喷嘴等气流速度，密闭减速器、链条传动等设备；④减少摩擦，改机械摩擦为活动摩擦，改进运动部件的静态平衡和动态平衡以减少激发振动；⑤用焊接代替铆接，用滚压机或风压机矫正钢板代替敲打；⑥可用液压或挤压代替冲压，可用压力机代替锻锤；⑦采用阻尼系数高的镀铬件、含锰和镁的合金、塑料材料代替金属零件；⑧可用斜齿轮代替直齿轮，用均匀的旋转运动代替直线式的往复运动；⑨采用皮带机等新工艺装卸散货代替吸粮机等；⑩采用使用润滑剂、提高光洁度等方法减少摩擦。

(2) 传播途径的控制

噪声传播过程中，能量随传输距离的增加而逐渐衰减，同时具有高频指向性（不同方位上），一旦遇到障碍物，还会被障碍物吸收、反射、折射和绕射等。因此，一方面我们可以在工厂设计中，通过调整噪声级高、污染面大的工厂、车间或设备的距离和方位来降低噪声；另一方面可利用障碍物的隔声作用。实际生产过程中常用的方法：一是吸声法，即吸声材料把入射到材料上的声能通过材料内发生的摩擦作用变为热能而耗散，尤其是对低频声波的吸收效果较好；二是隔声法，是将产生噪声的机器设备封闭在一个小的密闭空间，使之与周围环境隔绝开来，实际生产过程中通常采用屏障和隔声罩两种做法；三是消声法，是在产生强烈噪声的设备上装消声器来降低噪声，通常可降低 20～40dB 左右。

(3) 接受者的防护

这是一种被动的防护办法，一般在以上两种措施限于技术上或经济上的原因，降噪效果不佳时采取的措施。常用的措施有减少接受者在噪声环境中的暴露时间、调整工人的工种以及佩戴护耳器，如耳塞、耳罩、头盔等。

7.2.5 工厂绿化与美化工程

随着人类社会物质文明和精神文明的发展，人们对环境的要求日趋增高，保护、改善和美化环境越来越为人们所重视。厂区绿化和美化就是保护、改善和美化环境的重要措施之一。所以，在厂区总平面布置时应把厂区绿化和美化作为一项设计任务统一考虑，以使绿化和美化与厂区总平面布置相协调，并真正起到绿化和美化应起的作用，达到保护、改善和美化环境的目的。

7.2.5.1 绿化的作用

① 吸收和滞留有害气体，补充新鲜空气；植物在阳光的照耀下，进行光合作用，吸收二氧化碳，并释放氧气。

② 吸收和滞留粉尘：一方面，树的茂密枝冠可降低风速，风速减低，伴随着气流中大粒粉尘的沉降；另一方面，树木叶面不平，且多茸毛，有的还分泌黏性油脂或汁液，能吸附空气中大量灰尘及飘尘。蒙尘的树木经过雨水冲洗后，又能恢复其滞尘功能。

③ 减缓减弱噪声：绿色植物，特别是树木对声波有散射作用，当有声波通过时，枝叶摆动，声波减弱而逐渐消失，此外树叶表面的气孔和粗糙的茸毛，可吸收声能，减缓噪声危害。

④ 防火和防地震：防火作用一是因为许多树木含树脂少，含水分多，即使着火也不会产生火焰或火焰比较小，起到了阻挡火势蔓延、隔离火花飞散的作用；二是部分优良的防火树种，即使它的叶片全部烧焦也不会产生火焰或者将它全部烧尽，来年仍能萌芽再生。防震作用是城市绿化植树比较茂密的地段如公园、街道等绿地可以减轻因爆炸引起的震动而减少损失，也是地震避难的好场所。

⑤ 固沙保土、蓄水护坡：是绿色植物根系的盘根错节，牢固扎入土壤、吸收养分的原因造就的。

⑥ 净化空气：如桦、柞栎、稠李、椴树、柏、樟树都有较强的灭菌功能。

⑦ 调节和改善局部环境气候的功能：如植物蒸腾作用，可以提高空气的相对湿度，降低环境温度。

7.2.5.2 食品工厂的绿化、美化设计

食品工厂的绿化、美化设计应注意以下几方面：

①适应性强，具有抗御有害污染的性能；②满足绿化的主要功能要求；③病虫害较少、易于管理；④植物释放产物须无毒、无絮、无异味等，不影响食品生产及产品品质；⑤种植释放浓烈香气的花草应远离生产车间；⑥工厂绿化、美化面积一般占全厂面积的20%左右为宜。

7.2.6 环境评价

环境评价是指按一定的评价标准与方法对一定区域范围内的环境状况，包括环境质量、环境功能及其环境质量变化发展的规律进行说明、评定和预测的工作。环境评价可分为环境质量评价和环境影响评价两大类。

7.2.6.1 环境质量评价

环境质量评价是指按照一定的评价标准和方法对一定区域范围内的环境质量进行说明和评定。它的基本目的是为环境管理、环境规划、环境综合整治等提供依据，同时也可以比较各地区受污染的程度。

环境质量评价可分为：环境质量现状评价和环境质量回顾评价。环境质量现状评价根据

环境监测资料，采用统一的评价方法与标准对一定区域范围内的环境质量进行现状描述与评定，对现存的环境问题进行研究。环境质量回顾评价根据一个地区历年积累的环境资料进行对比评价，据此可以回顾一个地区的环境质量演变过程。

7.2.6.2 环境影响评价

环境影响评价是指对拟议中的重要决策或开发活动可能对环境产生的影响及其造成的环境变化和对人类健康和福利的可能影响，进行系统的分析和评估，并提出减少这些影响的对策和措施。它不仅要研究建设项目在开发、建设和生产过程中对自然环境的影响，也要研究对社会和经济的影响。既要研究污染物对大气、水体、土壤等环境要素的污染途径，也要研究污染因子在环境中的传输、迁移、转化规律以及对人体、生物的危害程度，从而制订有效防治对策，把环境影响限制到可以接受的水平，为社会经济与环境保护同步协调发展提供有力保证。环境影响评价是建设项目可行性研究工作的重要组成部分，对特定建设项目预测其未来的环境影响，同时提出防治对策，为决策部门提供科学依据，为设计部门提供优化设计的建议。

第 8 章
基本建设概算与技术经济分析

8.1 基本建设概算的作用与内容

8.1.1 基本建设概算的作用

基本建设概算也称为设计概算，是建设工程在施工立项前委托造价部门为工程的总体建设费用进行的预算，是设计文件的重要组成部分，是实行建设项目概算投资包干、基本建设计划的编制、建设项目控制贷款的依据，也是考核设计方案是否合理的依据。在初步设计阶段，根据项目建设程序要求必须编制基本建设概算，以确定拟建工程的全部基建投资，这对工程建设项目的建设起到重要作用，主要包含以下几个方面：

① 基本建设概算是编制基本建设计划、确定和控制基本建设投资额的依据。

国家规定：编制年度固定资产投资计划，确定计划投资总额及其构成数额，要以批准的初步基本建设概算为依据，若建设项目的基本建设概算得不到批准，则不能列入年度固定资产投资计划；经批准的建设项目总概算的投资额，是该工程建设投资的最高限额。

② 基本建设概算是衡量设计方案是否经济合理的依据。

由于每个工程项目的设计规模、建筑结构、工艺流程等不同，建设造价也各不相同；即使规模、建筑结构、工艺流程相同，那么建设地点、施工条件、采用的仪器设备不同时，所需的投资也不完全相同。主管部门在审定设计文件时，需要参照概算进行比较分析，选择技术先进、经济合理的设计方案。

③ 基本建设概算是签订工程合同、办理工程拨款、贷款和竣工工程结算的依据。

《中华人民共和国合同法》明确规定，建设工程合同是承包人进行工程建设，发包人支付价款的合同。合同价款的多少以基本建设概算为依据，总承包合同不得超过总概算的投资额。基本建设概算是银行拨款或签订贷款合同的最高限额、建设项目的全部拨款或贷款以及各单位工程的拨款或贷款的累积总额，不能超过基本建设概算。

④ 基本建设概算是控制施工图设计和预算的重要依据。

经批准的基本建设概算是建设项目投资的最高限额，设计单位必须按照批准的初步设计和总概算进行施工设计，施工图预算不得突破基本建设概算。如需要超过总概算时，应按规定程序上报经批准后实施。

⑤ 基本建设概算是项目投资效果及核算工作的重要指标。

通过基本建设核算和竣工决算对比，可以分析和考核投资效果的好坏，同时还可以验证基本建设概算的准确性，有助于加强基本建设概算的管理和建设项目造价管理工作。

因此，基本建设概算与项目的基本建设各个环节的工作有着密切联系，是国家对基本建设进行科学管理和监督的重要手段之一，必须不断改进，及时准确地编出基本建设概算文件，促进基本建设事业快速发展。

8.1.2 基本建设概算的内容

8.1.2.1 基本建设概算的构成

基本建设概算是确定建设项目总投资额的重要依据，建设投资是指建设单位在项目建设期和筹建期间所花费的全部费用。根据我国现行项目投资管理规定，建设项目投资一般由五部分组成，即建筑工程费、设备购置费、设备安装工程费、工器具及生产家具购置费、工程建设其他费用，其中建筑工程费、设备购置费、设备安装工程费主要形成固定资产，工程建设其他费用可形成固定资产、无形资产及递延资产。具体内容详见表 8-1。

表 8-1 基本建设概算组成的基本内容

序号	项目	内容
1	建筑工程费	各种厂房、仓库、生活用房等建筑物和铁路、公路、码头、围墙、道路、水池、水塔、烟囱、设备基础、地下管线敷设以及金属结构等工程费用
2	设备购置费	一切需要安装和不需要安装的设备购置费用
3	设备安装工程费	有的设备需要固定安装，有的设备需要现场装配或连接附属装置，需要计算安装费用，主要包括运输、起重、就位、连接设备的管线敷设、防护装置、被安装设备的绝缘、保温、油漆以及设备空车试运转等
4	工器具及生产家具购置费	车间及化验室等配备的，达到固定资产的各种工具、仪器及生产家具的购置费
5	工程建设其他费用	土地征用费或补偿费（或土地使用权出让金）、建设场地整理费、拆迁补偿费、青苗赔偿费、建设单位管理费（含建设单位开办费）、生产人员培训费、咨询设计费、引进设备出国考察费、厂区绿化费、矿山巷道维修费、评估费、办公及生活家具购置费、施工机构迁移费、联合试车费等一切相关费用

8.1.2.2 各类工程费用的性质与内容

(1) 建筑及设备安装工程费用

建筑及设备安装工程费用是指建设项目在施工建设期间产生的各种费用，主要包括直接费、间接费、施工管理费、独立费用、法定利润及税金。

① 直接费用。直接费用是指直接用在工程项目在建设期间建筑及设备安装工程上的各种费用的总和，通过施工活动才能实现，属于创造物质财富的生产性活动，是基本建设工作的重要组成部分，一般包括人工费、材料费、施工机械费及其他直接费用。

a. 人工费：指直接从事建筑安装工程施工人员和附属辅助生产人员的基本工资、附加工资及各种津贴或奖金等。

b. 材料费：主要包括工程项目在施工及设备安装过程中所需要的主要材料、辅助材料、构配件、零件、半成品及周转材料的摊销费。各种材料的预算价格主要包括材料原价、材料供销部门手续费、包装费（不包括押金）、运输费、材料采购及保管费、检验试验费等。不包括施工机械维修和使用过程中用的燃料和辅助材料费用，这些材料费用列入施工机械台班预算价格中。

c. 施工机械费：指工程项目在建筑及设备安装施工中机械作业所产生机械使用费及机械安拆费和运输费。一般包括机械的折旧费、维修费、修理费、替换设备及工具费、润滑及擦拭材料费、安装拆卸及辅助设施费、机械进出场费、机械保管费、驾驶员工资、动力和燃料费及施工运输机械的养路费等。直接列入直接费用中的施工机械使用费不包括材料到达工地仓库前在车站（或码头）装卸、堆积材料所使用的起重机械费用，独立核算的附属企业生产用的掘土、起重机械费用，这些机械使用费应列入相应产品价格中。

② 措施费。是指为完成工程项目施工，发生于该工程施工前和施工过程中非工程实体项目的费用。一般包括环境保护费、文明施工费、安全施工费、临时建设费、夜间施工增加费、二次搬运费、大型机械设备进出场及安拆费、钢筋混凝土模板及支架费、脚手架费、已完工程及设备保护费及施工排水降水费等。

③ 间接费。包括规费和企业管理费。

a. 规费：是指政府和有关部门规定必须缴纳的费用（简称规费），主要包括工程排污费、社会保障费、住房公积金、危险作业意外伤害保险等。

b. 企业管理费：是指建筑安装企业组织施工生产和经营管理所需的费用。包括管理人员工资、办公费、差旅交通费、固定资产使用费、工具用具使用费、劳动保险费、工会经费、职工教育经费、财产保险费、财务费、税金（企业按规定缴纳的房产税、车船使用税、土地使用税、印花税等）及其他费用等。

④ 利润。是指施工企业完成所承担工程获得的盈利。

⑤ 税金。建筑安装工程税金是指国家税法规定的应计入建筑安装工程造价的营业税、城市维护建设税和教育附加税。

(2) 设备及工具、器具购置费用

设备及工具、器具购置费指购置需要安装和不需要安装的全部设备而花费的一切费用，包括工业产品的原价、供应部门手续费、包装费、运输费、采购及保管费等。

(3) 其他费用

其他费用一般属于非生产支出，主要包括土地征用费、拆迁补偿费和安置费、建设单位管理费、研究试验费、员工培训费、办公费、联合试车费、勘察设计费、施工机构迁移费、厂区绿化费、矿山巷道维修费、评估费、引进技术及进口设备费等。

8.2 技术经济分析

8.2.1 技术经济分析的概述

技术经济分析是现代工程项目管理中重要手段之一，通过应用技术经济理论和方法进行定性、定量的综合分析，综合评价多种方案，选择出技术上可行、先进，经济上合理、有利，财政上有保证的最优方案的过程。在食品工厂建设项目中，技术经济分析可以对其技术规划、技术方案、技术措施的预期经济效果进行分析、计算、比较和评价，从而选出最佳方案；也可以对已投产的产品类型以及拟更新的技术和生产组织形式等变革方案的预计经济效果进行分析、计算、比较和评价，可作为经营管理决策的重要依据。尤其是在大型食品工厂建设中，从厂址选择、工艺选择、设备配套、车间布局到卫生设施等方方面面都涉及大量的技术经济问题。

为避免决策中的失误，技术经济分析提供了技术上相对精准的定性和定量数据。对于食品工厂建设项目，技术经济分析也是一项非常重要的工作。只有通过前期分析，证明项目在技术上可靠、经济上合理、财政上有保证，才能将其确定下来。无论是项目的设计阶段，还是建设生产阶段，都必须针对性地进行技术经济分析，分析比较每一阶段的不同方案，以选择出最佳方案，从而保证项目能够获得最大的经济效益。

8.2.2 技术经济分析的基本特点

技术经济分析的基本特点概括起来主要有以下几点：

8.2.2.1 综合性

技术经济分析研究的并不是单纯的技术问题和经济问题，而是研究技术活动全过程中的经济问题，同时必须借助可反映多目标的指标体系来进行分析和评价，这些指标体系既包括技术因素又包括经济因素，还应包括社会因素、生态与环境因素等。因此，从事技术经济分析人员必须具备多方面的学科知识，除了掌握有关自然科学、生产技术等有关知识外，还必须掌握有关伦理经济学、政治经济学、应用经济学等多方面知识。

8.2.2.2 应用性

技术经济分析的内容和方法特征属于与社会经济发展有直接关系的应用经济学。它所研究的对象是社会经济事件中提出的各类技术经济活动问题，有工程项目建设问题，有各种技术方案实施问题，有技术开发与长远问题，有技术本身的价值评价与贸易问题，有技术活动所产生的社会问题、环境问题、生态问题等。因此，技术经济分析要求密切结合国家和各个地区的自然资源特点、物质技术条件和社会经济状况。

8.2.2.3 系统性

对于任何一个技术经济问题，都必须放到整个社会的技术经济大系统中去研究和分析，考虑它们在同系统中各部门之间的关系及影响。比如在设备配套时，不仅要考虑设备本身的经济问题，还要考虑该设备在多种食品加工中使用的经济问题。因此，对它进行评价时，必须将其看成一个系统，用系统工程的思想方法和工作方法，从总体出发，周密地分析各个因素和环节，同时，要突出重点，主次分明。这样才能分析透彻，做到分析准确、合理、有效。

8.2.2.4 预测性

技术经济分析是在方案实施之前进行的，因此，任何一个方案在实施之前都存在一些未知因素、未知数据和预想不到的偶然情况。对于方案实施前的某些未定因素和数据，在进行技术经济分析时，往往要用预测技术和方法进行预先的估计、必要的假设、合理的推理和风险分析，以提高方案的可靠程度。

8.2.2.5 定量性

技术经济分析是以定量计算为主的学科，只有计算出量的大小，才能为决策者提供方案优劣的评价依据，才能从多个可行方案的比较中，选出一个最优方案。因此，应尽可能应用数据、资料使有关问题和结论价值化、定量化，这需要利用一些数学方法和计算工具。但目前为止，技术经济分析因素中，有些还不能完全定量化，因此，需要做到定量分析与定性分析相结合。

8.2.2.6 比较性

由于技术进步，达到任何一种目的或满足任何一种社会需求，一般都可以采用两种以上的技术方案，通过技术经济比较，选出最优方案。在多种方案的技术经济分析中，应充分注意不同方案之间的差异，使类比建立在同一个基准上进行。

8.2.2.7 公正性

分析评价工作应以客观事实为依据，用准确科学的数字结论做出公正的判别，应坚持实事求是、以理服人的原则，以科学的态度和对社会历史负责的精神进行。

8.2.3 技术经济分析的内容及步骤

8.2.3.1 技术经济分析的主要内容

食品工厂建设项目的技术经济分析的主要内容一般包括以下几个方面：

①市场需求预测和模拟规模；②项目布局及厂址选择；③工艺流程确定和设备的选择；④投资估算与资金筹措；⑤项目的经济效果评价和综合评价。

为了确定一个食品工厂建设项目，除了要做好以上各项分析工作之外，还要对每个项目所需的总投资，逐年分期投资数额，投资后的成品成本、利润率、投资回收年限，项目建设期间和生产过程中消耗的主要物质指标等进行精确的定量计算。然而，在实际中，有些因素不能完全定量化，还需要进行定性分析，只有将定量分析与定性分析相结合，才能得到比较正确的方案。

8.2.3.2 技术经济分析的具体步骤

技术经济分析的具体步骤大致分为五个：①确定目标；②系统分析；③穷举方案；④评价方案；⑤决策。五个步骤的关系如图 8-1 所示：

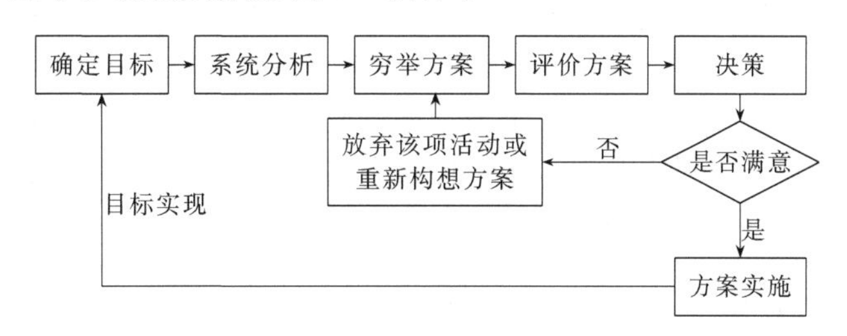

图 8-1 技术经济分析的技术路线

(1) 确定目标

确定目标是技术经济分析的第一步，通过调查研究寻找经济环境中显在和潜在的需求，确立工作目标。事实说明，技术实践活动的成功与否，并不完全取决于系统本身效率的高低，而取决于系统是否满足人们的需要。只有通过市场调查，明确了目标，才能谈得上技术可行性和经济合理性，这也是经济分析工作的首要前提。

(2) 系统分析

确立工作目标在于考虑总体布局的合理性、协调性和经济性，而系统分析是在战略目标的指导下进行工作方案的研究。项目工作方案的正确制订，依赖于对项目系统结构和其动态性能及其环境变化趋势的研究和掌握，即通过系统分析，确定了系统关键要素，把握了项目系统的内部结构和外部联系，掌握了项目系统的运动规律，才能集中力量，采取最有效的措施，为目标的实现扫清道路。

(3) 穷举方案

根据项目要求，列出各种可能的技术方案，也包括什么都不做维持现状方案。例如，降低产品成本，可采用专业化分工的方式，也可采用雇佣廉价劳动力的方式；新设备可降低产品允许的废品率，但同样的结果也可通过质量控制方法得到。在实际工作中通常也存在这样的情况，虽然在分析时考虑了若干方案，但是恰恰没有考虑到更为合理的某个方案，导致不明智的决策结果。很明显，一个较差的方案与一个更差的方案比较，自然会变得有吸引力。

(4) 评价方案

从工程技术的角度提出的方案往往都是技术上可行的，在效果一定时，只有费用最低的方案才能成为最佳方案，但并不一定是最优方案。经济效益是选择方案的主要标准，但不是唯一标准。决定方案取舍不仅与其经济因素有关，而且与其政治、社会、环境等方面的效益有关。因此，必须对每个方案进行综合分析与评价。在对方案进行综合评价时，除考虑产品的产量、质量、企业的劳动生产率等经济指标外，还必须对每个方案所涉及的各方面，如环境保护、房屋拆迁及占用农田等方面进行详尽分析，权衡各方面利弊得失，才能得出合适的最终结论。

(5) 决策

决策即从若干行动方案中选择令人满意的实施方案，它对及时时间活动的效果有决定性影响。在决策时，工程技术人员、经济分析人员和决策人员应特别注意信息交流和沟通，减少信息的不对称，使各方人员充分了解各方案的技术经济特点和各方面的效果，提高决策的科学性和有效性。

8.2.4 项目技术方案的经济效果评价指标

项目的经济效果评价指标多种多样，可以从不同角度反映技术方案的经济性。总体来讲，这些指标可分为三类：第一类是以货币单位计量的价值型指标，如净现值、净年值、费用现值、费用年值等；第二类是以相对量表示的反映资源利用效率的效率型指标，如投资收益率、内部收益率、差额内部收益率、净现值指数等；第三类是以时间作为计量单位的时间型指标，如投资回收期、贷款偿还期等。

8.2.4.1 价值型指标

(1) 净现值

净现值（net present value，NPV）指标是动态评价最重要的指标之一，不仅可以计算资金的时间价值，而且还可以考察项目在整个寿命期内的全部现金流入和现金流出。所谓的净现值是指按照一个给定的标准折现率（基准折现率），将项目技术方案计算期内各年的净现金流量折现到计算期初的现值总和。

(2) 净年值

净年值（net annual value，NAV）是通过资金时间价值的计算将项目方案的净现值分摊到计算期内各年的等额年金，是考察项目盈利能力的指标。

(3) 费用现值和费用年值

费用现值（present cost，PC）是指按基准折现率，将方案计算期内各年的现金流出折算到计算期初的总和。

费用年值（annual cost，AC）是指按基准折现率，通过方案等值换算，将方案计算期内各年的现金流出分摊到计算期内各年的等额年值。

费用现值和费用年值指标只能用于多个方案的比选，其判别准则是：费用现值或费用年值最小的方案为优。

8.2.4.2 效率型指标

(1) 内部收益率

内部收益率（internal rate of return，IRR）又称内部报率，是所有经济评价中最重要的动态评价指标之一。所谓内部收益率是指方案在寿命期内的净现值为零时的折现率。

(2) 净现值指数

净现值指数（net present value index，NPVI）是技术方案的净现值与其投资总额限值之比。在多个方案比选时，如果备选方案的投资额相近则净现值指数最大，就表明其投资的收益大，该方案即为最佳方案。

(3) 投资收益率

投资收益率是投资经济效果的综合评价指标，它一般是指项目达到设计生产能力后的一个正常生产年份的年净收益与项目总投资之比率。用投资收益率指标评价投资方案的经济效果，需要与根据同类项目的历史数据及投资者意愿等确定的基准投资收益率作比较。由于投资收益率指标未考虑资金的时间价值，而且舍弃了项目建设期、寿命期等众多经济数据，故一般仅用于技术经济分析数据尚不完整的项目初步研究阶段。

8.2.4.3 时间型指标

(1) 投资回收期

① 静态投资回收期。静态投资回收期是指项目从投建之日起，用项目每年所获得的净收益将全部投资收回所需的时间。通常以年来表示。

② 动态投资回收期。动态投资回收期是指按照给定的基准折算率，用项目的净收益的限值将总投资限值回收所需的时间。

(2) 贷款偿还期

贷款偿还期是指用项目的净收益总额（包括净利润、折旧等）来偿还贷款本金及利息所需的时间，它是反映项目贷款偿还能力的重要指标。

8.2.5 项目技术方案综合评价

建设项目的综合评价是项目评价过程的最后一个阶段，是对建设项目进行评价的总结，从总体上判断项目建设的必要性、技术的先进性以及财务和经济的可行性，提出结论性的意见和建议的阶段。

8.2.5.1 建设项目综合评价的内容

①项目建设是否必要，规模是否适当；②项目的建设与生产条件是否具备；③项目的工艺、技术、设备是否先进、适用、经济合理，相关配套项目是否有同步建设方案；④项目是否具有较好的财务效益和国民经济效益；⑤筹资方案是否合理，资金来源有无保证，贷款有无偿还能力；⑥项目投资风险大小；⑦关于方案选择和项目抉择的意见；⑧项目存在的问题及建议书。

8.2.5.2 建设项目综合评价的步骤

①检查整理资料；②确定分项内容；③对比分析；④归纳判断；⑤结论与建议；⑥编写评价报告。

第 9 章 食品工厂设计案例

9.1 精酿啤酒

9.1.1 概述

啤酒是一种以小麦芽和大麦芽为主要原料，并加啤酒花，经过液态糊化和糖化，再经过液态发酵酿制而成的酒精饮料。精酿啤酒是指生产规模较小的啤酒厂或酒吧，以模仿历史风格或创新工艺，生产口味独特、风格明显、香气浓郁的直饮啤酒。精酿啤酒的创新涉及原料、酒精含量、陈酿、包装等方面，主要在餐馆和酒吧消费，典型饮用者是受过高等教育及中等收入的年轻人。精酿啤酒通常经过滤或巴氏杀菌，它们是富含健康化合物的饮料，但保质期较短。不同的国家对精酿啤酒的定义不同。美国人对手工啤酒酿酒酿造定义是“小型、独立、传统”。美国酿酒商协会将手工酿酒厂定义为：年产 600 万桶（1 桶约等于 117L）或以下的啤酒厂。在中国，精酿啤酒是在传统的麦芽、酒花为主辅料的基础上，添加特色辅料进行发酵或调配而成的啤酒。

9.1.2 精酿啤酒的优势、种类及特点

精酿啤酒相比传统的工业啤酒优势如下：

① 品种多样化：原料的种类多，酿造出的啤酒种类多，风格口味多样。

② 品质高端化：在精酿啤酒屋里用小型设备酿造出啤酒，不用包装，直接在店内销售，消费者喝到的啤酒更加新鲜纯正。

③ 与餐饮休闲文化契合：精酿啤酒提倡休闲、健康的文化理念，个性化强，文化形态表达丰富。

④ DIY 体验：可自己动手酿造出多种产品，极其有成就感，享受自己酿造的过程。

从发酵方式可将精酿啤酒分为 Lager 啤酒和 Ale 啤酒。Lager（拉格）啤酒起源于德国，“lager” 这个词是从德语的 “lagern”（贮藏）演变而来的，Lager 啤酒用下面发酵酵母在低温（7～15℃）条件下发酵，以大米、玉米等作为辅料，添加少量啤酒花，得到的啤酒产品口味淡爽。大部分工业啤酒均为 Lager 啤酒，代表品牌如荷兰喜力（Heineken）、美国百威（Budweiser），国内的青岛啤酒也属此类。Ale（爱尔）啤酒起源于英国，利用上面发酵酵

母在较高温度（10～25℃）条件下发酵，发酵速度比下面发酵酵母酿造法更快。酵母释放更多的风味物质，会生产出有苹果、梨、凤梨、香蕉、梅子、李子等水果味的啤酒，具有口感饱满、酒花醇厚而且风格多样的特点。英国的 Newcastle 与 Bass 为此类啤酒代表品牌。

9.1.3 啤酒生产原料介绍

9.1.3.1 大麦

在世界谷物生产中，大麦位于小麦、水稻、玉米之后，居第四位。能在众多谷物原料中选用大麦作为啤酒酿造的基本原料之一的原因是：世界种植范围广，从南纬 42°到北纬 70°的广大地区均有栽培；对环境要求低，容易种植；人工发芽条件易控制；酶系全面，发芽时各种营养物质溶解得好，利于啤酒酿造；原料利用率高。

(1) 大麦的分类

① 按生长形态分类。

a. 二棱大麦：六棱大麦的变种。只两行籽粒沿穗轴生长，穗形扁平，有两个棱角。相对于四棱和六棱大麦，籽粒饱满整齐，且淀粉含量高，蛋白质含量适中，一般认为是酿造啤酒的好原料。

b. 四棱大麦：麦穗断面呈四角形，故称为四棱大麦。籽粒较小，蛋白质含量高，麦皮较厚，发芽力较强。

c. 六棱大麦：由六行麦粒围绕穗轴而生，中间籽粒发育正常，左右籽粒瘦小且大小不一，蛋白质含量较高，麦皮较厚，发芽力较强。

② 按生产季节分类。

a. 春大麦：在 3～4 月播种，7～8 月收割，生长期较短，成熟度不够整齐，休眠期较长。

b. 冬大麦：秋后 11 月播种，来年 6～7 月收割，生长期较长，成熟度整齐，休眠期较短。

③ 按用途分类。适用于啤酒酿造的专用大麦称为酿造大麦，要求大麦蛋白质含量不能过高，籽粒易于溶解。不能用于啤酒酿造的大麦称为饲料大麦，要求大麦蛋白质含量尽可能高。

④ 按麦穗形态分类。

a. 直穗大麦：麦穗在成熟时直立，麦穗短宽，有二棱、四棱和六棱大麦。

b. 曲穗大麦：麦穗在成熟时弯曲，麦穗细长，均为二棱大麦。

⑤ 按籽粒色泽分类。可将大麦分为白皮大麦、黄皮大麦和紫皮大麦。

(2) 啤酒大麦的品种和质量要求

全球啤酒大麦种植区域主要分布在北美洲（加拿大）、澳大利亚和欧洲地区（以德国、法国、英国为主）。我国种植区域主要分布在西北（甘肃、新疆、宁夏）、东北（吉林）、华北和华东地区。随着我国使用国外啤酒大麦，国产啤酒大麦品种也越来越多，优质的啤酒大麦必须具备以下条件：

① 发芽力强，发芽势（克服休眠期后 3 天发芽比例）≥90%，发芽率（5 天发芽的比例）≥95%。

② 蛋白质含量适中，多为 9%～12%（绝干计）。

③ 浸出物含量高，浸出物≥76%～80%（绝干计）。

④ 麦粒呈淡黄色，有光泽，谷皮薄且完整，颗粒饱满、大小均匀，呈新鲜的麦秆香，不含夹杂物及其他非正常的颗粒。

9.1.3.2 麦芽

一般以大麦为原料，经浸麦、发芽、烘干、焙焦制成啤酒酿造用麦芽。麦芽是啤酒酿造的主要原料，麦芽的质量关系到啤酒的质量好坏，因此“麦芽是啤酒的灵魂”。麦芽按其色度分为淡色麦芽、焦香麦芽、浓色麦芽和黑色麦芽。根据我国《啤酒麦芽》（QB/T 1686—2008）中规定啤酒麦芽感官标准为：

① 淡色麦芽：淡黄色，有光泽，具有麦芽香气，无异味。

② 焦香麦芽：具较浓的焦香味，无异味。

③ 浓色麦芽和黑色麦芽：具有麦芽香气和焦香气味，无异味。

9.1.3.3 酒花

酒花作为啤酒酿造的原料，在啤酒酿造过程中用量不大，但它赋予啤酒特有的酒花香气和苦味，增加啤酒的防腐作用，促进泡沫形成并提高泡持性，具有不可替代的作用。

(1) 酒花的主要成分

酒花的成分很复杂，在啤酒酿造中起重要作用的主要有酒花树脂、酒花精油和多酚物质。

① 酒花树脂。酒花苦味的主要来源。酒花中溶于乙醚和冷甲醇溶剂的部分，其中溶于石油醚的部分为软树脂，酒花中产生的苦味物质均来自软树脂；不溶的部分为硬树脂，对啤酒酿造没有任何价值。软树脂的主要成分为 α-酸和 β-酸。

a. α-酸。酒花最重要的质量指标。与酒花品种、种植区域、年份及收获时间有关。一般香型酒花含量略低些，为 3%～5%，苦型酒花含量略高，为 6%～9%，高 α-酸含量的酒花含 11%～14%。α-酸本身无苦味，麦汁煮沸时 α-酸异构为异 α-酸，其溶解度增加，赋予啤酒苦味。

b. β-酸。在水中和麦汁中溶解度小，不发生异构化。其氧化物有苦味，在啤酒花的贮存和啤酒加工过程中对啤酒的风味有修饰和补充的作用。

② 酒花精油。酒花精油存在于酒花腺体中，呈黄绿色或棕色的油状液体，是啤酒重要的香气来源。酒花精油溶解度极小，挥发性很强，所以大部分酒花精油在啤酒酿造的高温阶段被蒸发损失掉，但仍有少部分残留于麦汁中，赋予啤酒酒花香味。

③ 多酚物质。酒花中一般含有多酚物质 3%～5%，极易溶于水。其中的单宁很容易和麦汁中高分子蛋白质结合，形成热凝固物，使麦汁澄清，利于啤酒酒体丰满，提高苦味质量，因此要求酒花含有较多的单宁。

(2) 酒花品种及制品

根据酒花树脂和精油含量，可以划分为苦型酒花和香型酒花。香型酒花 α-酸含量低，且酒花精油含量低于苦型酒花，但多酚物质含量高于苦型酒花。酒花制品质量均匀，贮存性能好，苦味物质得率好，体积小，方便贮存和运输。酒花制品主要分为颗粒酒花和酒花浸膏。

① 颗粒酒花。由干酒花经粉碎压缩成型。颗粒酒花体积小，不易氧化，便于运输，是使用最广泛的酒花形式。主要分为 90 型颗粒酒花、45 型颗粒酒花和异构化颗粒酒花。

② 酒花浸膏。由有机溶剂或 CO_2 萃取酒花的有效物质经浓缩后得到酒花浸膏。世界酒

花产量的25%～30%加工成浸膏。还有各种类型的酒花油、纯酒花香型制品（PHA）等。

9.1.3.4 水源及质量要求

啤酒中水占90%左右，被称为“啤酒的血液”，同时还有用于设备清洗的水、冷冻冷却水、蒸汽用水等，因此水质直接影响成品啤酒的质量和生产的经济成本。选择啤酒厂址时，考虑水源的次序是：①浅层地下水；②深层地下水；③城市自来水；④湖泊水、水库水；⑤河水。

作为啤酒酿造的主要原料之一，酿造用水至少应符合生活饮用水的条件，但好的生活饮用水不等于好的酿造用水。

为了使不符合要求的水也能用于酿造，需要对水进行一定的处理。常用的酿造用水处理方法有：①加酸法；②加石膏或氯化钙；③离子交换法；④水的加热处理；⑤石灰沉淀法；⑥活性炭过滤。

9.1.3.5 辅料

啤酒酿造中添加辅料可以弥补制麦过程中的淀粉损失，提高发酵度，降低成本，提高产量。凡是可为啤酒酿造提供糖源且不影响啤酒和风味的原料均可作为啤酒酿造的添加辅料。国内较常用的辅料有大米、玉米、小麦、糖和糖浆、水果等。

9.1.4 精酿啤酒的工艺及厂房设计

9.1.4.1 工艺流程

精酿啤酒常规工艺流程见图9-1。

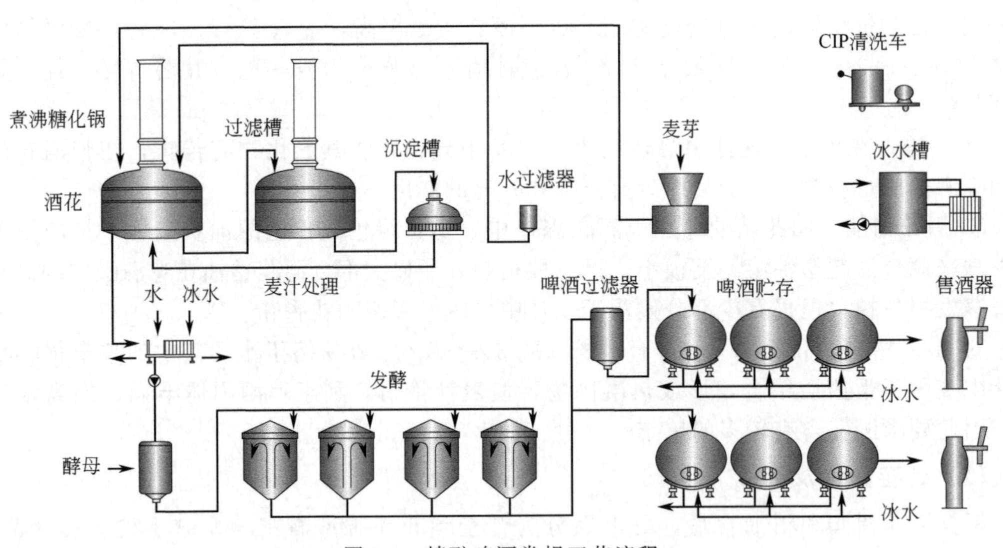

图9-1 精酿啤酒常规工艺流程

9.1.4.2 常见设备的选择

想要做出品质好的啤酒，第一步就是精酿啤酒设备的选择，设备质量直接决定着生产出啤酒的质量，决定着产品的成本、运转成本和使用寿命，因此，选择一个有保障的生产厂家并确保设备质量是重要的一个环节。关键控制点所需要的设备如表9-1所示。

表 9-1　酿酒工艺中关键控制点所需设备

关键工艺点	工艺要求	设备名称	设备实现
粉碎	破而不碎(麦皮破损程度尽可能减小，胚乳部分尽量细一些)	对辊粉碎机	双辊间隙一致，调整方便，稳固，辊子不生锈，辊筒间隙 0～2.5mm 可调
糖化、煮沸	糖化充分，煮沸时蒸发量 8%～10%左右	糖化煮沸罐	温度控制精确升温均匀，加热面积足够、加热方式和空容满足蒸发强度，首选蒸汽加热
过滤悬沉罐	足够的过滤面积，麦汁过滤清澈，过滤过程连续，悬沉良好，尽可能百分百地分离出热凝固物	过滤悬沉罐	过滤采用自然过滤和抽滤相结合的方式，麦汁泵变频调速，滤板采用铣制楔形的，不变形；悬沉切线进入，泵速在 5m/s 左右
麦汁充氧	无菌，充氧均匀	空气压缩机	医用静音
		无菌过滤器	二级过滤，实现无菌
		文丘里管	标准设计
麦汁降温	麦汁降温到工艺要求(最低 8°)，节能	板式换热器	不锈钢材质，悬挂，一段冷却，流程、流道根据工艺参数设计
酵母添加	无菌，可计量	酵母添加系统	卫生无死角
发酵罐	满足正常发酵机理，温度、压力控制、显示准确，清洗无死角	发酵罐	保温良好，自动控温，压力自控，具有负压保护，空容 20%以上，清洗球设计合理

粉碎机是麦芽处理的核心设备，是将颗粒麦芽粉碎成麦芽粉碎物料，其粉碎的粒度及麦皮完整性直接影响麦汁过滤的速度、浊度以及糖化得率。设备分干式和湿式，湿式粉碎机主要由连续浸渍系统、粉碎系统、料浆混合及输送系统、水温调节和控制系统等部分组成，粉碎效果好，在大型啤酒企业应用广泛。

糖化锅的功能是水与麦芽粉碎物料充分混合并利用麦芽中所含的各种水解酶，在适宜的温度、时间、pH 值等条件下，逐渐分解为可溶性低分子物质进入麦汁。

过滤槽的功能是把麦汁和麦糟分离，以得到澄清的麦汁并获得良好的浸出物得率。分离过程分为原麦汁过滤和洗糟两个阶段，过滤操作是整个糖化工序耗时最长，影响生产线效率和产品质量的关键工序。

漩涡沉淀槽利用离心力和重力的作用，使煮沸时形成的热凝固物和酒花残渣，在沉淀过程中逐渐聚集在槽中心，形成馒头状沉淀物，达到固液分离的目的。

具体的设备需要根据实际生产来选择，根据啤酒的种类、产量、生产工艺来设计啤酒设备。

9.1.4.3　物料衡算

根据我国啤酒生产现况，有关生产原料配比、定额指标及生产过程的损失等数据如表 9-2 所示。

表 9-2　啤酒生产车间物料衡算表

项目	名称	比例/%	项目	名称	比例/%
定额指标	无水麦芽浸出率	75	原料配比	麦芽	75
				大米	25
			啤酒损失率(对热麦汁)	冷却损失	7.5
	无水大米浸出率	92		发酵损失	1.6
	原料利用率	98.5		装瓶损失	2.0
	麦芽水分	6		过滤损失	1.5
	大米水分	13		总损失	12.6

9.1.4.4　车间布置

精酿啤酒工厂的设计需要根据实际产量来进行布局。工厂设计是技术、经济、工程的结

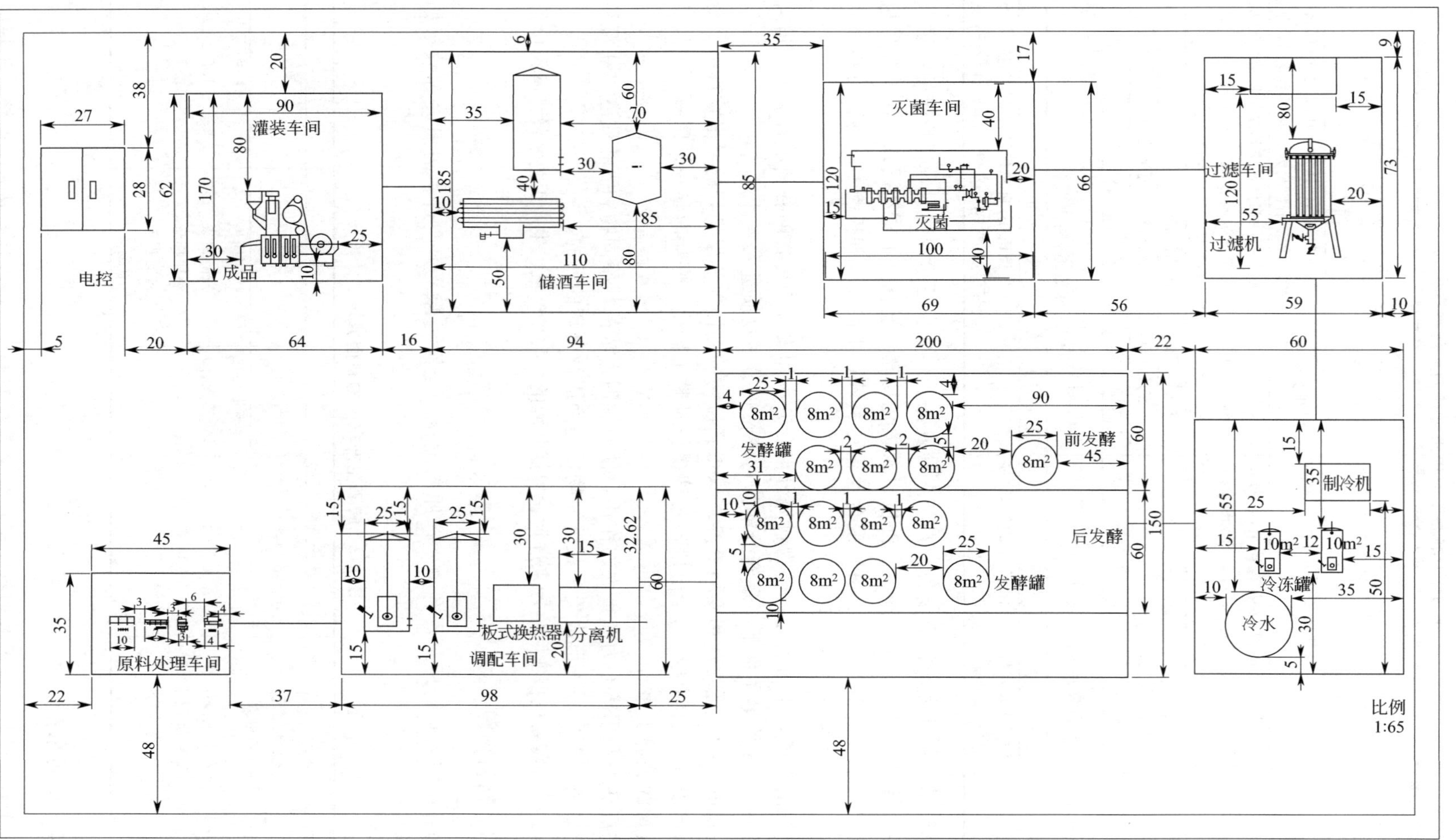

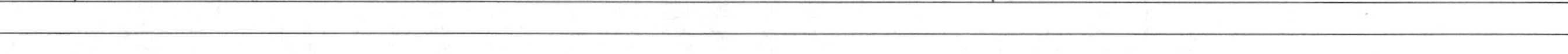
图 9-2 年产 500t 薄荷啤酒车间的设计图

合体，包括工艺设计和非工艺设计两部分。工艺设计是在实际工艺的具体要求的基础上进行的设计；非工艺设计包括采暖、土建、通风、供电及自控、给排水、环保等多个方面。在生产工艺方面应结合实际，安全卫生，保护环境，实现较高的经济效益。工厂设计的内容主要包括：①选择厂址；②产品方案及工艺流程确定；③设备选型；④总平面设计；⑤车间平面布置图；⑥车间工艺流程图；⑦水、电、汽估算；⑧技术经济指标；⑨给排水、供电、自动控制、管线铺设；⑩通风采暖及环境保护。图 9-2 是年产 500t 薄荷啤酒车间的设计图。

9.1.5 质量指标

9.1.5.1 啤酒感官指标

成品淡色啤酒应符合《啤酒》（GB/T 4927—2008）的要求。淡色啤酒感官标准应符合表 9-3 的规定。

表 9-3 淡色啤酒感官要求

项目			优级	一级
外观[①]	透明度		清亮，允许有肉眼可见的微细悬浮物和沉淀物（非外来异物）	
	浊度/EBC		≤0.9	≤1.2
泡沫	形态		泡沫洁白细腻，持久挂杯	泡沫较洁白细腻，较持久挂杯
	泡持性[②]/s	瓶装	≥180	≥130
		听装	≥150	≥110
香气和口味			有明显的酒花香气，口味纯正，爽口，酒体协调，柔和，无异香、异味	有较明显的酒花香气，口味纯正，较爽口，协调，无异香、异味

① 对非瓶装的“鲜啤酒”无要求。

② 对桶装（鲜、生、熟）啤酒无要求。

浓色啤酒和黑色啤酒感官标准应符合表 9-4 的规定。

表 9-4 浓色啤酒、黑色啤酒感官要求

项目			优级	一级
外观[①]			酒体有光泽，允许有肉眼可见的微细悬浮物和沉淀物（非外来异物）	
泡沫	形态		泡沫细腻挂杯	泡沫较细腻挂杯
	泡持性[②]/s	瓶装	≥180	≥130
		听装	≥150	≥110
香气和口味			具有明显的麦芽香气，口味纯正，爽口，酒体醇厚，杀口，柔和，无异味	有较明显的麦芽香气，口味纯正，较爽口，杀口，无异味

① 对非瓶装的“鲜啤酒”无要求。

② 对桶装（鲜、生、熟）啤酒无要求。

9.1.5.2 啤酒理化指标

淡色啤酒应符合表 9-5 的规定。

表 9-5 淡色啤酒理化要求

项目		优级	一级
酒精度[①]/(%vol)	大于等于 14.1°P	5.2	
	12.1°P～14.0°P	4.5	
	11.1°P～12.0°P	4.1	
	10.1°P～11.0°P	3.7	
	8.1°P～10.0°P	3.3	
	小于等于 8.0°P	2.5	

续表

项目		优级	一级
原麦汁浓度②/°P		X	
总酸/(mL/100mL)	大于等于 14.1°P	3.0	
	10.1°P～14.0°P	2.6	
	小于等于 10.0°P	2.2	
二氧化碳③/%(质量分数)		0.35～0.65	
双乙酰/(mg/L)		≤0.10	≤0.15
蔗糖转化酶活性④		呈阳性	

① 不包括低醇啤酒、无醇啤酒。

② “X”为标签上标注的原麦汁浓度，≥10°P 允许的负偏差为“－0.3”；＜10.0°P 允许的负偏差为“－0.2”。

③ 桶装（鲜、生、熟）啤酒二氧化碳不得小于 0.25%（质量分数）。

④ 仅对“生啤酒”和“鲜啤酒”有要求。

浓色啤酒和黑色啤酒应符合表 9-6 的规定。

表 9-6　浓色啤酒、黑色啤酒理化要求

项目		优级	一级
酒精度①/(%vol)	大于等于 14.1°P	5.2	
	12.1°P～14.0°P	4.5	
	11.1°P～12.0°P	4.1	
	10.1°P～11.0°P	3.7	
	8.1°P～10.0°P	3.3	
	小于等于 8.0°P	2.5	
原麦汁浓度②/°P		X	
总酸/(mL/100mL)		≤4.0	
二氧化碳③/%(质量分数)		0.35～0.65	
蔗糖转化酶活性④		呈阳性	

① 不包括低醇啤酒、无醇啤酒。

② “X”为标签上标注的原麦汁浓度，≥10°P 允许的负偏差为“－0.3”；＜10.0°P 允许的负偏差为“－0.2”。

③ 桶装（鲜、生、熟）啤酒二氧化碳不得小于 0.25%（质量分数）。

④ 仅对“生啤酒”和“鲜啤酒”有要求。

9.2 中央厨房

9.2.1 概述

中央厨房是 20 世纪 70 年代起源于国外餐饮业的一种集中制作模式，其主要是将食品原料制作成预制主食和菜肴的半成品或成品配送给各连锁餐饮企业，他们再进行二次加热或组合后提供给消费者。随着我国国民经济的快速发展和人民生活水平的不断提高，面、米制品及菜肴等传统主餐食品已逐步由家庭自制向社会化供应转变，主食工业化、产业化已是大势所趋。越来越多的人通过餐饮门店、商超、便利店或互联网购买各类主食成品或半成品，以满足一日三餐的消费需求。这种发展趋势不仅为现代食品产业的发展提供了良好机遇，也带动了农业生产和主食产品市场服务业的协同发展，有效地促进农业“三产融合”，延伸农产品价值链，提升农产品的附加值，并且有利于建立食品质量安全的保障体系，从根本上改善人民群众的生活水平。

2015年10月1日，国家食品药品监督管理总局颁布的《食品经营许可管理办法》中明确定义了中央厨房的含义，是指由餐饮单位建立的，具有独立场所及设施设备，集中完成食品成品或半成品加工制作并直接配送的食品经营者。

中央厨房为保证原料质量的稳定，最佳方式是建立原料基地或定点品牌供应企业。拥有自己的专业原料生产基地和厂家，在原辅料达到规范的前提下，产品才有统一的保证，产品质量才可能达到稳定一致。中央厨房从采购到加工都有严格的控制标准，甚至对原料的冷冻程度、排骨中骨与肉的比例等都有具体规定。对于一些特殊产品，可以指定厂家进行定制。由于进货量大，中央厨房可以对原料的规格标准、质量要求、运送方式等做出全面规定，保证原料新鲜优质，为生产制作统一优质的菜品提供前期保证。

9.2.2 中央厨房的优势及特点

9.2.2.1 中央厨房的优势

中央厨房在保持传统中式美食的色、香、味、形等基础上，选用科学合理的产品配方、先进的食品加工技术和设备，实行严格的卫生安全管理制度，使食物更加符合消费者的需求。与传统餐饮食品相比，其具体优势表现在：

①集中采购原材料，加大购买力度，集中配送，降低原料成本；②根据作业流程合理分配岗位，提高员工作业效率；③采用大型厨房设备，提高厨房生产效率；④可集中加工处理，提高厨房设备的利用效率。

9.2.2.2 中央厨房的特点

中央厨房是由装备、设施硬件系统及管理软件系统组成的，是一种工业化、多元化、规模化的食品加工系统及运营模式，具有以下几个特点：

① 集约化特点。实现食品从农田到餐桌的原辅材料采购、加工、配送、销售等环节有机结合，采用"统一采购、统一生产、统一配送、统一销售、统一核算"的连锁经营管理模式。

② 标准化特点。主要体现在原料标准化、工艺标准化、产品标准化。

③ 专业化特点。采用先进的专用设备和确定的工艺，配置专业的操作人员、技术人员和管理人员，因此其专业化主要体现在设备专业化、装备专业化、人才专业化及管理专业化。

④ 产业化特点。中央厨房的生产模式体现了集团化采购、标准化操作、集约化生产、工厂化配送、专业化运营和科学化管理的新时代下餐饮业发展的特征，形成了包括原料生产基地、农业合作社或家庭农场、产品加工、产品配送、门店配送和销售的从农田到餐桌的完整产业链，实现了资源共享。

9.2.3 中央厨房的布置

9.2.3.1 中央厨房生产车间的构成

厨房（加工车间）主体与辅助部分由以下几个区域组成：

① 主食加工区：米制食品加工间、面制食品加工间。

② 菜肴加工区：原料粗加工间、原料精加工间、加热调理间、冷食品区间。

③ 配餐、包装区。

④ 洗涤消毒（贮存）区。

⑤ 贮存仓库区：鱼、肉类冷藏、冷冻库，主副食、蔬菜原料库，油、调料库，成品库，

餐具库，工用具杂品库等。

⑥ 辅助工艺用房区：员工更衣间、消毒间、淋浴间、洗手卫生间、保管室、办公室、休息室等为生产工艺或操作人员服务的区域。

⑦ 物流运输工具：原料、半成品、成品运输的汽车，冷藏运输车，保温运输车，销售服务车等。

⑧ 辅助（工艺）公用区：为保证厨房的作业按工艺要求顺利进行，在厨房设计时必须明确厨房主体与辅助部分有哪些，按工艺流程应布局在什么地方最合理，各部分之间哪些应该连接沟通，哪些应该隔断分离。

9.2.3.2 中央厨房的工艺设计

快餐的品种以主食（米饭、馒头、花卷）和菜为基础，每份快餐的量为：主食 350g/份，菜 400g/份，一份汤。各品种的加工工艺为：

① 米饭加工工艺（图 9-3）。

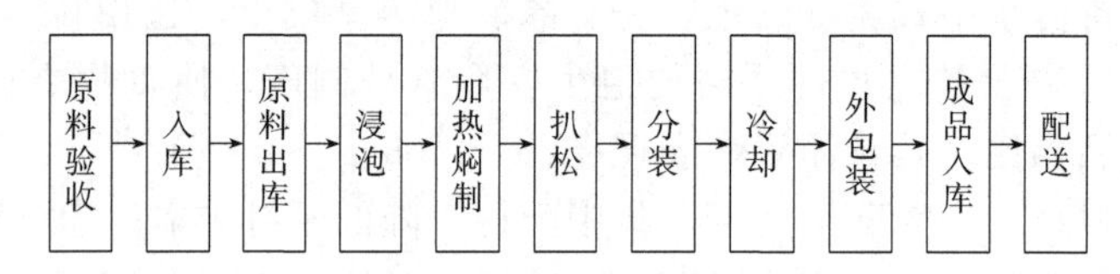

图 9-3　米饭加工工艺

② 面食加工工艺（图 9-4）。

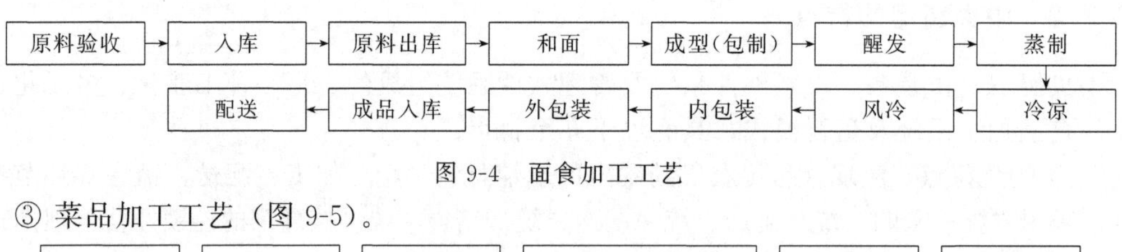

图 9-4　面食加工工艺

③ 菜品加工工艺（图 9-5）。

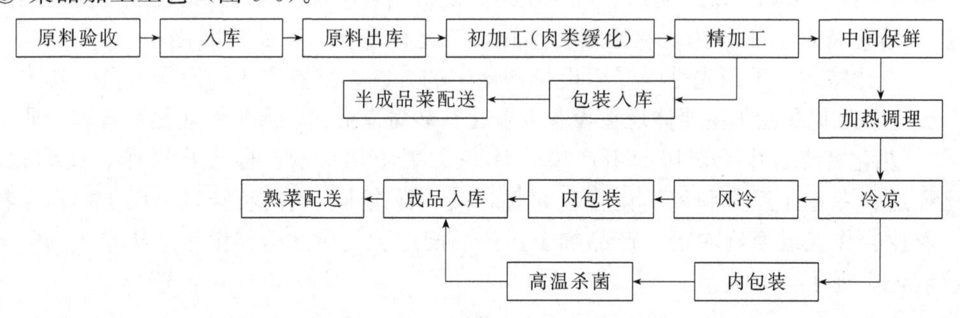

图 9-5　菜品加工工艺

9.2.4 中央厨房工艺布置实例

中央厨房可以分为企事业单位员工餐，学生营养餐，高校、部队、医院、铁路、航空、企事业单位供餐。按照业态分类，也可分为团膳业中央厨房、快餐连锁业中央厨房和为快餐、便利店连锁业代加工的中央厨房。按配送模式分，可分为全热链配送式、全冷链配送式、冷热链混合配送式。以四川吉门供应链管理公司为例：

四川吉门供应链管理有限公司成立于 2018 年，是四川吉选实业集团有限公司打造的以食品食材领域为核心业务板块，以共享化合作模式为特色的供应链服务平台。

项目位于成都市青白江区成都国际铁路港桂平大道1500号，项目总投资8亿元人民币，总占地面积141亩（1亩≈666.7m^2），建设总计容面积15万平方米（中央厨房计容面积8万平方米、冷链仓储4.5万平方米、后勤保障面积2.5万平方米）。项目定位：集冷链、仓储、中央厨房、生鲜加工、城市配送、研发、特色川菜品类孵化及后勤保障为一体的综合性多功能的冷链中央厨房产业基地。

其中项目一期已建成一个生产总面积约15000m^2，日产鲜食6万份，年产值3亿元的高标准中央厨房，专业从事特色预制菜、鲜食商品、中西式烘焙、特色酱卤、各种净菜及食材半成品的综合类食品生产等。该中央厨房在建设时所有车间内部均采用上海宝钢的304不锈钢墙板和顶板，地坪材料选用德国巴斯夫的聚氨酯砂浆系统，并在二楼地面施工中采用同层排水工艺，及最新多层复合防水工艺，既保证了车间排水和防止楼板渗水的需求，也保证了车间及排水系统的卫生指标。中央厨房拥有世界一流的果蔬自动化清洗加工生产线、自动化纯净水处理系统、自动臭氧空气杀菌系统、日本进口全自动米饭生产线、现代化的热处理加工设备、日本三浦真空冷却设备、包装设备等，生产过程采用日本松下自动温控系统，确保热加工车间以外的生产车间环境保持在12℃以内；高清洁区引用日本松下高标准空气净化循环系统，使车间空气洁净度达到10万级净化标准（图9-6）。

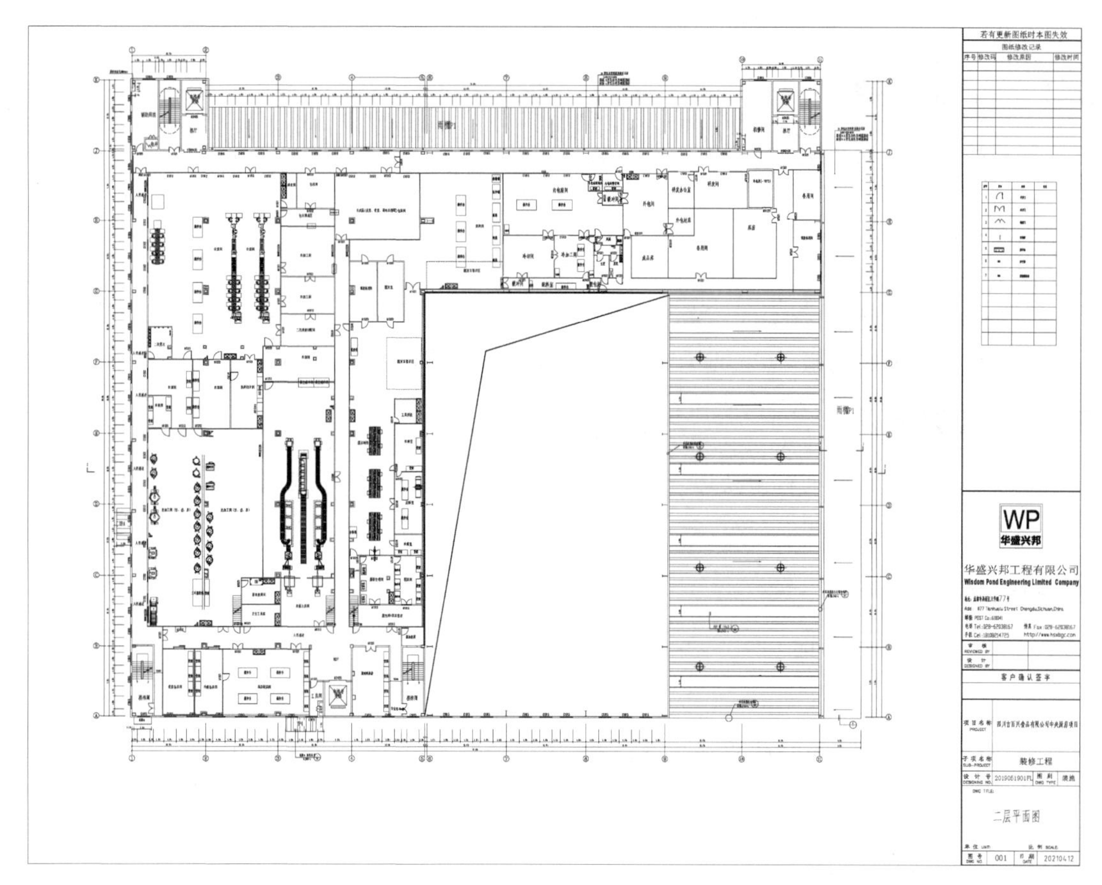

图9-6　四川吉门供应链管理有限公司的中央厨房平面图

9.3 火锅底料工艺设计

9.3.1 概况

火锅是一种以锅为容器加热烧开汤或水来涮煮食物的烹饪方式。由于涮煮的食料来源丰富多样，不受季节限制，且底料或调料品种各具特色，可满足人们不同口味的需求，因此火锅备受广大消费者喜爱。火锅品质很大程度上取决于火锅底料的质量，火锅底料是以动植物油（如牛油、菜籽油、大豆油等）或复合油脂、辣椒、豆瓣、花椒、姜、蒜、香辛料等为主要原料，经炒制（或煮制）而形成的一种复合调味料。按火锅底料不同，分为麻辣型、红汤型、清油型等火锅类型，其中麻辣火锅为川渝地区特有的饮食，因其麻辣鲜香的特有风味而广受好评。目前火锅底料已实现工业化规模生产，其具有品种多样、呈味丰富、使用方便等特点，运用范围越来越广泛。

本节以年产 1500t 火锅底料工艺设计为例，阐述复合调味料工厂工艺设计说明的主要内容和方法。

9.3.2 产品方案

产品品种：牛油麻辣火锅底料。

产品产量：年产 1500t。

生产周期：300d。

每天产量：5t/d。

工作班制和时间：1 班/d，每班工作 7h。

产品规格：袋装规格 500g/袋，外包装纸箱 20 袋/箱。

9.3.3 工艺流程

生产工艺流程：原辅料预处理→牛油加热→炒制→暂存→灌装封口→冷却成型→检验→外袋包装→装箱→产品。

9.3.4 操作要点

9.3.4.1 原辅料预处理

(1) 原辅料挑选

应选择色泽正常、品质优良的牛油、辣椒、豆瓣酱、花椒、姜蒜等原辅料，去除霉烂变质的辣椒、花椒、姜蒜等物料，牛油、辣椒、豆瓣和食盐等原辅料均应符合相关国家质量标准。

(2) 糍粑辣椒处理

将干辣椒放入辣椒切段机切段去籽，然后用沸水煮 5min 左右，捞出沥干用绞切机绞碎即成糍粑辣椒。

(3) 姜蒜预处理

生姜、大蒜用斩拌机在低转速下斩切成细颗粒。

(4) 原辅材料称重计量

按配方对原辅材料进行精确计量备用。

9.3.4.2 牛油加热

预热电磁自动式翻炒锅，加入固体牛油，加热熔化至120℃。

9.3.4.3 炒制、暂存

将姜、蒜加入120℃左右的牛油中进行翻炒，持续时间10min左右，油温降至100～110℃以后，依次加入糍粑辣椒、豆瓣酱翻炒，不断搅拌避免糊锅，炒至油色红亮，接着加入香辛料和花椒小火翻炒，然后加入冰糖、醪糟，翻炒到冰糖完全溶化、香气四溢，最后加入盐和味精，炒制后的物料放入带搅拌的卧式搅拌槽中暂存。

9.3.4.4 灌装封口、冷却、检验、装箱

将暂存槽中的火锅底料泵入全自动内袋包装机进行定量热灌装和封口，袋装火锅底料输送至隧道式冷却机冷却至25℃，冷却后的火锅底料抽样检验，然后用外袋包装机进行外袋包装，人工装箱后通过封箱机完成封箱。

9.3.5 质量指标

9.3.5.1 感官指标

产品质量应符合《食品安全地方标准　火锅底料》(DBS 51/ 001—2016) 的要求，产品感官要求应符合表9-7的规定。

表9-7　感官要求

项目	要求	检验方法
色泽	具有产品应有的色泽	取适量样品,在自然光线下,将样品置于洁净的白色搪瓷盘中,观察其外观、色泽、有无杂质,嗅其气味,根据食用方法品尝其滋味
滋味、气味	具有产品应有的滋味和气味,无异味、无异臭	
状态	具有产品应有的状态,无肉眼可见外来杂质	

9.3.5.2 理化指标

理化指标应符合表9-8的规定。

表9-8　理化指标

项目	指标	检验方法
酸价(以脂肪计)(KOH)/(mg/g)	≤4.0	GB/T 20293—2006
过氧化值(以脂肪计)/(g/100g)	≤0.25	GB/T 5009.37—2003
总砷(以As计)/(mg/kg)	≤0.5	GB 5009.11—2014
铅(以Pb计)/(mg/kg)	≤1.0	GB 5009.12—2017
黄曲霉毒素B_1/(μg/kg)	≤5.0	GB 5009.22—2016

9.3.5.3 微生物指标

微生物限量应符合表9-9的规定。

表 9-9 微生物限量

项目	采样方案[1]及限量				检验方法
	n	c	m	M	
大肠菌群/(CFU/g)	5	2	10	10^2	GB 4789.3—2016 平板计数法

① 样品的分析与处理按 GB 4789.1—2016 和 GB/T 4789.22—2003 执行。

9.3.6 火锅底料配方

火锅底料配方见表 9-10。

表 9-10 火锅底料配方

名称	比例	名称	比例
牛油	50%	醪糟	2.5%
郫县豆瓣酱	12%	冰糖	2%
辣椒	18%	食盐	5%
生姜	2%	味精	1.5%
大蒜	2%	白酒	0.5%
花椒	3.5%	复合香料	1%

9.3.7 物料衡算

每日物料衡算过程见图 9-7，每年材料消耗见表 9-11。

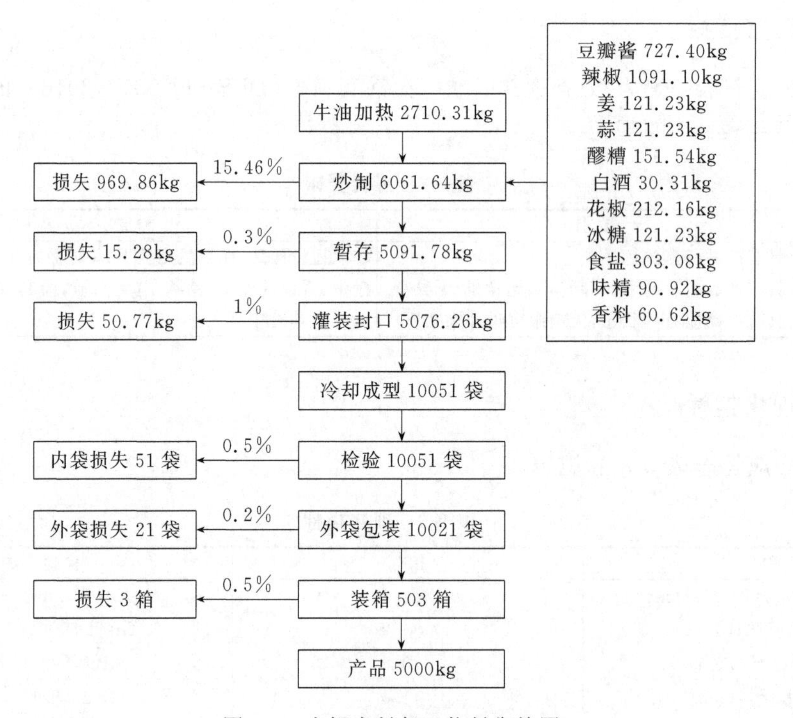

图 9-7 火锅底料每日物料衡算图

表 9-11 年产 1500t 火锅底料材料年消耗表

序号	名称	用量/(t/年)
1	牛油	909.2
2	豆瓣酱	218.2
3	辣椒	90.9

续表

序号	名称	用量/(t/年)
4	姜	36.4
5	蒜	36.4
6	冰糖	36.4
7	白酒	9.1
8	花椒	63.6
9	食盐	90.9
10	味精	27.3
11	香料	18.2
12	内袋	3015300 袋/年
13	外袋	3006300 袋/年
14	纸箱	150900 箱/年

9.3.8 主要设备选型计算

根据火锅底料生产工艺要求和特点，结合现有企业生产经验，在保证工艺要求产品质量和产量前提下，选用高效、节能、自动化程度较高、符合食品卫生要求的设备。

9.3.8.1 斩拌机

主要用于姜蒜的斩切，斩拌机生产能力按下式计算：

$$Q=60P/t \tag{9.1}$$

式中 Q——斩拌机生产能力，kg/h；

P——斩拌机容量，kg；

t——每次操作时间，min。

该型号设备生产能力为 $Q=60\times15/6=150$(kg/h)。

根据处理量 242.46kg，每班生产时间为 7h，需要选用的设备台数为 242.46/(7×150)=0.23(台)，根据计算结果需选用 ZB20 型号斩拌机 1 台（表 9-12）。

表 9-12 斩拌机

型号	容量/kg	电机功率/kW	斩刀转速/(r/min)	外形尺寸/(mm×mm×mm)
ZB20	15	4.1	1480/2960	780×600×850

9.3.8.2 辣椒切段机

主要用于辣椒的切段，根据物料衡算结果糍粑辣椒需求量为 1091.10kg，换算为干辣椒 303.08kg，每小时需要处理量为 303.08/7≈43.30(kg/h)，需选用 200 型号辣椒切段机 1 台（表 9-13）。

表 9-13 辣椒切段机

型号	电机功率/kW	产量/(kg/h)	外形尺寸/(mm×mm×mm)
200	1.5	150	850×420×700

9.3.8.3 电热夹层锅

主要用于辣椒的煮制，采用电加热的方式，该设备具有热效率高、加热均匀、温度可控等优点。

夹层锅生产能力按式(9.1）计算。

该型号设备生产能力为 $Q=60\times400\times0.7/20=840$(kg/h)。

根据处理干辣椒量 303.08kg，料液比按 1∶10，处理总量 3333.88kg，每班生产时间为 7h，夹层锅的数量为 3333.88/(840×7)≈0.57(台)，则需要选择 1 台（表 9-14)。

表 9-14 电热夹层锅

型号	容量/L	加热功率/kW	搅拌速度/(r/min)	锅体内径×深度/(mm×mm)
G400	400	24	36	1000×680

9.3.8.4 打椒机

主要用于辣椒的绞切，根据物料衡算结果每小时需要处理量为 1084.13/7≈154.88(kg/h)，在 DJ200 打椒机处理量 100～500kg/h 范围内，选用该型号设备 1 台可满足生产要求（表 9-15)。

表 9-15 打椒机

型号	生产能力/(kg/h)	电机功率/kW	主轴转速/(r/min)	外形尺寸/(mm×mm×mm)
DJ200	100～500	5.5	660	1000×600×700

9.3.8.5 炒锅

主要用于火锅底料的炒制，采用电磁加热的方式，与传统的燃气炒锅相比，具有使用方便、热效率高、安全可靠等优点。

炒锅生产能力按式(9.1）计算。

该型号设备生产能力为 $Q=60\times650\times0.70/120=227.5$(kg/h)。

根据处理量 6061.64kg，每班生产时间为 7h，需要选用的设备台数为 6022.92/(7×292.5)=2.94(台)，因此应选 ZFG-DC-650 型号电磁炒锅 4 台（表 9-16)。

表 9-16 电磁自动式翻炒锅

型号	容积/L	产量/kg	功率/kW	外形尺寸/(mm×mm×mm)
ZFG-DC-650	650	400	64	2100×2400×2850

9.3.8.6 泵

炒制后的底料通过转子泵由卧式搅拌罐输送至灌装机，根据物料衡算结果，炒制物料输送量为 5091.78/7≈727.40(kg/h)，取物料密度近似为 1000kg/m^3，则炒料的输送量为 0.73m^3/h，考虑物料性质，选择额定流量为 4.3m^3/h 的耐高温不锈钢转子泵（表 9-17)。

表 9-17 转子泵

型号	流量/(m^3/h)	额定功率/kW	转速/(r/min)	数量/台
LX3A-18	4.3	1.5	10～400	2

9.3.8.7 卧式搅拌槽

卧式搅拌槽用于炒制物料的暂存，与炒锅配套使用，共需 4 台（表 9-18)。

表 9-18 卧式搅拌槽

型号	容积/L	转速/(r/min)	功率/kW	外形尺寸/(mm×mm×mm)
WLG-650	650	21	2	1900×1030×1350

9.3.8.8 灌装封袋机

本设计采用全自动内袋包装机对物料进行热灌装封袋，根据物料衡算结果，每小时需灌装物料量为 5076.26/7=725.18(kg/h)，包装规格为 500g/袋，则包装速度要求达到 725.18/(60×0.5)=24.17(袋/min)，因此需 ZJB-200-8 全自动内袋包装机 1 台（表 9-19）。

表 9-19 全自动内袋包装机

型号	灌装计量/g	包装速度/(袋/min)	功率/kW	外形尺寸/(mm×mm×mm)
ZJB-200-8	500	40	3.5	1900×1570×2400

9.3.8.9 冷却设备

本设计采用隧道式冷却机对灌装封袋后的物料进行冷却成型，根据物料衡算结果，每小时需冷却成型处理量为 10051×0.5/7≈717.9(kg/h)，即 1435 袋/h，选择 1 台 LP-20-3 隧道式冷却机（表 9-20）。

表 9-20 隧道式冷却机

型号	冷却处理量/(kg/h)	输送机功率/kW	冷却机组功率/kW	外形尺寸/(m×m×m)
LP-20-3	500～1000	2.2	45	20×3×2

9.3.8.10 装袋机

用于冷却成型后的袋装产品的外袋包装，根据物料衡算结果，包装速度要求达到 10000/(60×7)=24(袋/min)，共需 GD-8-230 装袋机 1 台（表 9-21）。

表 9-21 装袋机

型号	包装袋尺寸/mm	包装速度/(袋/min)	功率/kW	外形尺寸/(mm×mm×mm)
GD-8-230	宽 100～230 长 80～300	10～40	4	2120×1850×1500

9.3.8.11 封箱机

采用封箱机将纸箱封口，每日需封口 500 箱，选择 1 台 TC-6050 封箱机即可（表 9-22）。

表 9-22 封箱机

型号	封箱口位	输送速度/(m/min)	功率/kW	外形尺寸/(mm×mm×mm)
TC-6050	上下封口	15.7	1	1270×850×960

9.3.8.12 设备选型一览表

设备选型一览表见表 9-23。

表 9-23 设备选型一览表

序号	设备名称	型号	规格	台数/台
1	斩拌机	ZB20	容量:15kg 电机功率:4.1kW	1
2	辣椒切段机	200	生产能力:150kg/h 功率:1.5kW	1
3	电热夹层锅	G400	容量:400L 电机功率:24kW	1
4	打椒机	DJ200	生产能力:100~500kg/h 电机功率:5.5kW	1
5	电磁自动式翻炒锅	ZFG-DC-650	容量:650L 功率:64kW	4
6	转子泵	LX3A-18	流量:4.3m^3/h 功率:1.5kW	2
7	卧式搅拌槽	WLG-650	容积:650L 功率:2kW	4
8	全自动内袋包装机	ZJB-200-8	包装速度:40 袋/min 功率:3.5kW	1
9	隧道式冷却机	LP-20-3	功率:47kW 冷却速度:500~1000kg/h	1
10	装袋机	GD-8-230	包装速度:10~40 袋/min 功率:4kW	1
11	封箱机	TC-6050	输送速度:15.7m/min 设备功率:1kW	1

9.3.9 水电消耗估算

9.3.9.1 耗电量估算

以电磁翻炒锅为例计算耗电量，根据物料衡算结果炒制处理量为 6061.64kg/d，电磁翻炒锅 3 台，每台生产能力为 292.5kg/h，翻炒锅实际加工量为 1515.41kg/台，每台翻炒锅实际工作时间为 1515.41/227.5=6.66h/d。翻炒锅的额定功率为 64 kW，4 台设备总耗电量为 64×4×6.66=1704.96kW·h。

采用相同方法可计算出其他设备每天的实际工作时间，根据设备的额定功率，计算可得主要用电设备每天的总耗电量约为 2026kW·h。

9.3.9.2 耗水量估算

(1) 设备容器清洗耗水量

$$W_1=\frac{\pi}{4}\times d^2\times vt\rho \tag{9.2}$$

式中 d——进水管的内径，m；

v——水在管道内的流速，m/s；

t——清洗时间，s；

ρ——水的密度，kg/m^3。

取水的流速为 $v=2$ m/s，选择进水管内径为 $d=32$ mm，每日清洗时间 $t=30$min，得到清洗设备、容器用水量：

$$W_1=\frac{\pi}{4}\times 0.032^2\times 2\times 1800\times 1000=2.894(t/d)$$

(2) 煮椒耗水量

设备电热夹层锅的容量为 400L，干辣椒处理量为 301.15kg/d，料液比为 1∶10，则每日需煮 301.15×（1+10)/(400×0.7)=11.83(锅)，每锅干辣椒为 301.15/12≈25.10(kg)，每锅水量为 25.10×10=251(kg)，每煮椒一次需补充的水量为干辣椒自身质量的 2.6 倍，计算得每日煮椒用水量：

$$W_2=251+10\times 2.6\times 25.1=0.904(t/d)$$

每年耗水量： $W=(W_1+W_2)\times 300=3.798\times 300=1139.4$(t/年)

9.3.10 车间定员

车间定员见表 9-24。

表 9-24 年产 1500 t 火锅底料车间定员

序号	工序名称	定员/人	班制/班
1	原辅料挑选	4	1
2	糍粑辣椒处理	2	1
3	姜蒜预处理	1	1
4	原辅料称重	1	1
5	炒制、暂存	3	1
6	灌装封口	1	1
7	检验	1	1
8	冷却成型	2	1
9	外袋包装	2	1
10	装箱封箱	2	1
11	运输入库	1	1

参 考 文 献

[1] 雷仲敏．技术经济分析评价 [M]. 北京：中国质检出版社，2013.
[2] 陆菊春，徐莉．工程经济学 [M]. 北京：清华大学出版社，2017.
[3] 杜跃平，段利民．技术项目评价理论与方法 [M]. 西安：西安电子科技大学出版社，2017.
[4] 张国农．食品工厂设计与环境保护 [M]. 北京：中国轻工业出版社，2017.
[5] 张一鸣，黄卫萍．食品工厂设计 [M]. 北京：化学工业出版社，2016.
[6] 段开红，田洪涛．生物发酵工厂设计 [M]. 北京：科学出版社，2018.
[7] 陈守江．食品工厂设计 [M]. 北京：中国纺织出版社，2014.
[8] 何东平．食品工厂设计 [M]. 北京：中国轻工业出版社，2009.
[9] 岳田利，王云阳．食品工厂设计 [M]. 北京：中国农业大学出版社，2019.
[10] 张弘．中央厨房导论 [M]. 北京：科学出版社，2020.
[11] 肖岚．中央厨房工艺设计与管理 [M]. 北京：中国轻工业出版社，2021.
[12] 冯霖，屠振华，朱大洲．中央厨房设计概论 [M]. 北京：北京科学技术出版社，2016.
[13] SB/T 10423—2017 [S]. 速冻汤圆．
[14] 曾习，张旷，汪然，等．方便汤圆的制作工艺研究 [J]. 食品科技，2018，43 (09)：233-237.
[15] 岳彩虹，何秀丽，黄太金，等．速冻汤圆的研究现状及发展趋势 [J]. 农产品加工，2021 (01)：75-77+82.
[16] 王履洁．速冻汤圆生产过程中的微生物指标控制 [J]. 食品安全导刊，2018 (09)：43.
[17] 周显青，胡育铭，张玉荣，等．汤圆粉团制作方法比较及其对蒸煮品质的影响 [J]. 粮食与饲料工业，2014 (04)：30-33+37.
[18] 许雅楠，池承灯，姚闽娜，等．四川泡菜的制作工艺及风味形成原理 [J]，农产品加工，下，2014 (7)：2.
[19] 向文良，车振明，陈功．四川泡菜加工原理与技术 [M]. 北京：中国轻工业出版社．2015.
[20] 梁霞，周柏玲，王海平，等．藜麦八宝粥的制备工艺 [J]. 现代食品科技，2020，36 (12)：143-152+197.
[21] GB/T 6567.1—2008. 技术制图　管路系统的图形符号基本原则．
[22] 杨芙莲．食品工厂设计 [M]. 北京：机械工业出版社，2005.
[23] 无锡轻工大学．食品工厂设计基础 [M]. 北京：中国轻工业出版社，1999.
[24] 杨勇．年产 500 吨薄荷啤酒车间设计 [D]. 济南：齐鲁工业大学，2017.
[25] 徐洋洋．精酿啤酒生产控制系统的设计与研究 [D]. 西安：陕西科技大学，2017.
[26] DBS 51/ 001—2016 [S]. 食品安全地方标准　火锅底料．
[27] 江新业，刘雪妮．复合调味料生产工艺与配方 [M]. 北京：化学工业出版社，2020.
[28] 但晓容，李栋钢，卢晓黎．牛油火锅底料关键工艺参数优化 [J]. 食品科学，2010，31 (22)：211-214.
[29] 宁静，许耀鹏，马丽娅，等．牛油麻辣味火锅底料的制作 [J]. 中国调味品，2019，44 (06)：150-153.